"十四五"时期国家重点出版物出版专项规划项目

5G增强技术丛书

5G+AI 融合全景图

王志勤 刘晓峰 沈 嘉
吴晓波 刘 亮 彭木根 著

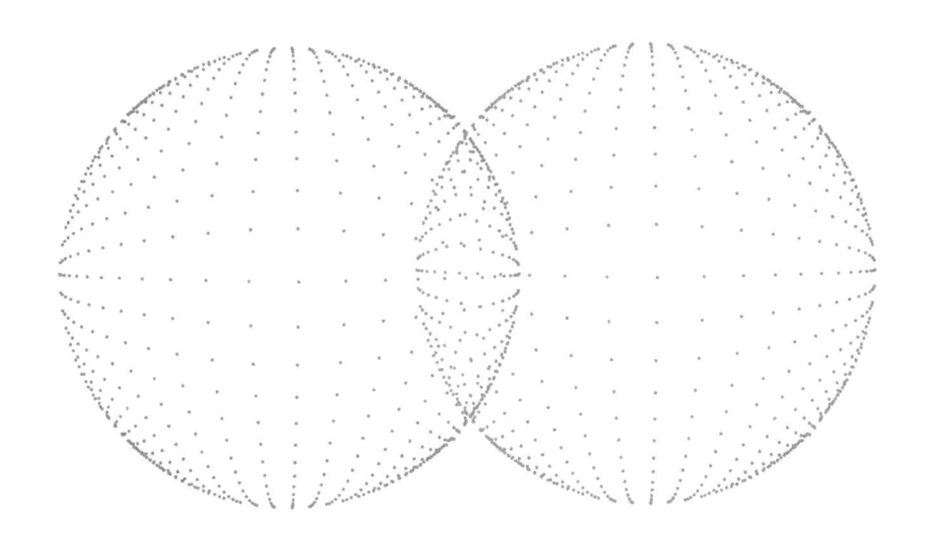

人民邮电出版社
北 京

图书在版编目（CIP）数据

5G+AI融合全景图 / 王志勤等著. -- 北京 : 人民邮电出版社, 2022.3
（5G增强技术丛书）
ISBN 978-7-115-57969-0

Ⅰ. ①5… Ⅱ. ①王… Ⅲ. ①第五代移动通信系统－研究②人工智能－研究 Ⅳ. ①TN929.538②TP18

中国版本图书馆CIP数据核字(2021)第247623号

内 容 提 要

本书在回顾 5G 和 AI 技术发展的基础上，对未来 5G 与 AI 融合进行从理论到实际用例及需求，再到国际标准化及产业推进等全方位的讲解与分析。本书首先给出“5G 智能维”的概念，并对 5G 引入 AI 的理论基础进行分析。其次，基于理论分析，本书对目前 5G 网络中引入 AI 的典型场景、用例及 5G 网络架构需要进行的标准化进行了说明。再次，本书在分析了 5G 中引入的 AI 算法之后，对 5G 网络支持 AI 的算法及应用进行了全面的介绍。最后，结合基础的理论和用例分析，本书对未来 5G 与 AI 融合赋能各垂直行业进行了全面展示，同时对未来 6G 与 AI 融合、如何构建 6G 智能维也进行了展望。

本书适合移动通信及 AI 相关专业学生、从事移动通信及 AI 相关工作工程师及希望了解未来 5G 与 AI 发展的相关人士阅读。书中部分内容可用于 5G 及 AI 入门级培训班或者高等院校 5G 及 AI 相关课程。

◆ 著　　　　王志勤　刘晓峰　沈　嘉　吴晓波　刘　亮　彭木根
　责任编辑　李　强
　责任印制　陈　犇
◆ 人民邮电出版社出版发行　　北京市丰台区成寿寺路 11 号
　邮编　100164　　电子邮件　315@ptpress.com.cn
　网址　https://www.ptpress.com.cn
　三河市中晟雅豪印务有限公司印刷
◆ 开本：800×1000　1/16
　印张：16.75　　　　　　2022 年 3 月第 1 版
　字数：280 千字　　　　　2022 年 3 月河北第 1 次印刷

定价：119.80 元

读者服务热线：(010)81055493　印装质量热线：(010)81055316
反盗版热线：(010)81055315
广告经营许可证：京东市监广登字 20170147 号

5G与AI（人工智能）技术已经在我们的生活中得到广泛的应用，在生产、生活等各个环节都发挥着重要作用。5G提供了万物互联的广泛连接，基于AI的各种应用已经渗透到各个领域。一方面，5G不断引入基于AI的算法和解决方案，不断提升5G网络的性能，为5G发展开启了一个新的智能维度；另一方面，5G也不断扩展AI的应用场景和空间，高速、低时延的连接使能了更多基于AI的应用。两项技术的深度融合也将进一步为我们的生产生活提供更好的服务，成为构建未来信息社会的基础。

5G国际标准处于不断演进的过程中，目前已经完成R15和R16版本的制定，R17版本制定也将完成。在5G的初始设计阶段，受各方面因素限制，并没有基于AI进行空中接口的设计。在5G国际标准的演进过程中，5G的核心网不断考虑引入智能化单元，支持基于AI的各种应用；在无线网侧，5G也开始了基于AI的关键技术研究与标准化工作。总体看，基于AI的智能化增强可以在多个维度提升5G网络性能，已经成为5G网络演进的核心方向。

随着5G网络的广泛部署，5G网络中也承载了大量的AI相关数据。AI应用所需的数据和模型也对5G网络的传输提出了一定的要求。目前AI应用相关模型大小一般在百兆及以上量级，同时，AI相关的模型训练和传输可以分布在多个网元联合进行。为更好地匹配各种场景下的各种AI应用需求，5G网络也需要考虑进行相应的增强，使得各类AI应用可以更好地部署与使用。5G与AI技术的持续融合为我们的生产生活开启更多的可能。在医疗、教育、交通、家居、港口、环保等多个领域，结合AI的各类应用随着5G的广泛部署也将得到越来越多的应用。

本书围绕5G的演进，从各个角度对5G与AI的融合进行深入的探讨。第1章对5G和AI技术的发展和融合进程进行整体的描述与分析。第2章着重介绍

5G 与 AI 融合中涉及的基础理论。第 3 章结合最新研究成果，对 5G 无线侧引入基于 AI 的各种技术进行详细的探讨。第 4 章围绕智能化网元对 5G 核心网侧支持 AI 的架构进行介绍。第 5 章结合 AI 模型及相关数据的特点分析 5G 网络需要考虑的增强。第 6 章根据 5G 和 AI 结合带来的各种应用，对 5G 和 AI 融合对未来生产、生活的影响进行展示。第 7 章对未来 6G 与 AI 融合进行了分析与展望。

全书的内容涉及 5G 与 AI 的基础理论、典型用例、网络架构、国际标准演进、网络传输需求、整体愿景等多个层面。为了方便读者阅读，第 1 章对 5G 与 AI 融合整体图景和涉及的相关概念进行了阐述，第 2 章到第 6 章对基础理论到实际应用等各个层面进行详细的介绍。在实际的撰写过程中，本书结合了移动通信与 AI 基础理论、学术研究最新进展、国际标准的演进和实际应用情况，整体呈现 5G 与 AI 融合的全景图。

本书的撰写依托 IMT-2020（5G）推进组，汇集了多名工作在 5G 与 AI 领域的一线专家的辛勤工作。王志勤负责全书组织架构和统稿。刘晓峰负责第 1 章，第 2 章、第 3 章、第 6 章部分内容和第 7 章撰写工作。彭木根、魏贵明、赵中原、江甲沫、刘慧、李阳、周伟、韩凯峰等负责第 2 章的 AI 基础理论部分撰写工作。刘亮、田文强、杨昂、王园园、徐志坤、孙鹏、陈为、艾明、曹亘、王伟、牟勤、何睿斯、赵中亮、高音、许立香、王翯等负责第 3 章剩余部分内容撰写工作。吴晓波、李爱华、赵嵩、刘佳一帆、秦鹏太、刘乐、李大鹏、王胡成等负责第 4 章撰写工作。沈嘉、王四海、杨宁、张治、许阳等负责第 5 章撰写工作。魏贵明、徐菲、杜滢、曹一卿、王海宁、于小博、乔雷、张秋生、雷艺学等负责第 6 章剩余部分内容撰写工作。魏克军、焦慧颖、闫志宇、沈霞、徐晓燕、朱颖等负责内容修订和部分章节撰写工作。

受新冠肺炎疫情影响，5G 国际标准化节奏有所放缓，但是在马上就要到来的 5G-Advanced 中，5G 与 AI 的融合将得到加速的发展。在进一步的发展过程中，也需要对书中内容进行相应的修改与补充。对于本书存在的不当之处，敬请读者和专家批评指正。

第1章 总述

第2章 5G与AI融合基础理论分析

第3章 5G无线侧引入AI技术

第4章 5G核心网侧引入AI技术

第6章 5G与AI赋能垂直行业

第7章 6G与AI融合展望

参考文献

第 1 章　总述

“

5G+AI时代已然来临，融合全景图已经展开

”

5G技术的广泛应用给人们生活的方方面面带来巨大改变。根据ITU（International Telecommunication Union，国际电信联盟）的愿景，5G将渗透到未来社会的各个领域，以用户为中心构建全方位的信息生态系统。其中，5G用户体验速率可达100Mbit/s～1Gbit/s，能够支持移动虚拟现实等极致业务体验；5G峰值速率可达10～20Gbit/s，流量密度可达10Mbit/（s·m^2），能够支持未来千倍以上移动业务流量的增长；5G连接数密度可达100万个/平方千米，能够有效支持海量的物联网设备；5G传输时延可达毫秒量级，可满足车联网和工业控制的严苛要求；5G能够支持500km/h的移动速度，能够在高铁环境下带来良好的用户体验。可以想见，5G作为新型基础设施的代表将重新构建未来的信息化社会。

近年来，AI（Artificial Intelligence，人工智能）技术在多个领域不断取得突破。智能语音、计算机视觉等领域的持续发展不仅为智能终端带来各种丰富多彩的应用，在教育、交通、家居、医疗、零售、安防等多个领域也有广泛应用，给人们生活带来便利的同时，也在促进各个行业进行产业升级。AI技术也正在加速与其他学科领域交叉渗透，其发展在融合不同学科知识的同时，也为不同学科的发展提供了新的方向和方法。

在5G网络中采用AI技术逐渐成为未来5G网络演进的重要趋势。近年来，通信与AI技术的结合已经成为行业研究热点，在IEEE（Institute of Electrical and Electronics Engineers，电气与电子工程师协会）及各种学术研究期刊上的研究论文已经过万篇。根据目前的学术研究成果，在大规模天线设计、资源调度、基础的信道编解码设计、信号检测、移动性管理等众多基础通信系统设计中引入基于机器学习的监督与非监督学习、强化学习、神经网络等算法，在特定场景可以产生可观的性能增益。当前的5G网络中也逐步开始在网络部署、运维、管理、性能优化等方面开始探索应用AI技术。3GPP（3rd Generation Partnership Project，第三代合作伙伴计划）等标准化组织也逐步启动与人工智能业务和网络智能化相关的研究工作。

5G网络为AI技术应用提供了更广阔的空间。受算力、传输时延等因素所限，传统的AI算法大多只能在云端进行，运行结果分发给相应终端。5G网络可以为终端及各个网元提供超低时延高可靠的传输，这使得AI的各种应用可以分布在整个网络中，从而重新架构AI的算法及各种应用，最典型的如基于分布式的AI算法或者基于联邦学习的AI算法。根据AI各种应用的需求，5G网络也可以进行逐步的演进，与AI技术发展形成良性互动，进一步推动AI技术更广泛的应用。

5G 与 AI 技术的深度融合也将赋能更多的行业，带动多个行业发生深刻变革。根据目前的各种研究及实践，5G 与 AI 技术将赋能交通、工业互联网、医疗、电网、安防、物联网、环保、港口、物流、能源等多个产业，使这些产业更加智能化的同时，具有更好的连接性，实现万物智联。在万物智联的基础上，不仅可以大幅提升各行业效率，也将提供更加多样化的服务与行业体验，深刻改变各个行业的生产及组织形态。

1.1　5G发展概述

5G 最开始的工作是由 ITU 发起的。2012 年 ITU 开始组织全球业界开展 5G 标准化前期研究，持续推动全球形成 5G 共识。2015 年 6 月，ITU 正式确定 IMT-2020 为 5G 系统的官方命名，并明确了 5G 业务趋势、应用场景和流量趋势，提出 5G 系统的八大关键能力指标，以及未来移动通信技术发展趋势。

在业务方面，5G 将在大幅提升“以人为中心”的移动互联网业务体验的同时，全面支持“以物为中心”的物联网业务，实现人与人、人与物和物与物的智能互联。如图 1-1 所示，在应用场景方面，5G 支持增强移动宽带（enhanced Mobile Broadband，eMBB）、海量机器类通信（massive Machine Type Communication，mMTC）和超高可靠低时延通信（Ultra-Reliable and Low Latency Communications，URLLC）三大类应用场景，在 5G 系统设计时充分考虑了不同场景和业务的差异化需求。以三大典型应用场景为基础，5G 也将不断演进出更好的支持不同垂直行业的新应用。

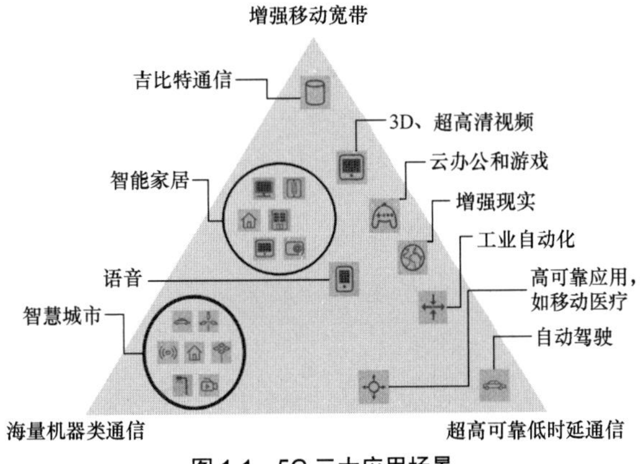

图 1-1　5G 三大应用场景

5G 的八大关键能力指标如图 1-2 所示，除了传统的峰值速率、移动性、时延和频谱效率之外，ITU 还提出了用户体验速率、连接数密度、流量密度和能量效率四个新增关键能力指标，以适应多样化的 5G 场景及业务需求。其中，5G 用户体验速率可达 100Mbit/s ～ 1Gbit/s，能够支持移动虚拟现实等极致业务体验；5G 峰值速率可达 10 ～ 20Gbit/s，流量密度可达 10Mbit/(s • m^2)，能够支持未来千倍以上移动业务流量增长；5G 连接数密度可达 100 万个 / 平方千米，能够有效支持海量的物联网设备；5G 传输时延可达毫秒量级，可满足车联网和工业控制的严苛要求；5G 能够支持 500km/h 的移动速度，能够在高铁环境下提供良好的用户体验。此外，为了保证对频谱和能源的有效利用，5G 的频谱效率将比 4G 提高 3 ～ 5 倍，能效将比 4G 提升 100 倍。

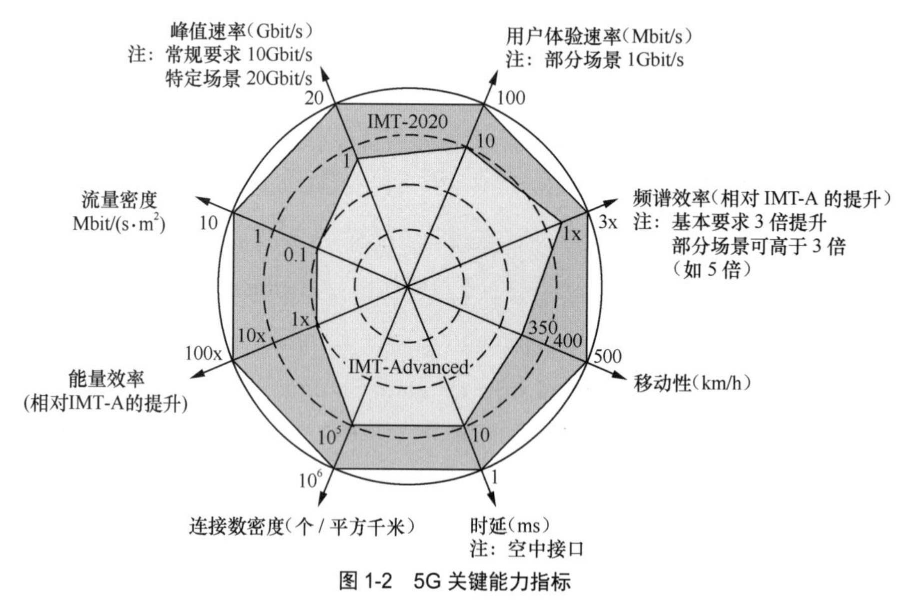

图 1-2　5G 关键能力指标

5G 的国际标准化工作由 3GPP 来承担。3GPP 本质上是一个代表全球移动通信产业的产业联盟，其目标是根据 ITU 的需求，制定更加详细的技术规范和标准，规范产业的行为。在 5G 标准化开始之前，各主要公司均希望推动全球形成统一的 5G 标准，3GPP 制定的 5G 新空口（New Radio，NR）标准成为 5G 最主流的国际标准。

5G 国际标准处于不断演进过程之中。3GPP 制定的标准规范以 Release 作为版本进行管理，每 18 ～ 21 个月就会完成一个版本的制定，从建立之初的 R99，之后到 R4，目前已经进展到 R17。图 1-3 给出了 5G 标准演进概览。R15 作为第一个版本的 5G 标准，完成 5G 基础的框架性设计，并满足以移动增强宽带为代表的部分 5G 需求。R16 作为第二版本的 5G 标准，在 R15 版本基础上持续完善：完成对毫米波更好支持和已有功能的增强；加强了对超高可靠低时延业务的支持，空口时延降低到 0.5 ～ 1ms，可靠性达到 99.9999%；对于以车联网为代表的垂直行业应用，R16 版本也进行了专门的支持。在 R16 版本基础上，后续的版本还会持续完善 5G 各项功能，并根据新技术发展不断引入新的能力。尤其值得关注的是，在 R17 标准及以后的演进中，5G 技术与人工智能逐步成为标准演进的重要方向。

图 1-3　5G 标准演进概览

目前 5G 网络已经在全球广泛部署，传统的智能终端业务可以很好地使用 5G 网络。根据 ITU 的愿景及需求，5G 还将持续向垂直行业扩展，成为未来社会的基础网络。在这一过程中，5G 还将根据不同行业特点及现有网络面临的各种问题不断演进。如前所述，5G 网络对于车联网、工业互联网、定位技术、超高可靠低时延（URLLC）技术会持续增强。在 5G 网络基础能力方面，为了更好地支撑各行业不同的业务，5G 采用了网络切片、多接入边缘计算（Multi-Access Edge Computing，MEC）等技术。随着人工智能技术的不断发展，5G 网络也逐步考虑引入基于人工智能的各种技术以提升 5G 网络性能。同时，为使 5G 网络更好地支持各种基于 AI 的应用及算法，5G 也会在网络架构上进行演进。

1.2 人工智能发展概述

人工智能在1956年作为一门新兴学科被正式提出后，备受世界关注。自此之后，伴随着数学、物理学、计算机科学、生物医学等多个学科的发展，人工智能取得了惊人的成就，获得了飞速的发展。谷歌DeepMind的AlphaGo在2016年击败人类围棋冠军之后，人工智能获得了全社会的广泛关注。基于人工智能技术的初创企业纷纷涌现，传统产业巨头也纷纷布局人工智能技术及相关应用。我们的日常生活中出现了越来越多基于人工智能技术的重要应用。人工智能与各行业的结合成为未来社会发展的重要趋势。

人工智能发展中经历了三次大的浪潮，如图1-4所示。人工智能第一次浪潮始于20世纪50年代人工智能诞生。在算法方面，著名的感知器数学模型被提出用于模拟人的神经元反应过程，并能够使用梯度下降法从训练样本中自动学习，完成分类任务。人工智能的第二次浪潮始于20世纪80年代。反向传播（Back Propagation，BP）算法被提出，用于多层神经网络的参数计算，以解决非线性分类和学习的问题。专家系统也在商业上获得成功应用，人工智能迎来了又一轮高潮。但是在理论上，人工神经网络的设计一直缺少相应的严格的数学理论支持，BP算法本身存在梯度消失等问题，专家系统也暴露出应用领域狭窄、知识获取困难等问题。随之而来的，人工智能的研究进入第二次低谷。人工智能的第三次浪潮始于2010年，深度学习的出现引起了广泛的关注。多层神经网络学习过程中的梯度消失问题被有效地抑制，网络的深层结构也能够自动提取并表征复杂的特征，避免传统方法中通过人工提取特征所带来的问题。深度学习被应用到语音识别以及图像识别中，取得了非常好的效果。人工智能也进入了第三次发展高潮。

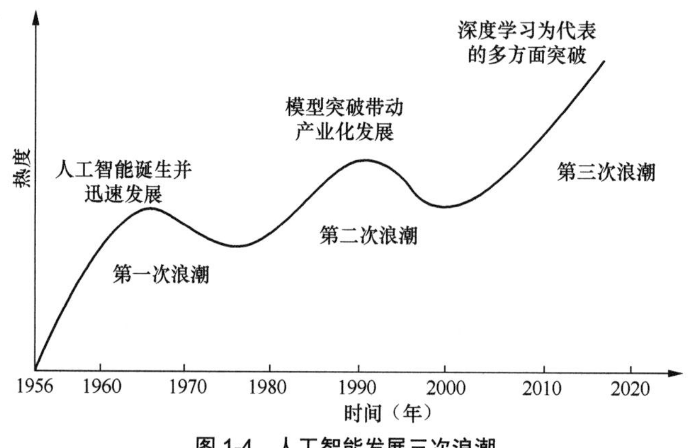

图1-4　人工智能发展三次浪潮

目前，我们正身处人工智能第三次浪潮之中。人工智能的发展离不开三大基础要素：数据、算法与算力。随着大数据、云计算的快速发展，基础的数据和算力问题得到快速的解决，更多复杂的模型和算法也层出不穷。这些因素综合构成了人工智能第三次大发展的基础。当前，人工智能快速发展以深度学习为代表，依托复杂的神经网络对复杂问题进行计算与求解。目前人工智能相关各种技术与算法还处于快速发展之中。无论是以机器学习、图像处理、自然语言处理等为代表的传统 AI 领域，还是以自动驾驶、智能制造、智慧城市为代表的新兴领域，人工智能均取得越来越多的优秀成果。以机器学习为代表的人工智能技术与各行业的深度融合，将给未来的生产与生活带来巨大改变。

1.3　5G与人工智能融合整体考虑

随着 5G 网络的广泛部署与人工智能技术的快速发展，两项构建未来信息社会的基础技术也将深度融合。这种深度融合一方面将增强 5G 网络性能，另一方面也将大大扩展人工智能技术的应用场景、提升算法性能。两项技术的深度融合也将带来“1+1>2”的多赢局面，不仅是传统移动通信领域和人工智能领域将迎来一系列的变化，更多的垂直行业也将受这两项革命性技术的影响，在多个层面发生巨大变革。

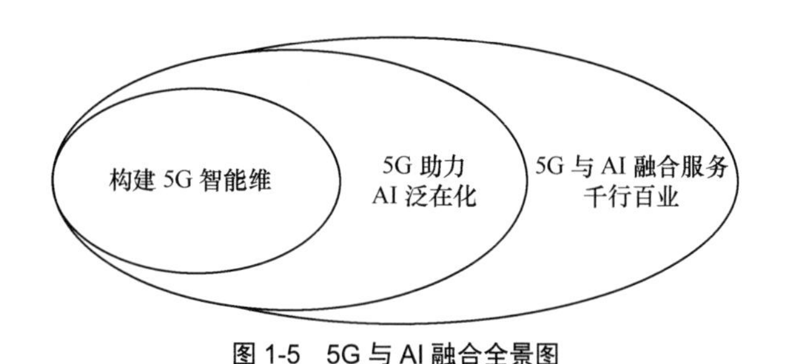

图 1-5　5G 与 AI 融合全景图

图 1-5 给出了 5G 与 AI 融合的全景图。5G 与 AI 的深度融合首先将促进两大产业本身的蓬勃发展。5G 网络的广泛部署一方面将促进更多数据的产生与传输，给 AI 技术应用带来更广阔的空间；另一方面 5G 网络使得 AI 算力部署更加灵活，与算力匹配的 AI 算法更加多样化。5G 引入 AI 技术将更好地打造未来的 5G 网络，利用

5G网络的数据、广泛分布的算力资源和先进的AI算法，可以构建5G智能维。5G与AI的深度融合也将服务千行百业，赋能数字新经济。5G与AI技术通过深度参与企业数据的产生、收集、传输、存储与处理，可以促进新范式构建与全要素改造升级，进一步推动新平台搭建，促进新的应用和业态的产生，带动制造产业的持续升级。5G与AI的融合也将使我们的生活更加美好。各种已有的业务体验随着更快速的网络和更加智能化的算法普及将得到极大程度的提升。各种新的应用和新的服务也会伴随新技术的广泛使用应运而生。智能终端中将出现更多的新应用，家居生活中将引入更多智能元素，交通、医疗、教育等生活的方方面面都将迎来智能化的全面升级，我们的生活方式也会随着各种服务及应用的不断升级发生持续的改变。

1.3.1 5G智能维构建

当前5G网络虽然可以满足ITU制定的相关指标要求，但是为了实现万物智联，构建未来信息社会的宏大愿景，在完成5G第一个版本的标准之后，还在持续推进5G标准化工作。随着3GPP的版本不断演进，5G也将在多个维度不断实现性能提升。根据目前的趋势，未来的5G演进不仅包括速率、时延、连接数等指标性提升，还包括5G网络自身智能化水平提升，以及对不同垂直行业特定需求的支持。对于不同维度的演进和发展过程，都存在AI技术的应用空间。

当前，移动通信与AI结合已经成为热点，表现如下。

- 学术界发表文章多。在全球各大期刊中，研究AI与移动通信结合的文章数以万计，讨论范围已经涉及通信各个领域。
- 产业界关注程度高。大量企业纷纷开始从事移动通信与AI深度融合的研究与相关产品开发工作。
- 受到标准组织热捧。国际与国内多个标准化组织纷纷从不同层面和角度开展移动通信与AI融合相关的研究和标准化工作。
- 成为未来移动通信发展的重要技术方向。多个组织与公司把AI作为未来移动通信网络的架构基础进行研究。

在5G网络设计之初，受多重因素影响，并未考虑5G与AI技术的深度融合。随着AI技术与算力的快速发展，相关研究的不断深入，5G引入AI技术进行不断演进成为可能。虽然关于移动通信引入AI技术已经有了大量的研究，但是实际中还面临诸多挑战。这些挑战如下。

- 5G 引入 AI 的新范式需要探索。移动通信产业有自身的特点，来自不同厂家的设备需要互联互通，基于产业分工与多年国际标准化演进，已经有成熟的研究、标准化与产品化体系，而引入 AI 技术后，如何与原有体系进行结合的新范式还未形成。
- 5G 引入 AI 的内容需要明确。基于大量的研究，5G 引入 AI 存在大量的潜在结合点。这些潜在的结合内容中，哪些有实际应用价值并无共识。
- 5G 引入 AI 的分工合作模式需要明确。运营商、设备商、高校和研究机构等如何分工合作，形成产业合力的路径也需要明确。

5G 与 AI 不断融合的过程，就是不断构建 5G 智能维的过程，图 1-6 给出了构建 5G 智能维的系统解读。5G 的智能维是基于 5G 大数据和算力资源开拓的以人工智能技术为基础的新资源维度。5G 智能维可以被认为是与传统无线移动通信的时域、频域和空域并列的一个新维度。相较于传统的维度，5G 智能维构建需要基于 3 项基本元素：5G 大数据、算力资源和人工智能技术。5G 大数据既包括 5G 网络中的原生数据，也包括 5G 承载的数据。算力资源包括 5G 终端算力、5G 网元算力和云设备算力。人工智能技术就是以机器学习为代表的人工智能技术。构建 5G 智能维可以定义为：利用人工智能技术，合理使用 5G 大数据和算力资源，使 5G 更加智能、高效，同时应用与 5G 网络智能化适配，实现高质量的多样业务。

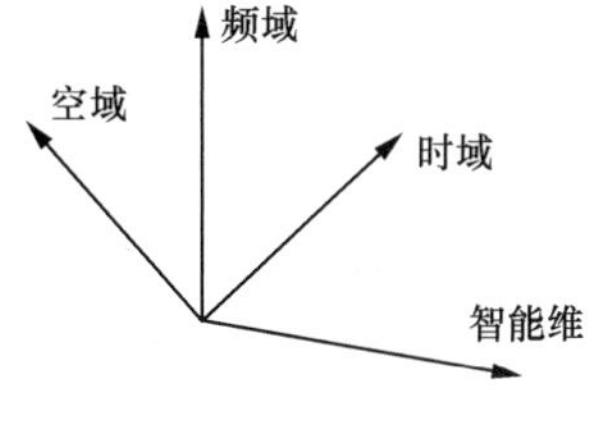

基本概念

- 5G智能维：基于5G大数据和算力资源开拓的以人工智能技术为基础的新资源维度

三要素

- 5G大数据：5G原生数据+5G承载数据
- 算力资源：5G终端算力+5G网元算力+云设备算力
- 人工智能技术：以机器学习为代表的人工智能技术

构建5G智能维：利用人工智能技术，合理使用5G大数据和算力资源，使5G更加智能、高效，同时应用与5G网络智能化适配，实现高质量的多样业务

图 1-6　构建 5G 智能维

5G 智能维的构建是通信与 AI 两个领域不断探索与融合的过程。对于 5G 大数据的挖掘需要借助一系列的 AI 基础理论和工具，AI 工具及算法对数据和算力有比较明确的需求，在对 5G 网络架构进行增强性设计时既要考虑不同算法的数据需求和实际性能，也要结合相关算法对算力资源进行评估。5G 网络的强大传输能力也将推动

基于 AI 的更多应用的产生。AI 相关应用的数据收集方式、计算方式、模型的部署与更新方式都需要考虑和 5G 网络进行动态结合，以便提供更好的服务。

5G 智能维的构建可以从多个角度开展，图 1-7 给出构建 5G 智能维的 3 个重要维度。3 个维度涵盖基础理论研究、基于 AI 的无线增强和基于 AI 的核心网增强。

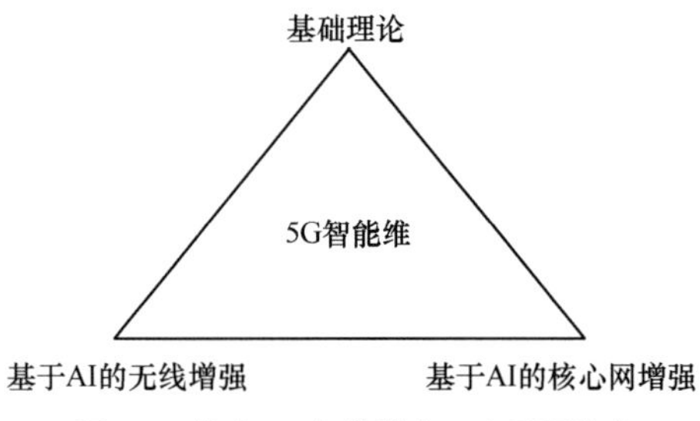

图 1-7　构建 5G 智能维的 3 个重要维度

1. 5G 与 AI 融合基础理论

5G 与 AI 融合不仅涉及移动通信和 AI 领域的基础理论知识，还涉及如何应用 AI 理论解决经典的移动通信问题的基础方法论。典型的如解决移动通信问题的数据集建立方法，经典模型与算法的研究方法和仿真验证方法的建立。第 2 章将对 5G 与 AI 融合的基础理论进行详细的探讨。

2. 基于 AI 的无线增强

无线网络设计是 5G 设计的核心，在 5G 新空口（NR）的初始设计中受多方面影响，并没有引入基于 AI 的设计。随着近年来 AI 技术的飞速发展和对基于 AI 的移动通信技术的持续深入研究，基于 AI 的无线增强逐步成为未来 5G 网络演进的重要方向。AI 技术有望在频谱效率提升、节能、网络优化、移动性增强等多个领域提升 5G 性能。第 3 章将对 5G 无线侧引入 AI 技术进行详细介绍。

3. 基于 AI 的核心网增强

5G 核心网承载网络和用户管理等一系列基础功能。与无线接入网尚处于研究与探索阶段不同，核心网已经在多个环节逐步引入基于 AI 的处理。在标准化层面，5G 核心网在 R15 阶段就开始了智能网元相关的研究，R16 阶段开始标准化，并在 R17 及后续版本不断演进。围绕智能网元，支持了一系列的数据收集、传输与分析流程，从而实现集中式和分布式学习等不同学习方式下的多种用例，整体提升 5G 网络自动化水平。第 4 章将依托目前已经国际标准化的内容，对 5G 核心网智能化内容进行介绍。

5G 智能维的构建需要充分考虑和结合通信产业的理论及产业的特点，与国际标准和产业紧密结合。对于构建 5G 智能维的多个方面，图 1-8 给出了 5G 智能维各个方面潜在包含的内容。对于多个维度中所涉及的基于 AI 的关键技术将在后续章节中进行详细介绍。不同的基于 AI 的 5G 关键技术能否在 5G 网络中使用还需要不断探索、研究及实践验证，对于需要在 5G 网元间进行信息交互的技术，更需要进行相应的标准化工作。

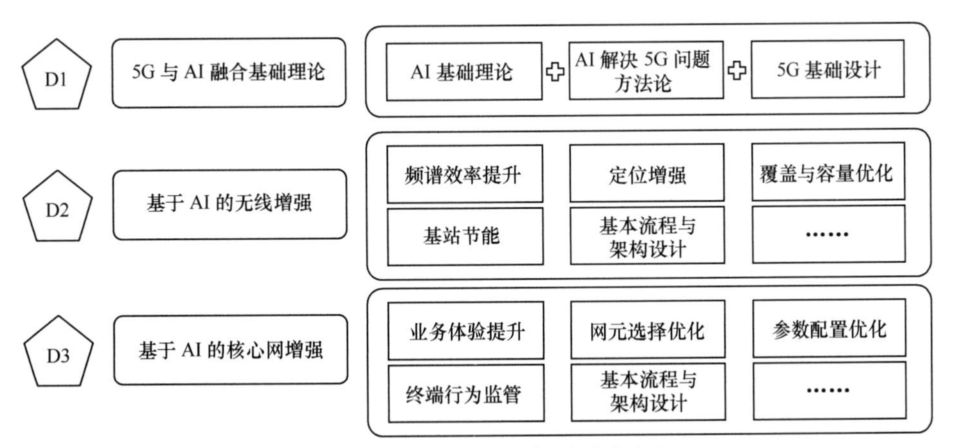

图 1-8　5G 智能维潜在研究与标准化内容

5G 的设计充分借鉴了 4G LTE 的设计，采用更加灵活的架构，可以支持更加复杂的场景、满足更多样的指标要求，并支持到 100GHz 的频率范围。5G 的基础设计构建在传统的移动通信理论基础之上，基本的设计原则是把端到端的通信过程划分为多个环节，每个环节以相应的基础理论和假设进行设计和优化。这种设计方式有其固有的优势：一方面每个环节的确定性强，有强理论支撑，能保证整个通信过程的鲁棒性和可靠性；另一方面多个环节相对独立有利于促进行业内分工，不同环节的专家专注于相对有限的领域，可以对相关设计精益求精，持续优化。

在 3GPP 中，分环节的标准制定与优化的特点体现得淋漓尽致。3GPP 包括 3 个大的技术标准组（Technology Standards Group，TSG），分别负责核心网和终端（Core Network and Terminal，CT）、业务和系统（Service and System Aspects，SA）和无线接入网（Radio Access Network，RAN）方面的工作。其中，每一个 TSG 又进一步分为多个不同的工作组（Work Group，WG），每个 WG 分别承担具体的任务。其中主要负责 5G 新空口（NR）制定的 TSG RAN 又分为 RAN WG1（无线物理层）、RAN WG2（无线层 2 和层 3）、RAN WG3（无线网络架构和接口）、RAN WG4（射频性能）、RAN WG5（终端一致性测试）几个工作组。每个工作组针对不同的项目开展具体的研究和标准化工作。

对于一项技术的标准化，将由来自不同公司的多个工作组的专家联合完成。以大规模天线技术为例，目前的5G大规模天线设计基于有限信道信息下的容量最大化方式设计，具体又分为大规模天线的传输方案设计、码本设计、导频设计、信道信息反馈设计、波束管理设计等多个环节。对于各个环节的设计，有严格的假设和对应的应用场景，各个公司根据相应的场景和假设对各种方案进行仿真性能比对，综合考虑性能、复杂度、普适性、算法成熟度等各方面的因素进行标准化。不同环节的标准化还会涉及多个工作组，例如大规模天线相关的基础设计在RAN WG1进行标准化，相关参数配置在RAN WG2进行标准化，设备实现性能及测试方法在RAN WG4和RAN WG5进行标准化。

目前对于有比较明确的移动通信理论支撑且适用于分段优化的设计已经有比较好的支撑，进一步采用基于AI的设计的空间很小，典型代表如信道编码。5G标准中采用的LDPC码设计和Polar码设计在满足一定信道条件约束下，其性能距离香农极限已经非常接近，而且现有的编译码算法也非常成熟，其复杂度和性能已经得到很好验证。对于这些内容再引入基于AI技术的设计潜在增益有限，研究所需投入和替换现有设计成本也较高，在5G网络中采用可能性相对较小。

总体看，对于5G中涉及环节较多、很难直接建模求解的问题，基于AI的技术存在很好的应用前景。通过5G智能维的构建，不仅可以很好地利用算力来全方位提升5G各方面性能，还可以打造绿色、智能、易于部署与维护的网络。5G网络智能维的构建，也将为未来6G网络采用AI技术打下坚实的基础。

1.3.2 5G助力AI泛在化

5G网络具备强大的连接能力和数据传输能力，广泛的高质量连接与各行业的深入融合会催生大量新的数据与应用的产生。未来的车联网、工业互联网、物联网等行业网络将架构在5G网络基础之上，5G提供的超大容量、超低时延和超高可靠性网络使得大量的新型数据被采集并得到快速的处理。这些新的数据将为人工智能技术的应用提供更广阔的空间。

对于不同的行业、不同的应用，数据的类型、采集方式和使用方式也存在差别。各国为更好地保护数据隐私，提升数据安全性，也纷纷出台法律，对各种数据进行严格的管理。为适应不同的场景和不同的应用的挑战，除了基于云计算的集中式处理方式，各种分布式的人工智能算法和应用也应运而生。其中，最具有代表性的是联邦学习。

联邦学习的概念最早在 2016 年由谷歌提出，用于解决安卓手机终端用户在本地更新模型的问题。随后，联邦学习得到不断发展，逐步应用于在保证合法合规的前提下，在多个参与方或多计算结点之间开展高效率的机器学习。联邦学习也有横向联邦学习、纵向联邦学习、联邦迁移学习等多种形式。为了很好地支持各种联邦学习和分布式机器学习方式，参与联邦学习的不同节点需要具备一定的数据存储及处理能力。5G 网络支持以边缘计算为代表的灵活的网络架构方式，可以把算力部署在网络的不同层级，从而很好地支持不同的机器学习算法及应用。

5G 网络提供的超高可靠低时延网络也可以使基于 AI 的应用部署更加灵活。很多在边缘节点进行的处理可以集中到云端或者统一的处理中心进行。基于 AI 的算法往往需要较强的算力作为基础，这对执行 AI 算法的设备提出了较高的要求，从而提升了相关设备的成本。统一的处理方式一方面可以有效降低终端的要求，从而节省终端的成本；另一方面云端或者集中式处理器往往拥有更强大的存储和计算能力，可以采用更复杂和精准的模型和算法进行更有效的处理。

综合来看，5G 可以为 AI 的发展和广泛应用提供更多的数据、更灵活的部署方式，拓展更多的使用及部署场景。第 5 章将对 5G 支持的各种 AI 模型及算法进行详细的分析。5G 与 AI 的融合将逐步改变我们未来的生产及生活方式。我们在未来的生产和生活中将在更多场景中体验到 5G 与 AI 给我们带来的便利。第 6 章将对 5G 与 AI 融合服务千行百业进行分析与展望。

1.3.3　5G 与 AI 融合关键问题分析

5G 与 AI 融合前景广阔，但是融合过程中也将面临挑战。挑战来自于多个层面，尤其是 5G 无线设计引入基于 AI 的算法，需要解决从基础理论到数据收集再到算法实现等一系列关键问题。5G 与 AI 结合服务各行各业的过程中也面临结合基础范式选择，商业模式选择等问题。图 1-9 给出了 5G 与 AI 融合中亟须解决的一些关键问题。这些关键问题来自基础理论、数据、算法、仿真方法、测试验证、路线图、标准化和产品化等多个方面。

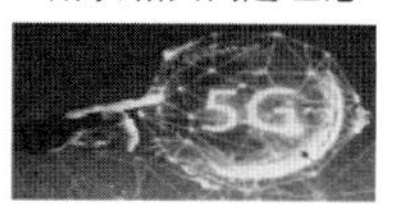

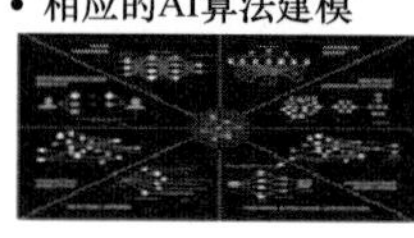
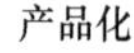

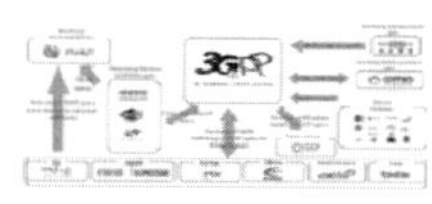

图 1-9　5G 与 AI 融合关键问题分析

1. 基础理论

无线通信和以深度学习为代表的机器学习算法在解决问题的范式上存在一定差别。传统的无线通信建构在理论分析基础之上，对不同类型的问题进行严格的数据建模，通过严格的公式推导对不同的模块进行独立的优化设计。而机器学习算法通过对大量数据的学习与训练，建构不同模型，从而完成对不同数据的处理。这使得基于机器学习的解决方案没有精准的数学模型，难以给出确定的物理含义及解释。此外，输入与输出的非确定性使得基于机器学习的算法往往针对具体的数据结构，算法的普适性和可推广性不强。这使得 5G 采用基于 AI 的算法时，需要根据不同的结合场景进行相应的问题建模，并针对具体问题进行理论分析，以便更好指导实际的应用。

2. 数据

电信网络中存在大量的数据，合理地利用电信网络中的数据是提升 5G 网络性能，构建 5G 智能维的关键。利用 5G 网络中的数据面临两个比较大的挑战，一个是数据的获取，一个是数据集的建立和管理。一方面，电信网络中的数据类型多样，很多数据具有高度的隐私性，作为支持 AI 算法的数据需要符合相关法规规定。不同的基于 AI 的算法需要的数据类型和数据量也存在很大差异，相关算法处于网络中的不同位置，这就使得在进行相关算法设计时要充分考虑数据有效性问题。另一方面，5G 网络面对复杂的无线环境，同时支持各种类型的业务。为应对各种情况，采用的基于 AI 的算法对数据集也有很高要求。如何建立完整的数据集，根据算法需要进行相应的标注工作，并不断地根据新的情况进行数据集的管理与更新都是在 5G 网络中采用基于 AI 算法所面临的巨大挑战。

3. 算法

5G 网络中的数据与传统的 AI 领域图像、语音数据类型不同。针对不同的数据类型，需要单独构建数据集，根据不同场景需求，进行策略选取和模型搭建。电信网络对于服务的质量和可靠性都有非常高的要求，对于 AI 的算法也会提出相当高的要求。这些要求会体现在对 AI 算法的稳定性、可靠性、准确性、可解释性等多个方面。目前在垂直行业中采用的 AI 算法主要基于深度神经网络。深度神经网络可以在模式识别、数据预测等方面取得非常好的成绩，但是在可解释性及稳定性方面存在一定的不足。这就对在 5G 网络中采用 AI 技术的算法设计提出了非常高的要求，要综合考虑数据集、算力部署、策略选择等多个维度，并进行循环的验证。

4. 仿真方法

仿真对于 5G 的设计和 AI 算法设计都具有举足轻重的作用。移动通信领域具有非常完整的建模体系和与之对应的链路级与系统级的仿真方法。仿真结果和性能是 5G 标准化过程中判断不同技术能否进行标准化和如何进行标准化的最重要依据。在进行基于 AI 的 5G 算法研究与标准化过程中，不可避免地需要进行仿真验证。基于 AI 的算法研究需要把现有的 AI 开发工具与已有的移动通信中的仿真方法进行结合，结合数据集的开发形成比较系统的仿真开发工具。

5. 测试验证

测试验证方法建立与相关工具的开发是目前 5G 产品开发的重要一环。3GPP 和不同的标准化组织中有专门的工作组就不同设备的测试方法进行标准化和相关测试验证代码开发。5G 设备中引入基于 AI 的算法，也需要进行相应的测试方法和测试工具的研究与开发工作。这些研究与开发工作也要结合数据集、仿真验证方法，构建多样化的测试场景与流程，形成仿真与产品测试的闭环，保证相关设备和算法得到充分的验证。

6. 路线图

根据图 1-8 中对 5G 智能维多个维度的描述，构建 5G 智能维涉及多种用例。如此众多的潜在用例涉及的网元不同，对数据与算力要求不同，发挥的作用不同，所需标准化程度也不同。要想实现5G与AI的融合，需要在不同层面进行系统的研究与梳理，并建立更多的共识，基于基础的研究成果开展关键技术和特性评估，结合不同的应用场景和5G网络与终端设备的情况，选择合适的时间点对不同用例进行支持，并形成比较清晰的产业路线图。

7. 标准化

标准化是5G网络演进的最关键一环，标准化的过程也是5G与AI融合持续研究与达成共识的过程，5G智能维的构建需要与标准化工作紧密结合。5G与AI融合的标准化工作是系统工程，标准化内容与产业实现路线图需要有机结合，循序渐进地实现。与5G网络相关的标准化工作主要在3GPP进行，基于AI的5G网络相关用例可以根据实现所需网元在3GPP的核心网侧和无线侧进行标准化，而5G网络对于AI技术和应用的支持增强需要根据AI各种应用的特点和需求进行相应的增强。后续章节中将对各部分进行标准化的内容和支持程度进行分析与介绍。

8. 产品化

对于支持AI算法的设备，需要根据标准制定相应的设备功能指标和多种场景下的性能指标。为进一步保证相关设备的性能和稳定性，还需要进行系统的验证。5G网络涉及的测试验证工作主要针对核心网、基站、手机等设备开展，对于引入基于AI算法的设备之后的产品形态和对应测试指标与方案还需要不断地进行调整。

1.4 小结

5G与AI作为当今社会最广受关注的科技，已经在深刻地影响和改变我们的生活。5G与AI深度融合发展是未来技术发展的重要方向，无论是学术界还是产业界都进行了大量的研究与探索。5G与AI的深度融合不仅使两个产业本身得到长足的发展，还会服务千行百业，使我们的生活更加便捷与智能化。

5G通过与AI技术融合，可以构建5G的智能维，使5G更加智能、高效，同时应用与 5G 网络智能化适配，实现高质量的多样业务。5G 智能维的构建更加关注与 5G 网络相关的大数据、算力与人工智能算法，通过新的方法和工具的引入，拓展新的维度来全面增强与 5G 网络性能。构建 5G 智能维的过程还需要解决一系列的问题，这些问题既涉及数据、算法、仿真方法等基础性问题，也包括从标准化到产业化的多个环节。

第 2 章　5G 与 AI 融合基础理论分析

学科融合，理论先行。5G与AI融合基础方法论面面观

随着人工智能（AI）技术的快速发展，尤其是以深度神经网络为代表的机器学习的快速发展，传统的图像识别、语音识别、人机对弈、机器翻译、自动驾驶等多个领域取得突破。结合大数据与算力的快速提升，机器学习技术不仅可以应用于传统的认知、识别及判断等传统人工智能领域，在各个行业内，机器学习技术都拥有广阔的发展空间。尤其对于数据密集型行业，通过合理的数据采集与处理，基于机器学习的算法不仅可以提升传统算法性能，还能开拓很多新的应用。

以5G为代表的通信产业属于典型的数据密集型产业。5G网络不仅传递大量的数据，本身也产生大量数据。如图2-1所示，构建5G智能维的主要工具是机器学习。一方面，机器学习技术与5G已有的算法结合，可以更合理地利用5G网络中的数据资源，提升已有服务的性能。另一方面，机器学习技术也可以通过对5G数据的挖掘，提供一些新的功能。

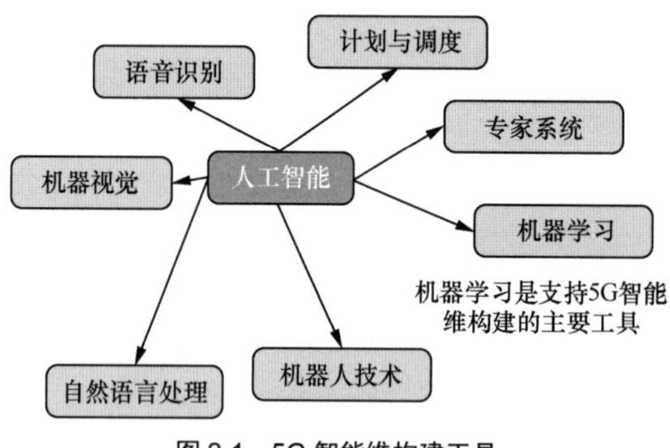

图2-1　5G智能维构建工具

5G在多个层面都可以引入基于AI的解决方案，比较典型的思路是对传统无线侧和核心网侧已有技术进行结合机器学习算法的升级。在无线侧，根据国内外的大量研究，在信源信道编码、大规模天线、信道预测、资源调度、信号检测等多个环节通过引入AI技术，可以带来一定的性能增益。在核心网侧，通过引入智能网元，实现一系列基于机器学习的技术，可以使得5G网络更加智能。

5G与AI融合虽然涉及众多算法，但其基础还是机器学习算法。本章重点关注和5G与AI融合相关的基础理论，尤其是与AI相关的基础理论。对于5G与AI的结合算法中的通信理论问题，将在后续章节结合实际问题进行分析与阐述。本章将首先介绍人工智能领域一些基础的知识，接下来对5G引入基于AI模型及算法时的一些理论性问题进行探讨，主要涉及 5G 网络中引入基于 AI 模型及算法时的数据集建立、算法及模型和仿真方法。

2.1　人工智能领域基础知识

2.1.1　数据集

数据集是基于 AI 算法解决实际问题的基础。数据集的质量直接影响算法和模型的设计及性能。好的、公认的数据集建立对推动 AI 算法的发展也发挥着重要作用。在图像处理、自然语言处理、语音处理等众多领域有大量著名数据集的存在，基于这些数据集，也开发出各种经典的算法及模型，极大地推动了人工智能技术的发展。表 2-1 给出了深度学习领域一些比较著名的数据集。

表 2-1　深度学习领域一些著名的数据集

类别	数据集名称	大小	描述
图像处理	MNIST	约50 MB	10个类别，70 000张图像
	MS-COCO	约25 GB	33万张图像，80个对象类别，每张图像5个描述，25万个人（已标记）
	ImageNet	约150GB	图像总数约1 500 000；每张图像都有多个边界框和相应的类标签
	Open Images Dataset	500 GB	9 011 219张超过5 000个类别标签的图像
	VisualQA	25 GB	265 016张图像，每张图像至少有3个问题，每个问题有10个基本事实答案
	The Street View House Numbers（SVHN）	2.5 GB	10个类别，共630 420张图像
	CIFAR-10	170 MB	10个类别，共60 000张图像
	Fashion-MNIST	30 MB	10个类别，共70 000张图像
自然语言处理	IMDB Reviews	80 MB	25 000条影评用于训练，25 000条影评用于测试
	Twenty Newsgroups	20 MB	来自20个新闻组的20 000条消息
	Sentiment140	80 MB	160 000条推文
	WordNet	10 MB	通过少量“概念联系”将117 000个同义词集与其他同义词集相关联

续表

类别	数据集名称	大小	描述
自然语言处理	Yelp Reviews	约13GB	5 200 000条评论，174 000条商业属性和包含11个大型城市的20万张图像
	The Wikipedia Corpus	20 MB	4 400 000篇文章，19亿个单词
	The Blog Authorship Corpus	300 MB	681 288篇博文，超过1.4亿个单词
	Machine Translation of Various Languages	约15 GB	约30 000 000个句子及其翻译
语音处理	Free Spoken Digit Dataset	10 MB	1 500条音频
	Free Music Archive（FMA）	约1 000 GB	约100 000个曲目（tracks）
	Ballroom	14GB	约700个音频样本
	Million Song Dataset	280 GB	100万首歌曲
	LibriSpeech	约60 GB	1 000小时音频
	VoxCeleb	150 MB	1 251位名人的100 000条话语

建立数据集也要遵循一定的步骤。首先，根据要解决的问题，需要构思数据集的类型，如分类问题、识别问题、回归问题等。然后，进行数据收集工作，除了要考虑数据的类型、格式，还要兼顾数据的有效性、一致性和隐私性等问题。为了解决这些问题，需要在收集完数据后，对数据进行清洗。数据清洗过后，还可以进行数据的标注。数据清洗和标注可以通过人工或者基于程序的方式进行。为达到稳定可用的性能，一般的机器学习算法要求的数据量较大，基于人工的数据清洗和标注方式需要巨大的工作量。

建立数据集也会遇到一些问题，比较常见的问题如数据集的完整性、一致性、均匀性等。面对各种复杂的场景及情况，数据集的完整性是比较难以直接证明的。数据集的构建也需要与相应的算法和模型有个互动更新与完善的过程。数据集样本数提升，可以支持更灵活的数据集构建方式和更复杂的算法及模型的训练，相应地，得到好的算法及模型的概率也得到提升。在构建数据集时并不是越大的数据集越好，大的数据集进行训练需要的算力资源也会增加，训练的时间也会提升，但是建立模型的性能并不会必然提升。数据集的建立需要和模型一起，在面对实际的问题时不断探索与验证。

2.1.2　常用人工智能学习算法

目前主流的人工智能中采用比较广泛的是机器学习。按照算法所能实现的功能和所要训练数据的复杂程度，机器学习方法可以分为分类（Classification）、回归（Regression）、聚类（Clustering）和降维（Dimensionality Reduction）等几类[1]。而根据机器学习的方式，则可以将机器学习算法分为：监督学习、无监督学习、半监督学习、深度学习和强化学习等。

模型、算法和学习是 AI 领域常被提及的概念。三者的关系用抽象的语言分别描述，并不容易精确区分，如果希望对三者稍加区分以便于理解的话，可以通过一个例子来进行说明。假设我们做一个电压和电流的试验，记录一组电压（V）和电流（I）值。假设电压和电流之间满足一种关系，这个关系往往就是我们所说的模型，典型的如线性关系 $V=a*I+b$。其中 a 和 b 如何确定，就需要算法来解决，比如最小二乘法。基于测试数据 V、I，利用最小二乘法得到 a、b，从而确定了模型。这个基于样本利用算法来确定模型的过程就是学习。但是对于各种实际的问题，如果把解决一类问题的步骤作为模型，那么模型和算法的界限也会非常模糊。事实上，算法和模型并没有绝对的分界线，二者经常是融为一体的。我们谈经典的模型时，往往将其与算法联系在一起。

利用机器学习来解决实际问题往往遵循一定的步骤。图 2-2 给出利用机器学习解决实际问题的基本框架。采用机器学习来解决实际的问题时，一般要根据需要解决的问题完成模型的设计，并根据数据集完成训练，训练好的模型可以根据实际的数据输入做出预测。可以根据实际情况将预测的结果进一步反馈给数据源，辅助模型的更新。

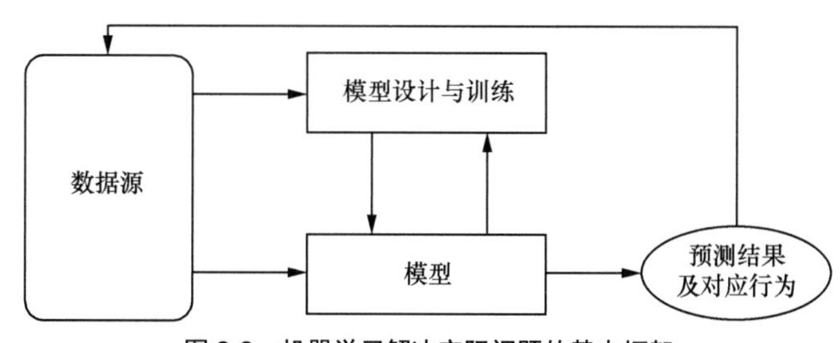

图 2-2　机器学习解决实际问题的基本框架

2.1.2.1 监督学习

监督学习是利用一组已知类别的样本调整分类器的参数，使其达到所要求性能的过程，也称为监督训练或有教师学习。在监督学习中，每个训练数据组（Data Pair）都是由一个输入对象和一个期望的输出值组成的，其目标是习得输入和输出数据的一种函数关系，并依据该函数关系推断其他输入数据可能的输出值。函数的输出可以是预测一个连续的值（称为回归分析算法），或是预测一个分类标签（称作分类算法）。与监督学习相关的比较著名的算法包括 *K*NN（*K*-Nearest Neighbors，*K*-近邻）算法、决策树（Decision Trees）、朴素贝叶斯（Naive Bayesian，NB）、逻辑回归（Logistic Regression，LR）、支持向量机（Support Vector Machine，SVM）等。

1. *K*- 近邻算法

K- 近邻算法的思路是：如果一个样本与特征空间中的 *K* 个最相似（特征空间中最邻近）的样本中的大多数属于某一个类别，则该样本也属于这个类别。*K*- 近邻算法中，所选择的邻居都是已经正确分类的对象。该方法在分类决策上只依据最邻近的一个或者几个样本的类别，来决定待分样本所属的类别。*K*- 近邻算法的实现步骤如下。

（1）计算训练样本和测试样本中每个样本点之间的距离（常见的距离度量有欧式距离、马氏距离等）。

（2）对上面所有的距离值进行排序。

（3）选前 *K* 个最小距离的样本并确定这些样本所在标签的出现频率。

（4）返回出现频率最高的类别作为测试样本的预测分类。

如何选择一个最佳的 *K* 值，取决于数据。一般在分类时，较大的 *K* 值能够减小噪声的影响，但会使类别界限变得模糊。*K* 值的选择可以通过各种启发式技术，如交叉验证等来获取。

K- 近邻算法思想简单，理论成熟，既可以用来做分类也可以用来做回归，还可用于非线性分类。相较其他机器学习算法，它具有对异常值不敏感、无数据输入假定的特点，训练的时间复杂度为 $O(n)$。同时 *K*- 近邻是一种在线技术，可以将新数

据直接加入数据集，避免重新训练。其对于样本容量大的数据集计算量较大，每一次分类需要进行一次全局运算，会占用大量的内存。*K*- 近邻算法在文本分类、模式识别、聚类分析、多分析领域有较大应用。

2. 决策树

决策树是一个树结构，其每个非叶节点表示一个特征属性上的测试，每个分支代表这个特征属性在某个值域上的输出，而每个叶节点存放一个类别。使用决策树进行决策的过程就是从根节点开始，测试待分类项中相应的特征属性，并按照其值选择输出分支，直到到达叶子节点，将叶子节点存放的类别作为决策结果。其中进行属性选择度量最好的方法是利用信息熵来实现，所以构造决策树就是要通过计算信息熵划分数据集。

决策树模型常常用来解决分类和回归问题，其功能强大且容易提取规则，适于在数据挖掘中进行分类。常见的算法包括：分类及回归树（Classification and Regression Tree，CART）、ID3（Iterative Dichotomiser 3）、C4.5 和 C5.0 等。

决策树计算复杂度不高，可做可视化分析，在相对短的时间内能够对大型数据源做出可行且效果良好的响应，能很好地扩展到大型数据库中。但它不支持在线学习，加入新样本后，需要重新建立决策树。

在分类模型建立的过程中，容易出现过拟合现象，即在模型学习训练中，训练样本达到非常高的逼近精度，但对检验样本的逼近误差随着训练次数的增加而呈现出先下降后上升的现象。这一现象可以通过剪枝进行一定的修复，或者采用基于决策树的 Combination 算法，如 Bagging 算法、Random Forest 算法等。

3. 朴素贝叶斯

贝叶斯定理是概率论中的一个定理，它与随机变量的条件概率以及边缘概率分布有关，能够告知我们如何利用新证据修改已有的看法。贝叶斯方法是指明确应用了贝叶斯定理来解决如分类和回归等问题的方法，贝叶斯分类器的分类示意图如图 2-3 所示。常见的贝叶斯方法有朴素贝叶斯（Naive Bayesian，NB）、平均单依赖估计（Averaged One-Dependence Estimators，AODE）、贝叶斯信念网络（Bayesian Belief Network，BBN）等。

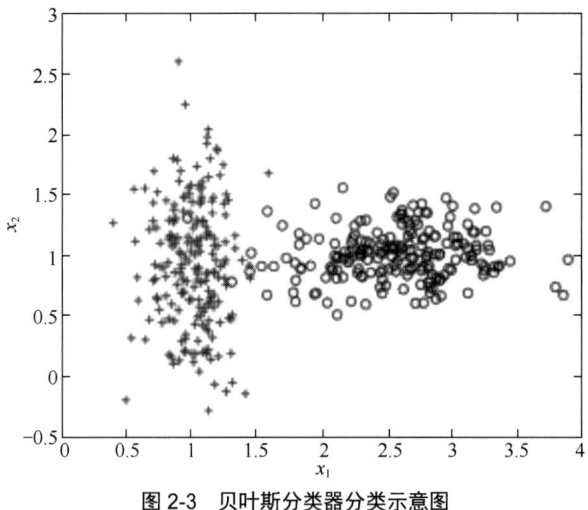

图 2-3　贝叶斯分类器分类示意图

朴素贝叶斯分类器基于一个简单的假定：给定目标值时属性之间相互条件独立。它的原理就是对于给出的待分类项，求解在此项出现的条件下各个类别出现的概率，并将此项分类到概率最大的类别。

朴素贝叶斯分类器属于生成式模型，如果有条件独立性假设，朴素贝叶斯分类器的收敛速度将快于判别模型（如逻辑回归）。对于大数量训练和查询而言，NB 分类器的速度较高。即使使用超大规模的训练集，针对每个项目通常也只有相对较少的特征数，并且对项目的训练和分类仅仅是特征概率的数学运算，因此可以高效处理高维数据。朴素贝叶斯分类器支持增量式运算，可以实时对新增样本进行训练。它的缺点是不能学习特征间的相互作用，即会产生特征冗余，所以适用于不同维度之间相关性较小的模型。

4. 逻辑回归

我们知道，线性回归就是根据已知数据集求一个线性函数，使其尽可能拟合数据，让损失函数最小。常用的线性回归最优法有最小二乘法和梯度下降法。而逻辑回归是一种非线性回归模型，相比于线性回归，它多了一个 sigmoid 函数（或称为 Logistic 函数）。逻辑回归是一种分类的方法，适用于二分类问题。图 2-4 所示为逻辑回归分类示意图。它的基本原理过程如下。

（1）寻找合适的预测函数 h（hypothesis，也称为分类函数），它用来预测输入数据的判断结果。

（2）定义边界函数 $\theta(x)$，通常分为线性边界和非线性边界。

（3）构造 Cost 函数（损失函数），该函数表示预测的输出 h 与训练数据类别 y 之间的偏差，比如对数似然损失函数。综合考虑所有训练数据的“损失”，将 Cost 求和或者求平均，记为 $J(\theta)$ 函数，表示所有训练数据预测值与实际类别的偏差。

（4）求解最优 θ，即找到 $J(\theta)$ 函数的最小值，寻找更为准确的预测函数 h。在逻辑回归中，常用梯度下降法（Gradient Descent）求解函数最小值。

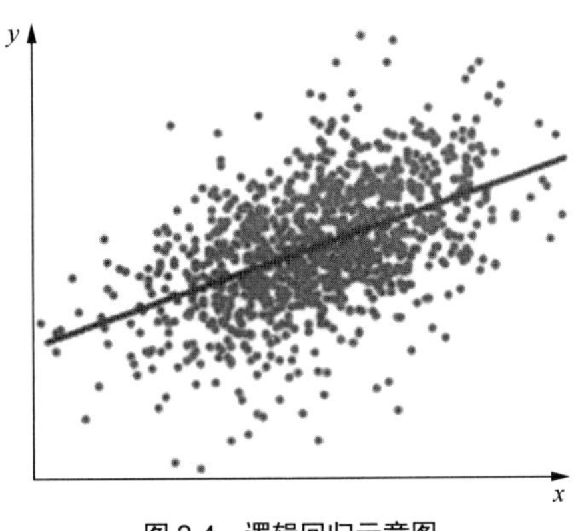

图 2-4 逻辑回归示意图

逻辑回归实现简单，可广泛应用于实际问题。在分类时计算量小、速度快，需要的存储资源较少。但逻辑回归容易欠拟合，分类精度不高，且只能处理二分类问题。因此在此基础上又衍生出 Softmax 算法，可用于多分类。

5. 支持向量机

基于核的算法把输入数据映射到一个高阶的向量空间，在这些高阶向量空间里，有些分类或者回归问题能够更容易得到解决。常见的基于核的算法包括：支持向量机、径向基函数（Radial Basis Function，RBF），以及线性判别分析（Linear Discriminate Analysis、LDA）等。

SVM 算法从某种意义上来说是逻辑回归算法的强化：给予逻辑回归算法更严格的优化条件，可以获得比逻辑回归更好的分类界线。通过跟高斯“核”的结合，SVM 利用非线性映射 p 把样本空间映射到高维特征空间中，使原来样本空间中的非线性可分问题转换为特征空间中的线性可分问题，如图 2-5 所示。选择不同的核函数，可以生成不同的 SVM，常用的核函数有以下 4 种：线性核函数、多项式核函数、径向基函数和 sigmoid 核函数。

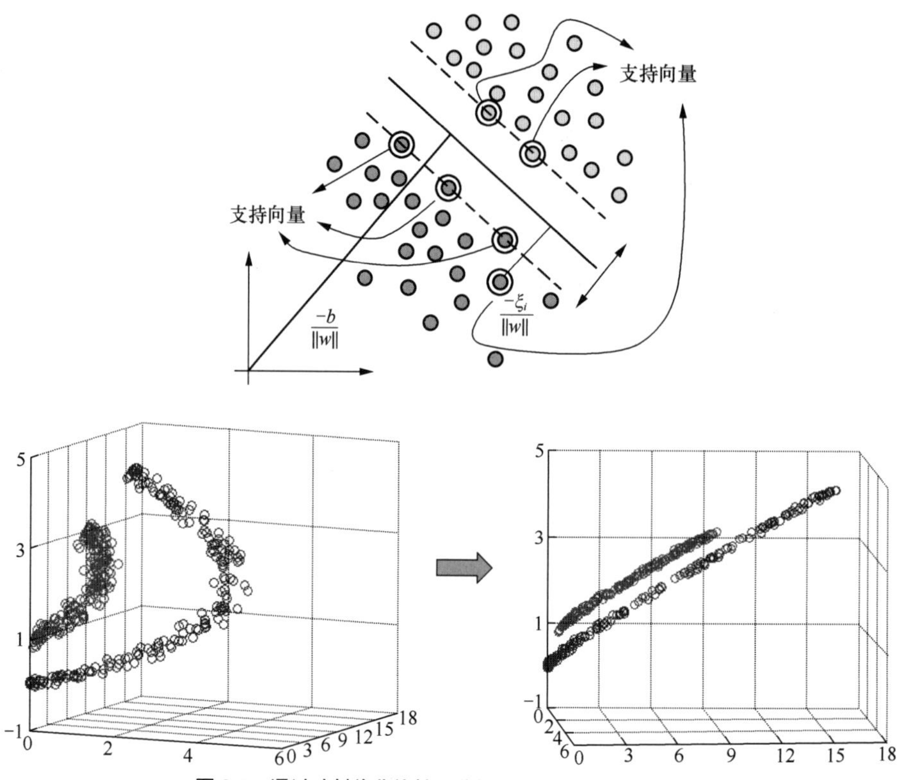

图 2-5　通过映射将非线性可分问题转化为线性可分问题

应用核函数展开定理，SVM 无须知道非线性映射的显式表达式。由于 SVM 的最终决策函数只由少数的支持向量所确定，计算的复杂性取决于支持向量的数目，而不是样本空间的维数，这既保持了计算效率，又获得了好的分类效果，在某种意义上避免了“维数灾难”。SVM 一般可应用于文本分类、图像识别等高维问题，但不适用于观测样本较多的情况，对于非线性问题没有通用的解决方案。SVM 在 20 世纪 90 年代后期一直占据着机器学习的核心地位，基本取代了神经网络算法。直到近几年神经网络借助深度学习重新兴起，两者之间的平衡才又发生了微妙的转变。

6. 典型监督学习算法总结

表 2-2 给出了常见监督学习算法的优势和解决的一些典型问题。监督学习有明确的标注数据，具有模型直观、方法简单、容易实现等特点，在很多场景下有广泛应用。

表 2-2　常见监督学习算法的优势和解决的问题

算法	优势	解决的问题
K-近邻	对异常值不敏感，无数据输入假定，可在线训练	文本分类、模式识别、聚类分析、多分析领域
决策树	功能强大且容易提取规则，计算复杂度不高，可扩展至大型数据库	在大数据挖掘中进行分类、可视化分析
朴素贝叶斯	分类速度高，收敛速度快，支持增量式运算	大数据训练和查询，可高效处理高维数据
逻辑回归	分类时计算量小、速度快，需要的存储资源较少	处理二分类问题
支持向量机	计算效率高，分类效果良好，避免“维数灾难”	文本分类、图像识别等高维分类问题

2.1.2.2　无监督学习

无监督学习是根据类别未知（没有被标记）的训练样本解决模式识别中的各种问题。常用的无监督学习算法包括关联规则学习、聚类和降维。

1. 关联规则学习

关联规则学习通过寻找最能够解释数据变量之间关系的规则，来找出大量多元数据集中有用的关联规则。关联规则挖掘主要有两个问题：一是找出交易数据库中所有大于或等于用户指定的最小支持度的频繁项集；二是利用频繁项集生成所需要的关联规则，根据用户设定的最小可信度筛选出强关联规则。常见算法包括 Apriori 算法和 FP-Growth 算法等。

Apriori 算法是一种挖掘关联规则的算法，用于挖掘内含的、未知的却又实际存在的数据关系，其核心是基于两阶段频繁项集思想的递推算法。

（1）寻找频繁项集；

（2）由频繁项集寻找关联规则。

Apriori 算法利用频繁项集的两个特性，过滤了很多无关的集合，效率提高不少，但它是一个候选消除算法，在每一步产生候选项目集时循环产生的组合过多，没有排除不应该参与组合的元素；每次计算项集的支持度时，都对数据库中的全部记录进行一遍扫描比较，需要很大的 I/O 负载，这使整个算法在面临大数据集时显得无能为力。

由此产生了 FP-Growth 算法，FP-Growth 算法通过构造一个树结构来压缩数据记录，使得挖掘频繁项集只需要扫描两次数据记录。该算法不需要生成候选集合，效率会比较高。

FP-Growth算法的平均效率远高于Apriori算法，但是它的效率依赖于数据集。当数据集中的频繁项集没有公共项时，所有的项集都挂在根结点上，不能实现压缩存储，而且Fp树还需要其他的开销，需要存储空间更大。

2. 聚类

聚类算法是指对一组目标进行分类，属于一个类（Cluster）的目标被划分在一组中，与其他组目标相比，同一组目标彼此更加相似，是一种无监督学习方式[2]。聚类算法的优点是让数据变得有意义，缺点是针对不同的数据组，结果可能难以解读或者无用。下面介绍两种常见的聚类算法：*K*均值聚类（*K*-Means Clustering）和EM（Expectation Maximization）算法。

*K*均值聚类算法以*K*为参数，把*n*个对象分成*K*个簇，使簇内具有较高的相似度，而簇间的相似度较低。*K*大时，创造的簇就小，就有更多粒度；*K*小时，则簇就大，粒度较少。该算法的输出是一组标签，这些标签将每个数据点都分配到了*K*个簇中的一组。在*K*均值聚类算法中，这些簇的定义方式是为每个组创造一个重心（Centroid），它们可以捕获离自己最近的点，并将其加入到自己的聚类中。

*K*均值聚类算法的步骤如下。

步骤一：随机选择*K*个点作为初始的聚类中心。

步骤二：对于剩下的点，根据其与聚类中心的距离（通常为欧几里得距离），将其归入最近的簇。

步骤三：对每个簇，计算所有数据点的均值得到新的聚类中心。

步骤四：重复步骤二、三直到每次迭代时聚类中心不再显著发生改变（算法收敛）。

*K*均值聚类算法有三点比较明显的优势：第一，能根据较少的已知聚类样本的类别确定部分样本的分类；第二，该算法本身具有优化迭代功能，可以克服少量样本聚类的不准确性，在已经求得的聚类上通过迭代修正剪枝，优化初始样本分类不合理的地方；第三，由于算法只是针对部分小样本，可以降低总的聚类时间复杂度。

但算法中*K*值的选定是非常难以估计的，另外初始聚类中心的选择对聚类结果有较大的影响，一旦初始值选得不好，可能无法得到有效的聚类结果。该算法需要不断地进行样本划分和调整新的聚类中心，因此当数据量非常大时，算法的时间开销也非常大。

EM 算法是一种迭代优化策略，由于它的计算方法中每一次迭代都分两步，其中一个为期望步（E 步），另一个为极大步（M 步），所以被称为 EM 算法。EM 算法受到缺失思想影响，最初是为了解决数据缺失情况下的参数估计问题，其算法基础和收敛有效性等问题在 Dempster 等三人所著文章中给出了详细的阐述。其基本思想是：首先根据已经给出的观测数据，估计出模型参数的值，然后依据上一步估计出的参数值估计缺失数据的值，再根据估计出的缺失数据加上之前已经观测到的数据重新再对参数值进行估计，反复迭代，直至最后收敛，迭代结束。

EM 算法作为一种数据添加算法，在近几十年得到迅速的发展。在当前科学研究以及各方面实际应用中，数据量越来越大，经常存在数据缺失或者不可用的问题。在此情况下，直接处理数据比较困难，需要考虑对数据进行处理和数据添加。数据添加的办法有很多种，常用的有神经网络拟合法、添补法、卡尔曼滤波法等。EM 算法以相对简单的算法和稳定的步骤能非常可靠地找到“最优的收敛值”而受到青睐。随着理论的发展，EM 算法已经不单单用于处理缺失数据的问题，它所能处理的问题更加广泛。有时候缺失数据并非是真的缺少数据，而是为了简化问题而采取的策略。这时 EM 算法被称为数据添加算法，所添加的数据通常被称为“潜在数据”，通过引入恰当的潜在数据，复杂的问题能够有效地得到解决。

3. 降维

降维是指采用某种映射方法，将原高维度空间中的数据点映射到低维度的空间中。其本质是学习一个映射函数 f: $\boldsymbol{x} \rightarrow \boldsymbol{y}$，其中 $\boldsymbol{x}$ 是原始的数据点，目前多使用向量表达形式，$\boldsymbol{y}$ 是数据点映射后的低维度向量表达。通常 $\boldsymbol{y}$ 的维度小于 $\boldsymbol{x}$ 的维度，f 可能是显式或隐式、线性或非线性函数。

主成分分析（Principal Component Analysis，PCA）是最常用的线性降维方法，可以进行数据压缩。其目标是通过高维向低维线性映射，并期望在所投影的维度上数据的方差最大，以此使用较少的数据维度，同时保留住较多的原数据点的特性。可以证明，PCA 是丢失原始数据信息最少的一种线性降维方式。

转换坐标系时，一般以方差最大的方向作为坐标轴方向。这样操作的主要原因在于数据的最大方差往往给出数据的最重要信息。通过这种方式获得的新的坐标系，大部分方差都包含在前面几个坐标轴中，后面的坐标轴所含的方差几乎为0。在这种情况下，可以忽略方差几乎为0的坐标轴，只保留前面几个含有绝大部分方差的坐标轴。这样也就相当于只保留包含绝大部分方差的特征维度，而忽略包含方差几乎为0的特征维度，从而实现对数据特征的降维处理。

PCA通过降维技术，保留了数据最重要的特征，舍弃了可以忽略的特征，加快了数据的处理速度，减少了计算损耗。但是降维之后并不知道所选取的是哪些维度，采用主成分解释其含义往往具有一定的模糊性，不如原始样本完整。

4. 典型无监督学习算法小结

表2-3给出了常见无监督学习算法的优势和解决的问题。无监督学习主要解决难以人工标注和人工标注成本过高的问题。很多通信类的数据，如信道数据等，都是很难进行标注的。因此，对于基于AI的无线技术，采用无监督学习算法存在很大的空间。

表2-3　常见无监督学习算法的优势和解决的问题

算法	优势	解决的问题
Apriori算法	利用频繁项集特征过滤无关特征，提高算法效率	找出大量多元数据集中有用的关联规则
FP-Growth算法	不需要生成候选集合，平均效率高	
*K*均值聚类	具有优化迭代功能，时间复杂度低	部分小样本聚类
EM算法	可靠地找到最优收敛值，解决数据缺失情况下的参数估计问题	是一种数据添加算法
主成分分析	丢失原始数据信息最少，保留了重要数据特征	线性降维，数据压缩

2.1.2.3　半监督学习

半监督学习（Semi Supervised Learning，SSL）是监督学习与无监督学习相结合的一种学习方法，所给数据包括有标签样本数据和大量的无标签样本数据，如图2-6所示。基本思想是使用有标签样本数据集和无标签样本数据集训练出一个学习机，再基于该学习机对数据集或者外界的无标签样本进行预测，这样便能大幅度降低标记成本。SSL的算法包括一些对常用监督式学习算法的延伸，如图论推理（Graph Inference）、拉普拉斯支持向量机（Laplacian SVM）等。半监督学习减轻了获取大量样本标签的代价，又能够带来比较高的准确性，因此越来越受到人们的重视。

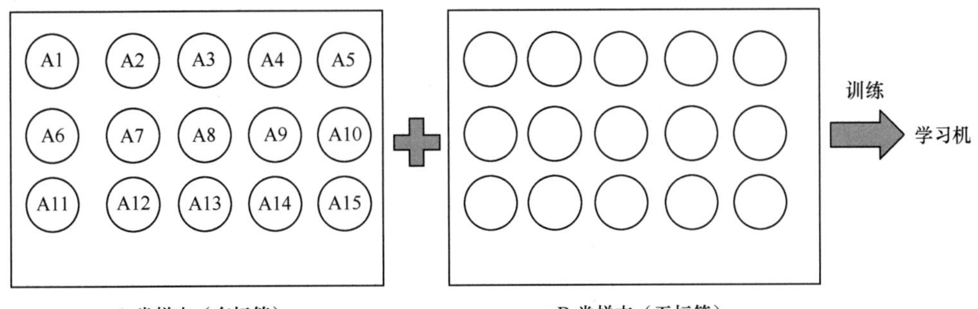

图 2-6　半监督学习同时使用有标签样本和无标签样本

从统计学习理论的角度可以将半监督学习分为直推学习（Transductive Learning）和归纳学习（Inductive Learning）。直推学习和归纳学习均利用训练数据中有标签样本和无标签样本的特征进行训练。不同的是，直推学习仅处理样本空间内给定的训练数据，预测训练数据中无标签样本的类标签；归纳学习假定训练数据中无标签样本不是待测数据，预测的是外界数据中未知测试样本的类标签。

1. 半监督 SVM

半监督 SVM 也包括很多种，比较常见的如半监督支持向量机（S3VM）、直推式支持向量机（TSVM）、拉普拉斯 SVM。

监督学习中的 SVM 试图找到一个划分超平面，使得两侧支持向量之间的间隔最大，即“最大划分间隔”的思想。对于 S3VM，则考虑超平面需穿过数据低密度的区域。为了利用未标记的数据，需要在原来支持向量机的基础上，添加两个对位标记的数据点的限制。一个限制是假设未标记的点是属于类别 1 的，然后计算它的错分率；另一个限制是假设此点是属于类别 2 的，同样计算它的错分率。目标函数则计算这两个可能的错分率中小的那个。

TSVM 是在文本分类的背景下提出的，更强调直推式的概念。其核心思想是尝试为未标记的样本找到合适的标记指派，使得超平面划分后的间隔最大化。TSVM 采用局部搜索的策略来进行迭代求解，即首先使用有标记样本集训练出一个初始 SVM，接着使用该学习机对未标记样本进行标记，并基于这些有标记的样本重新训练 SVM，最后寻找易出错样本并不断调整。

拉普拉斯 SVM 主要通过图的拉普拉斯矩阵来探索数据的流形结构。它将已标记的和未标记的数据编码在一张连接图中，图的每一个节点代表一个数据点，如果两个数据点之间有很大的相似性，就用一条边将它们对应的节点连接起来。然后为无标记的数据找到合适的类别以使它们与已标记的数据和潜在的图的结构的不一致性最小化。

不同的SVM算法特点不同，S3VM算法中的优化问题是难以计算的混合整数规划问题；TSVM虽然迭代地解决标准的支持向量机问题，但由于它是基于一个标记切换过程引导下的局部的组合搜索，所以迭代的次数会非常多；拉普拉斯SVM则需要计算一个 n 维矩阵的逆，n 是整个数据集的大小。这些方法或多或少存在一定的效率不高问题。后来出现了先对未标记的数据的类别平均值进行估计的算法，如meanS3VM等，提高了算法效率。

2. 半监督聚类

半监督聚类是借助已有的监督信息来辅助聚类的过程，能获得比只用无标签样本聚类得到的结果更好的簇，提高聚类的精度。一般而言，监督信息大致有两种类型：

（1）必连与勿连约束：必连要求两个样本必须在同一个类簇，勿连则是必不在同一个类簇；

（2）标记信息：少量的样本带有真实的标记。

与一般聚类方法相比，半监督聚类在每一步的迭代过程汇总时都要考虑当前划分是否满足约束关系，若不满足则会将样本划分到次小对应的类簇中，再继续检测是否满足约束关系，直到完成所有样本的划分。

3. 典型半监督学习算法总结

表2-4给出了典型半监督学习算法的优势和解决的问题。半监督学习主要解决监督学习有标签样本不足的缺陷，从而解决一些高维的分类和聚类问题。

表2-4　典型半监督学习算法的优势和解决的问题

算法	优势	解决的问题
半监督支持向量机（S3VM）	与监督学习SVM相比弥补了有标签样本不足的缺陷，性能更优	高维分类问题
直推式支持向量机（TSVM）		
拉普拉斯SVM		
半监督聚类	获得比只用无标签样本聚类得到的结果更好的簇，提高聚类精度	聚类问题

2.1.2.4　强化学习

强化学习又称再励学习、评价学习或增强学习，用于描述和解决智能体（Agent）

在与环境的交互过程中通过学习策略以达成回报最大化或实现特定目标的问题。强化学习的常见应用场景包括调度管理、信息检索、过程控制、动态系统，以及机器人控制等。常见算法包括 Q 学习（Q-Learning）算法及时序差分（Temporal Difference，TD）学习算法。

强化学习基于智能体与环境（Environment）之间的动态交互。当智能体感知到环境信息后，它会依据自己采取动作（Action）所可能带来的奖赏（Reward）或惩罚（Penalty），确定下一步动作，即策略，并进一步观察环境的反应，循环往复，直至收敛至某一稳态目标。图 2-7 是强化学习的简单系统框架。

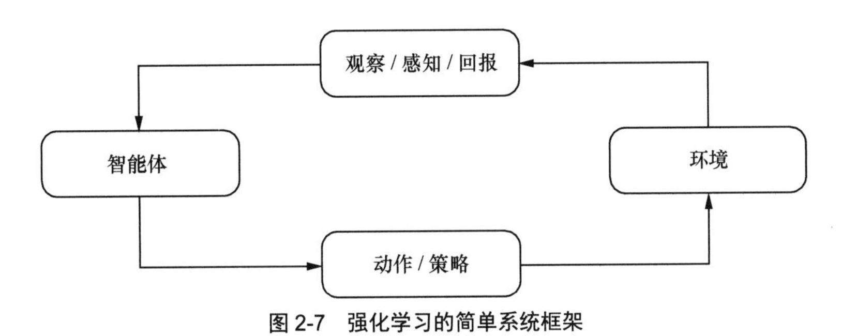

图 2-7　强化学习的简单系统框架

监督学习和强化学习都在试图寻找一个映射，从已知属性或状态中推断出标签和动作。不同的是在监督学习中，输入数据仅仅作为一个检查模型对错的方式；在强化学习中，输入数据作为对模型的反馈，在尝试动作后，通过反馈的结果信息不断调整之前的策略。因此强化学习可以使算法学习获得最好的结果。

强化学习通常使用马尔可夫决策过程（Markov Decision Process, MDP）来描述，具体而言：机器处在一个环境中，当前状态为机器对当前环境的感知；机器只能通过动作来影响环境，当机器执行一个动作后，会使得环境按某种概率转移到另一个状态；同时，环境会根据潜在的奖赏函数反馈给机器一个奖赏。综合而言，强化学习主要包含四个要素：状态、动作、转移概率以及奖赏函数，其具体含义如下。

（1）状态（X）：机器对环境的感知，所有可能的状态称为状态空间。

（2）动作（A）：机器所采取的动作，所有能采取的动作构成动作空间。

（3）转移概率（P）：当执行某个动作后，当前状态会以某种概率转移到另一个状态。

（4）奖赏函数（R）：在状态转移的同时，环境反馈给机器一个奖赏。

2.1.2.5 深度学习与神经网络

深度学习（Deep Learning，DL）是机器学习领域中一个新的研究方向，其动机在于建立模拟人脑进行分析学习的神经网络。它模仿人脑的机制来解释数据，在数据挖掘、机器翻译、自然语言处理、多媒体学习、语音、推荐和个性化技术等诸多领域都取得了非常丰硕的成果。

神经网络（Neural Network，NN）也叫人工神经网络（Artificial Neural Network，ANN），是受生物神经网络启发而构建的算法模型，常用于解决非线性回归和分类等问题。一个简单的神经网络的逻辑架构包括输入层，隐藏层和输出层，如图 2-8 所示。输入层负责接收信号，隐藏层负责对数据进行分解与处理，最后的结果被整合到输出层。每层中的一个圆代表一个处理单元，模拟了一个神经元；若干个处理单元组成一个层，可以看作是一个逻辑回归模型；若干个层组成一个网络，即神经网络。单个神经元将各个输入与相应权重相乘，然后加偏置参数，最后通过非线性激活函数。

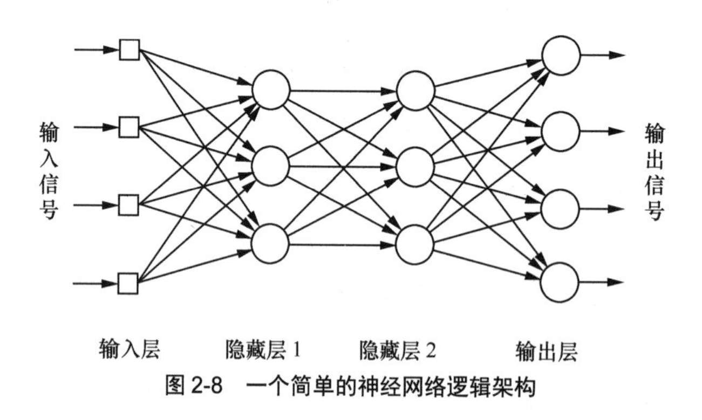

图 2-8 一个简单的神经网络逻辑架构

神经元的示意图如图 2-9 所示。左侧为输入数据，右侧为输出数据。这个神经元的输入信号为向量（$\boldsymbol{x}_1\boldsymbol{x}_2\cdots\boldsymbol{x}_n$），向量（$\boldsymbol{w}_1\boldsymbol{w}_2\cdots\boldsymbol{w}_n$）为输入向量的组合权重，$\boldsymbol{b}$ 为偏置项。神经元对所有的输入量做加权求和，然后加上偏置项，经过激活函数 $f(\cdot)$ 产生输出

$$\boldsymbol{y}=f\left(\sum_{k=1}^{n}\boldsymbol{w}_k\boldsymbol{x}_k+\boldsymbol{b}\right)$$

其中典型的激活函数为 sigmoid 函数。

$$\sigma(x)=\frac{1}{1+\exp(-x)}$$

根据图 2-8 和图 2-9 可以看出，在给定输入信号、隐藏层结构、所有神经元的系数及偏置项和激活函数的情况下，输出层可以给出输出信号。这一计算过程称为正向传播算法。假设 $\boldsymbol{x}$ 为输入向量，L 为神经网络层数，第 s 层的权重矩阵为 $\boldsymbol{W}^{(s)}$，偏置向量为 $\boldsymbol{b}^{(s)}$。激活函数为 $f(\cdot)$。正向传播算法的流程如下。

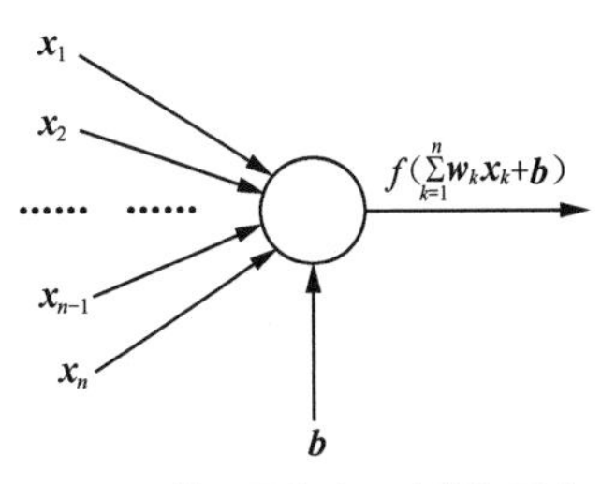

图 2-9　神经网络中一个神经元的示意图

步骤一：令 $\boldsymbol{x}^{(1)}=\boldsymbol{x}$。

步骤二：设置循环 $s=2,3,\cdots,L$，对每一层计算 $\boldsymbol{x}^{(s)} = f\left[\boldsymbol{W}^{(s-1)}\boldsymbol{x}^{(s-1)} + \boldsymbol{b}^{(s-1)}\right]$。

步骤三：输出向量 $\boldsymbol{x}^{(L)}$ 作为神经网络的输出值。

正向传播算法实现了神经网络的计算过程，而给定网络结构和激活函数，根据数据集求解权重矩阵和偏执向量矩阵的训练过程称为反向传播（Back Propagation, BP）算法。

反向传播算法由 Rumelhart 等在 1986 年提出。假设有 m 个训练样本（$\boldsymbol{x}_i$，$\boldsymbol{y}_i$），其中 $\boldsymbol{x}_i$ 为输入量，$\boldsymbol{y}_i$ 为输出量。训练的目标是最小化样本标签值 $\boldsymbol{y}_i$ 与 $\boldsymbol{x}_i$ 经过神经网络正向传播算法之后的预测值之间的误差。误差一般被称为损失函数。比较典型的损失函数如均方误差函数、平均绝对误差函数、平滑平均绝对误差函数、Log-Cosh 损失函数，以及分位数损失函数等，根据解决问题的不同，可以选择不同的损失函数进行问题的求解。在确定损失函数后，根据训练样本求各个权值的问题就变为了一个优化问题。这个最优化问题可以根据梯度下降法进行求解。以均方误差损失函数为例，优化目标为

$$L(S) = \frac{1}{2m}\sum_{i=1}^{m}\left\| f(\boldsymbol{x}_i) - \boldsymbol{y}_i \right\|^2$$

其中，S 为神经网络所有参数的集合，包括各层的权重和偏置。

由于误差函数定义在整个训练集上，梯度下降法的每一次迭代都利用所有训练样本。在样本数量很大的情况下，每次迭代所有样本进行计算的成本太高。作为替代，可以定义单个样本的损失函数，然后根据单个样本的损失函数梯度计算总损失梯度，如对所有样本梯度取均值。在采用梯度下降法求解时，还需要初始化来优化变量的初始值。一般初始化为随机数，如满足正态分布的随机数。

在采用梯度下降法进行反向传播算法计算时，由于神经网络每层都有权重矩阵和偏

置向量，且每一层输出将会作为下一层的输入，目标函数是多层的复合函数。对于复合函数的求导往往采用递推计算的方法。在求导过程中，会涉及大量的对激活函数$f(\cdot)$的求导。因此在实际的神经网络设计时，激活函数的导数特性变得尤为关键。多层的神经网络在采用反向传播算法时，会带来求导的嵌套表达，当激活函数的导数值小于1时，经过连续乘法，误差项容易衰减到接近于0，从而导致多层网络的权重梯度接近于0，参数无法有效更新，这种现象也称为梯度消失。例如sigmoid函数的导数为

$$\sigma'(x)=\sigma(x)\left[1-\sigma(x)\right]$$

该函数的导数最大值为0.25，而且距离原点越远，导数值越小。因此，sigmoid函数作为激活函数时，神经网络层数越多，梯度消失的问题就会变得越突出。

根据神经网络的结构、正向传播算法和反向传播算法可知，神经网络本质是一个复合函数。随着神经网络层数和神经元数量的增加，其建模能力也越来越强。在数学上已经证明，只要激活函数选择得当，神经元数量足够多，使用一个隐含层的神经网络就可以实现对任何一个从输入向量到输出向量的连续映射函数的逼近。这个结论也被称为万能逼近（Universal Approximation）定理。

神经网络的层数越多，神经元个数越多，建模能力也越强。但是在实际应用中，复杂的神经网络也会带来一些问题，比较著名的有梯度消失问题、过拟合问题、退化问题、局部极小值问题、鞍点问题等。过拟合问题表现为神经网络在训练集上表现好，而在测试集上表现不佳。退化问题则是指在训练集和测试集上误差都很大。局部极小值问题的出现是由于神经网络的损失函数一般不是凸函数，因此在训练的时候容易导致陷入局部极小值的风险。鞍点问题是指梯度为0，但是黑塞（Hessian）矩阵不定的点。

在使用神经网络解决实际问题时，需要考虑输入与输出向量、网络规模、激活函数、损失函数、权重初始化、正则化、学习率和动量项的选择和设定。输入向量的设定需要考虑归一化，通过一些变化或者处理方式把输入限定在一定范围内。输出向量的选择主要是结合要解决的问题进行设定。网络规模的选择主要考虑神经网络的层数和每层神经元的个数。进行激活函数的选择时，除了sigmoid函数，常用的一些激活函数还包括tanh（双曲正切函数）、ReLU（Rectified Linear Unit）函数、softmax函数、幂函数等。损失函数如前所述，需要根据要解决的问题进行选择。权重的初始化一般采用服从某种分布的随机方式产生。正则化是防止神经网络产生过

拟合化的一种手段，主要方法是在损失函数上加上一个正则化项。学习率是梯度下降法中的设定系数，其大小决定了参数更新系数，典型值为 0.001。动量项是进行权重系数更新时用动量项取代梯度项，从而加速梯度下降法的收敛速率。

早期的神经网络算法比较容易过训练，其准确率依赖于庞大的训练集，而且训练速度受限于计算机，分类效果并不优于其他方法。Hinton 在 2006 年提出了神经网络深度学习算法，该算法可通过多个隐藏层的神经网络逐层预训练进行特征学习，具有自学习功能、联想存储功能和高速寻找优化解的能力，成为当前统计学习领域最热门的方法之一。该算法适用于模式识别、信号处理、优化组合、异常探测、文本到语音转录等数据量庞大、参数之间存在内在联系的场景。神经网络也从单纯的监督学习转向半监督学习和无监督学习领域，并且可以实现数据分类、数据生成、数据降维等多种功能。

在神经网络的基础上，发展出了越来越多的深度学习模型，比较常见的深度学习模型有[3]：深度神经网络（Deep Neural Network，DNN）、卷积神经网络（Convolutional Neural Network，CNN）、循环神经网络（Recurrent Neural Network，RNN）等。

1. 深度神经网络

深度神经网络也被称为多层感知机，其基本结构与传统的神经网络类似，是为了解决早期神经网络的瓶颈问题提出的，其逻辑架构如图 2-10 所示。深度神经网络增加了网络层数中的隐藏层，使神经元可以进行异或运算。但是随着层数和神经元数量的增加，会遇到如梯度消失、收敛缓慢及收敛到局部最小值等问题。

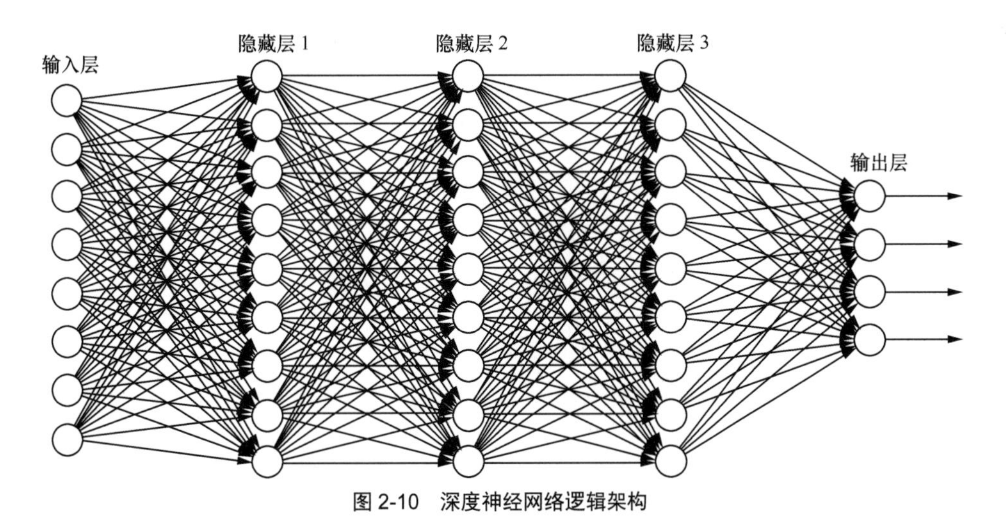

图 2-10 深度神经网络逻辑架构

深度神经网络也采用反向传播算法进行参数迭代和优化，利用迭代算法训练整个网络。网络先随机设定初始值，计算当前网络的输出，然后根据当前输出和标签之间的差去改变前面各层的权值，直到收敛。在神经网络中，我们经常使用 sigmoid 函数作为神经元的激活函数，在反向传播梯度时，梯度为 1 的信号每传递一层将衰减 0.25，到低层基本无法起到调节参数的作用。深度神经网络与神经网络的主要区别在于：深度神经网络将 sigmoid 函数替换成了 ReLU、maxout 等函数，克服了梯度消失的问题；将经典梯度下降法调整为随机梯度下降法和小批量随机梯度下降法，加快了收敛速度，降低了计算复杂度 [4]。

2. 卷积神经网络

深度神经网络在处理不同问题时的隐藏层层数是不同的，如语音识别可能需要 7 层，而图像识别可能需要 20 层。随着神经网络层数的增加，出现了参数爆炸增长的问题，容易导致过度拟合和局部最优解的出现。卷积神经网络可以有效地减少神经网络复杂度，同时在提取关键特征上具有非常出色的表现，成为深度学习具有代表性的算法之一。

图 2-11 给出了卷积神经网络的逻辑架构。其逻辑架构包括输入层、多个卷积层、多个池化层、全连接层及输出层。卷积层和池化层交替设置，即一个卷积层连接一个池化层，池化层后再连接一个卷积层，依此类推。卷积层中卷积核的每个神经元与其输入进行局部连接，并通过对应的连接权值与局部输入进行加权求和后再加上偏置值，得到该神经元输出值，该过程等同于卷积过程，因此这种神经网络被称为卷积神经网络。

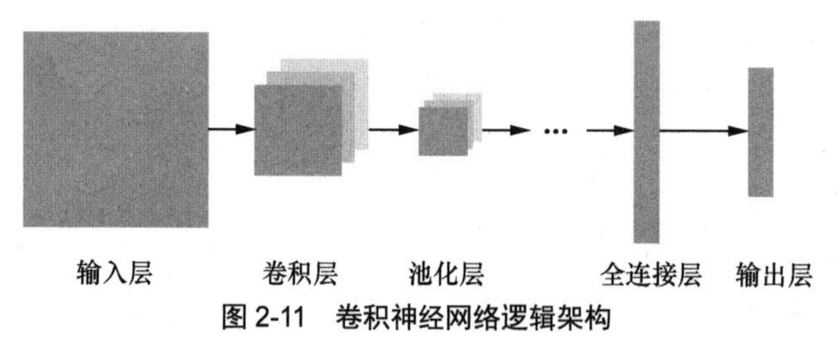

图 2-11 卷积神经网络逻辑架构

（1）卷积层。

卷积神经网络中卷积层是利用卷积核对输入进行卷积计算。假设一个输入数据矩阵 $\boldsymbol{A}$ 在（i,j）位置的值为 A_{ij}，卷积核 $\boldsymbol{C}$ 为 $s \times s$ 的矩阵，$\boldsymbol{C}$ 在位置（p,q）的值为

C_{pq}，那么卷积核作用于以 A_{ij} 为左上角元素的子矩阵得到输出为

$$\sum_{p=1}^{s}\sum_{q=1}^{s} A_{i+p-1,\,j+q-1} \cdot C_{pq}$$

图 2-12 给出一个 3 × 3 的卷积核与一个 5 × 5 的输入矩阵进行卷积运算的示例。该示例中卷积核由左上角矩阵开始，间隔 1 个位置对整个输入矩阵进行卷积运算，共有 9 个可移动位置，得到 3 × 3 的输出矩阵。

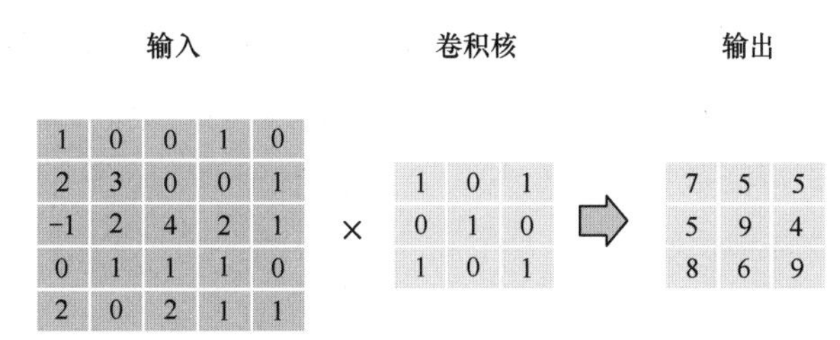

图 2-12　卷积核与输入矩阵进行卷积运算

在进行卷积运算时有几个重要的概念，分别是步长（Stride）、填充（Padding）、感受野（Receptive Field）和深度（Depth）。

① 步长：卷积核与输入进行卷积时每次移动间隔的元素个数。当步长为 1 时，如图 2-12 所示，卷积核实现对输入矩阵的逐个元素间隔扫描。为了减少计算量，每次卷积核移动步长可以大于 1。

② 填充：为保证输入与输出矩阵保持相同大小，可以对输入矩阵进行填充，然后再进行与卷积核的卷积运算。常用的填充方式是零填充（Zero-Padding）。

③ 感受野：卷积核在一次卷积操作时对原始输入的作用范围称为感受野。对于图 2-12，每个输出点都是 3 × 3 的卷积核对原始输入进行卷积运算的结果，其感受野为 3，如果对图 2-12 的输出再进行 3 × 3 卷积核的卷积运算，那么输出就将是一个数，由于该数的计算与整个输入矩阵有关，此时对原始输入的感受野为 5。

④ 深度：卷积层卷积核的个数。每个卷积核提取输入数据一个特征，当需要对输入进行多组数据提取时就要考虑用多个卷积核。卷积核也可以有多层，如对一个 3 层的输入，卷积核也是 3 层的，每层的卷积核大小相同，具体值不同。

在卷积操作基础上，构建卷积神经网络时往往会再经过激活函数，输出为

$$f\left(\sum_{p=1}^{s}\sum_{q=1}^{s} A_{i+p-1,\,j+q-1} \cdot C_{pq} + b\right)$$

其中，$f(\cdot)$为激活函数，b为偏置项。卷积神经网络常用的卷积核矩阵为3×3或者5×5的矩阵，卷积核的参数与偏置项由反向传播算法得出。激活函数一般采用ReLU函数。也有文献把经过激活函数的操作作为单独一层，称为线性整流层（Rectified Linear Unit layer，ReLU layer）。

（2）池化层。

卷积操作完成了对输入数据的降维和特征提取。经过特征提取的数据维数依然比较高。可以通过下采样进一步降低数据维度，该操作称为池化操作。常见的池化操作有最大池化（Max Pooling）、均值池化（Mean Pooling）。具体实现过程就是对经过卷积层后得到的特征数据进行分块，当数据被分为大小不相交的块后，对每一个数据块取最大值或者平均值。

（3）全连接层。

全连接层和普通神经网络没有区别，和前一层所有神经元进行连接。

卷积网络的正向传播算法和普通神经网络类似，输入可以是二维和更高维的数据。输入经过每个层，依次产生最后的输出。卷积网络同样使用反向传播算法进行网络的训练。对于卷积层，由于卷积操作可以看作是一种权重共享、局部连接的神经网络，神经网络的反向传播算法依然适用。而对于池化层，由于没有权重和偏置项，不用执行梯度下降更新的操作。

卷积神经网络限制参数的个数并挖掘数据局部结构的特点，减少了神经网络的参数，提高了算法的鲁棒性，在多种应用中获得了巨大成功。比较经典的卷积神经网络结构有：LeNet-5、AlexNet、VGG、GoogLeNet、ResNet等。

3. 循环神经网络

深度神经网络无法对时间序列上的变化进行建模。然而，样本出现的时间顺序对于自然语言处理、语音识别、手写体识别等应用非常重要。为了适应这种需求，就出现了循环神经网络。

在普通的全连接网络或卷积神经网络中，每层神经元的信号只能向上一层传播，样本的处理在各个时刻独立，因此又被称为前馈神经网络（Feedforward Neural Network）。而在循环神经网络中，神经元的输出可以在下一个时间段直接作用到自身，即第i层神经元在m时刻的输入，除了包括（$i-1$）层神经元在该时刻的输出，还包括其自身在（$m-1$）时刻的输出。循环神经网络的逻辑架构如图2-13所示。

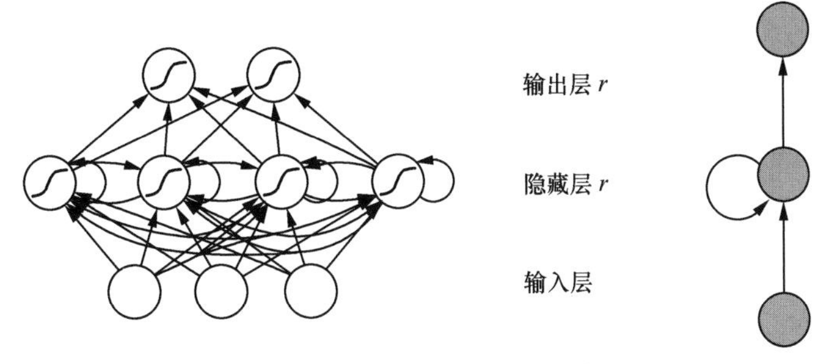

图 2-13　循环神经网络逻辑架构

循环神经网络无法解决长时依赖的问题。为了解决此问题，提出了长短时记忆（Long Short Term Memory，LSTM）单元，通过神经元门开关实现时间上的记忆功能，并防止梯度消失。常用的循环神经网络包括 Elman 网络、Jordan 网络、双向循环神经网络和长短时记忆单元等。

4. 典型神经网络算法总结

表 2-5 给出了常见神经网络算法的优势和解决的问题。

表 2-5　常见神经网络算法的优势和解决的问题

算法	优势	解决的问题
深度神经网络	增加隐藏层层数，加快收敛速度，降低计算复杂度	可以表示异或运算，克服了梯度消失问题
卷积神经网络	减少神经网络参数，提高算法鲁棒性	解决过度拟合和局部最优解的问题，在图像、语音识别等领域得到广泛应用
循环神经网络	可以对时间序列上的变化进行建模	处理与时间顺序相关的自然语言处理、语音识别、手写体识别等问题

2.1.2.6　联邦学习

联邦学习（Federated Learning, FL）是一种新兴的人工智能基础技术，在 2016 年由谷歌最先提出，原本用于解决安卓手机终端用户在本地更新模型的问题 [5]。其设计目标是在保障大数据交换时的信息安全、保护终端数据和个人数据隐私、保证合法合规的前提下，在多参与方或多计算结点之间开展高效率的机器学习。联邦学习有望成为下一代人工智能协同算法和协作网络的基础。

谷歌提出的联邦学习具有以下属性。

（1）非独立同分布（Non-IID）：给定终端用户上的训练数据通常基于特定用户对移动设备的使用，由于用户喜好、使用习惯和频率不同，因此任何用户的本地数据集都不能代表总体数据的分布。

（2）数据分布不平衡（Unbalanced）：一些用户会比其他用户更加频繁地使用服务或应用程序，导致本地训练数据的数量不同。

（3）大规模分布（Massively distributed）：训练数据存储在多台终端设备。在联邦学习过程中，要求参与训练的终端设备的数量远大于平均到每台设备的训练数据的数量。

（4）通信能力有限（Limited communication）：实际情况下，移动终端设备存在离线的可能性，而且通信速度受环境限制。

联邦学习在实际应用中具有以下优势。

（1）数据隔离，数据不会泄露到外部，满足用户隐私保护和数据安全需求。

（2）保证模型质量无损，不会出现负迁移，训练效果优于割裂的独立模型。

（3）参与者地位对等，能够实现公平合作。

（4）保证参与各方在保持独立性的情况下，进行信息与模型参数的加密交换，同时获得成长。

根据联邦学习参与者数据的不同分布特点，可以提出相对应的联邦学习方案。若将数据矩阵的横向的一行表示一条训练样本，纵向的一列表示一个数据特征，则可以将联邦学习分为横向联邦学习（Horizontal Federated Learning）、纵向联邦学习（Vertical Federated Learning）与联邦迁移学习（Federated Transfer Learning）[6]。对于横向联邦学习，参与各方各自更新模型并上传，云端服务器根据一定的策略统一更新它们的模型；对于纵向联邦学习，参与各方不同数据库中有部分数据特征相同，参与各方都持有模型的一部分，通过同态加密技术传递重要的模型参数。

1. 横向联邦学习

在很多实际应用中，不同用户的数据分布在不同的位置，如同一系统在不同地区的用户信息。在此情况下，参与者的数据集的用户特征重叠较多，而用户重叠较少。如果把所有的用户信息构建在一起进行整体的数据处理，就可以得到全局数据模型。但是受隐私保护等限制，数据不能流通。在此情况下，对联合多个参与者的用户特征相同而用户不完全相同的这一部分数据进行联邦学习，各个参与者的训练数据是横向划分的（用户维度），这种方法叫作横向联邦学习，其示意图如图 2-14 所示。

横向联邦学习也称为特征对齐的联邦学习，即参与者的数据特征是对齐的。横向联邦学习可以增加训练的样本总量。

		特征 1	特征 2	……	特征 N
用户组 1	用户 1	$A_{(1,1)}$	$A_{(1,2)}$	……	$A_{(1,N)}$
	用户 2	$A_{(2,1)}$	$A_{(2,2)}$	……	$A_{(2,N)}$
	用户 3	$A_{(1,1)}$	$A_{(3,2)}$	……	$A_{(3,N)}$
	用户 4	$A_{(2,1)}$	$A_{(4,2)}$	……	$A_{(4,N)}$
	……			……	
用户组 2	用户 N	$A_{(N,1)}$	$A_{(N,2)}$	……	$A_{(N,N)}$
	用户 N+1	$A_{(N+1,1)}$	$A_{(N+1,2)}$	……	$A_{(N+1,N)}$

图 2-14　横向联邦学习示意图

横向联邦学习算法用同步执行的方法控制通信轮次之间的运算。简而言之，在云端的服务器需要收集一定数量的参与者的模型参数更新，再进行更新共享模型参数的运算。然后，再把更新后的共享模型（或者模型参数）下发到每个参与者，完成一个通信轮次的联邦学习运算。一个通信轮次的横向联邦学习的过程具体有以下 4 个步骤，其系统架构如图 2-15 所示。

（1）从服务器下载最新版的共享模型到终端。

（2）使用终端的本地数据训练该模型，将训练后的模型权重返回给服务器。

（3）对上传到云端的模型权重进行处理（如加权平均），得到一个新的共享模型。

（4）从云端下载该共享模型到终端。

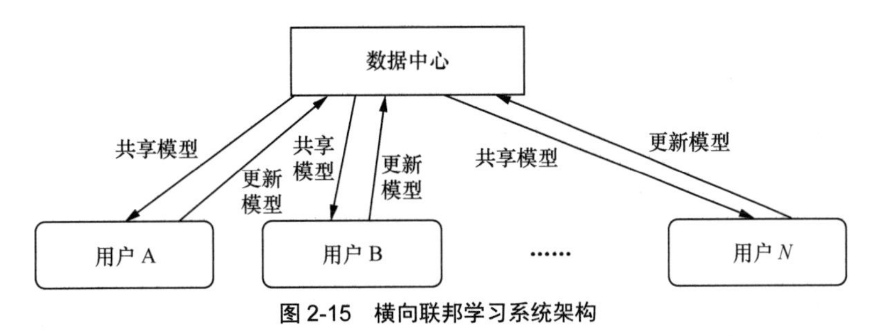

图 2-15　横向联邦学习系统架构

例如有两个不同地区的运营商，它们的用户群体分别来自各自所在的地区，相互的交集很小，但是它们的业务很相似，因此记录的用户特征是相同的。此时，可以使用横向联邦学习算法来构建联合模型。谷歌在 2016 年提出了一个针对安卓手机模型更新的数据联合建模方案：在单个用户使用安卓手机时，不断地在本地更新模型参数，并将参数上传到安卓云，从而使特征维度相同的各数据拥有方建立联合模型。

2. 纵向联邦学习

在参与者的数据集的用户重叠较多，而用户特征重叠较少的情况下，联合多个参与者的用户相同而用户特征不完全相同的这一部分数据进行联邦学习，各个参与者的训练数据是纵向划分的（特征维度），这种方法叫作纵向联邦学习，其示意图如图 2-16 所示。纵向联邦学习也称为样本对齐的联邦学习，即参与者的训练样本是对齐的。纵向联邦学习可以增加训练数据的特征维度。

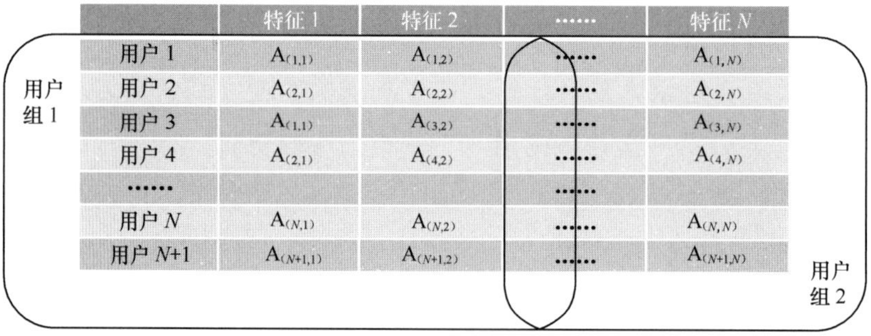

	特征 1	特征 2	……	特征 N
用户 1	$A_{(1,1)}$	$A_{(1,2)}$	……	$A_{(1,N)}$
用户 2	$A_{(2,1)}$	$A_{(2,2)}$	……	$A_{(2,N)}$
用户 3	$A_{(1,1)}$	$A_{(3,2)}$	……	$A_{(3,N)}$
用户 4	$A_{(2,1)}$	$A_{(4,2)}$	……	$A_{(4,N)}$
……			……	
用户 N	$A_{(N,1)}$	$A_{(N,2)}$	……	$A_{(N,N)}$
用户 N+1	$A_{(N+1,1)}$	$A_{(N+1,2)}$	……	$A_{(N+1,N)}$

用户组 1

用户组 2

图 2-16　纵向联邦学习示意图

纵向联邦学习过程具体有以下 3 个步骤。

步骤一：加密样本对齐。由于参与双方的用户群体并非完全重合，系统利用基于加密的用户样本对齐技术，在 A 和 B 不公开各自数据的前提下确认双方的共有用户，并且不暴露不互相重叠的用户，以便联合这些用户的特征进行建模。

步骤二：加密模型训练。在确定共有用户群体后，利用这些数据训练机器学习模型。为保证训练过程中数据的保密性，需要借助第三方协作者 C 进行加密训练。以线性回归模型为例，训练过程分为以下 4 步，具体流程如图 2-17 所示。

（1）协作者 C 把公钥分发给 A 和 B，用以对训练过程中需要交换的数据进行加密。

（2）A 和 B 之间以加密形式交互用于计算梯度的中间结果。

（3）A 和 B 分别基于加密的梯度值进行计算，同时 A、B 根据其标签数据计算损失，并把结果汇总给 C。C 通过汇总结果计算总梯度值并将其解密。

（4）C 将解密后的梯度值分别回传给 A 和 B，A 和 B 根据梯度值更新各自模型的参数。

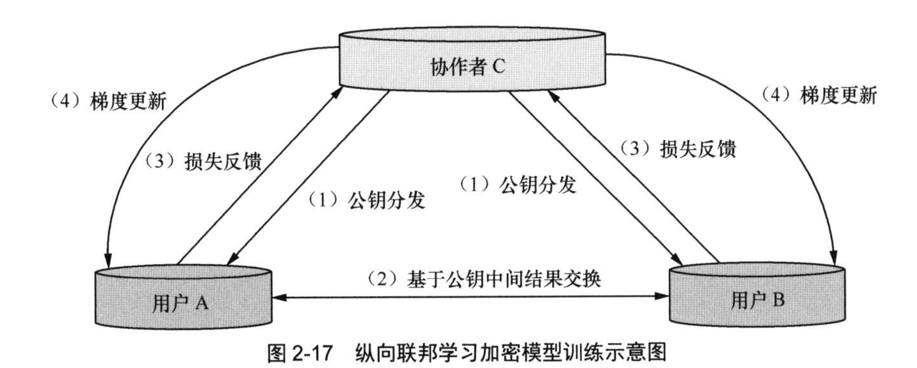

图 2-17　纵向联邦学习加密模型训练示意图

步骤三：迭代上述步骤直至损失函数收敛，完成整个训练过程。

例如有两家不同的机构，一家是某地区的运营商，另一家是同一个地区的电力企业。它们的用户群体很有可能包含该地区的大部分居民，因此用户的交集较大。但是，由于运营商记录的是用户的业务请求情况，而电力企业则保有用户的电力购买与消费历史，因此它们的用户特征交集较小。纵向联邦学习就是将这些不同特征在加密的状态下加以聚合，以增强模型能力。目前，逻辑回归模型、树形结构模型和神经网络模型等众多机器学习模型已经逐渐被证实能够建立在此联邦体系上。

3. 联邦迁移学习

在参与者的数据集的用户与用户特征重叠都较少的情况下，可以不对数据进行切分，而利用迁移学习来克服数据或标签不足的情况。这种方法叫作联邦迁移学习，其示意图如图 2-18 所示。

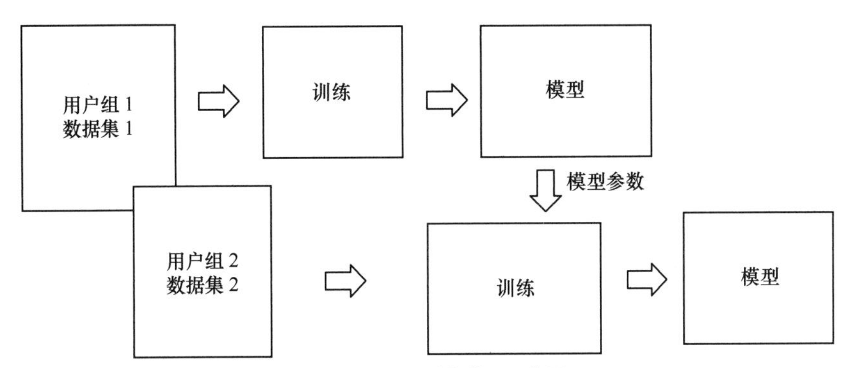

图 2-18　联邦迁移学习示意图

例如有两家不同机构，一家是某地区的运营商，另一家是另一地区的电力企业。由于受地域限制，这两家机构的用户群体交集很小。同时，由于机构类型不同，二者的数据特征也只有小部分重合。在这种情况下，要想进行有效的联邦学习，就必须引入迁移学习，来解决单边数据规模小和标签样本少的问题，从而提升模型的效果。

2.1.3 小结

AI 技术在语音识别、计算机视觉、自然语言处理等多个领域取得突破，也带动了丰富多样的基于 AI 的应用。采用 AI 技术的一些常见的应用有：虚拟个人助理、拍照软件、直播和短视频软件、翻译服务、音乐和电影推荐、新闻推荐、购买预测、在线客服、大型游戏、安全监控、欺诈检测等。随着 AI 技术的快速发展，交通、医疗、工业互联网、教育、金融、环保、城市管理等各行各业也广泛采用 AI 技术。总体上，AI 与生产生活方方面面的结合已经成为未来发展的重要趋势。

本节对数据集和比较常见的机器学习算法进行了初步介绍。介绍内容包括监督学习、无监督学习、半监督学习、强化学习、深度学习和联邦学习等多个重要分类。这些学习方法虽然分开来介绍，但是也有一定交叉，在实际使用中需要根据特定问题灵活运用。考虑到应用的广泛性和性能的优越性，本节对深度学习和神经网络，尤其是卷积神经网络进行了重点介绍，基于神经网络的解决方案也将在基于 AI 的 5G 解决方案中发挥重要作用。

机器学习算法发展日新月异，各种开发工具也是层出不穷。利用各种开发工具可以很好地实现灵活的参数设置，并完成复杂的反向传播算法计算。在求解具体的问题时，需要结合已有的开发工具，构建好的模型，不断进行优化迭代。

2.2 5G与AI融合基础理论研究

5G 与 AI 融合理论不仅涉及移动通信和人工智能两个领域的基础理论，还包括对一些新问题的探索。图 2-19 给出 5G 与 AI 融合基础理论示意图。如第 1 章所述，在构建 5G 智能维的过程中，5G 多项基础设计可以应用 AI 领域的研究成果来进行增强。在这个过程中，针对不同的用例，要进行相应的数据集的构建、算法及模型的探索，以及仿真验证方法的建立。在用例的选择上，第 3 章和第 4 章将给出无线侧和核心网侧的多个用例。本节将主要关注不同用例在进行数据集构建、算法模型探索和仿真验证方法的建立时的一般性考虑。

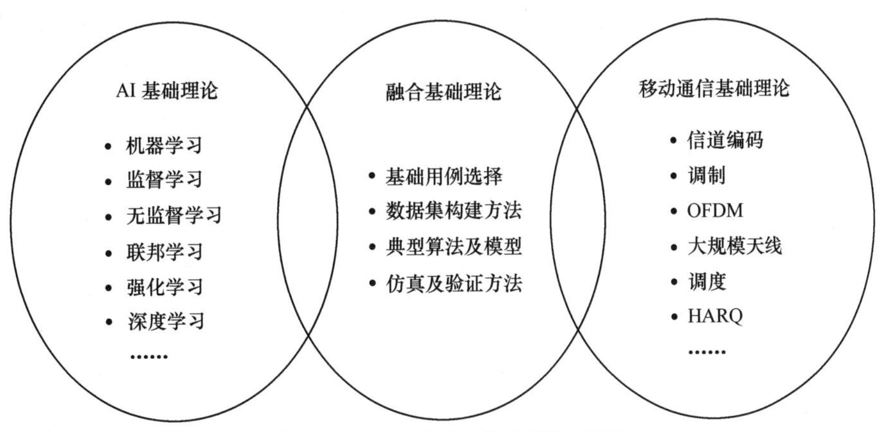

图 2-19　5G 与 AI 融合基础理论示意图

综合来看，数据集的构建，算法与模型探索和仿真与验证方法的建立之间有着非常紧密的关系。数据集的构建是利用 AI 算法解决移动通信问题的基础，面对 5G 网络中的海量数据，既需要考虑完整性、一致性等数据集构建的一般性问题，还要结合不同用例特点，考虑数据集的时效性，与模拟数据结合及算力限制等一系列新的问题。对特定用例的 AI 的模型探索是关系到基于 AI 的解决方案能否商用的关键，尤其对于无线侧引入基于 AI 的增强，结合 AI 领域基础学习算法和最新的研究成果，开发解决 5G 增强中各种经典模型是必不可少的环节。仿真验证是 5G 标准化与产品化的重要环节，为了保证相关模型与算法的性能及可靠性，在现有的仿真及验证体系下，需要结合 AI 模型进行系统验证。

2.2.1　5G 与 AI 融合数据集建立

5G 与 AI 融合相关数据集的建立属于基础性工作，对 5G 与 AI 融合的相关研究起到非常关键的作用。在传统的 AI 领域，经典数据集与基于数据集的经典模型相辅相成，共同推动 AI 技术发展。借鉴 AI 领域的经验，针对 5G 与 AI 融合中多个重要应用，建立相应的数据集，将有助于探索数据集对应的模型，并更好地推动相关应用落地。

数据集的建立需要考虑各种实际因素，并结合对应的模型进行验证。5G 网络本身产生大量数据，对哪些数据进行收集，收集到的数据如何处理、传输与存储需要进行系统的研究与规划。收集过量的数据，无论是对处理、传输还是存储都带来巨大压力。要结合实际的算法、模型和算力进行相应的数据集构建，尽量避免无效和过量数据收集。

在进行数据集的构建设计时也要考虑相应的网络架构支持。数据收集单元、数据训练单元和模型使用单元不在同一网元中，会给数据的收集和传输带来额外的要求，同时也会对模型的使用和更新有相应的限制。这些限制既包括网元间传输速率的限制，也包括传输时延的限制。对于传输速率的限制，不仅对采集和传输数据有影响，对模型的传输也会有影响。如果需要进行网元间频繁的数百兆量级模型传输，那么需要考虑网络的传输能力。

5G 与 AI 融合中面对的数据既包括 5G 网络原生的数据，也包括 5G 网络承载的各类数据。5G 网络自身会产生大量的数据信息，这些数据信息类型多样，而且分散在终端、网络设备、核心网设备等不同的网元处。5G 网络承载多种多样的数据，不同数据类型和业务流量特性对不同网元的算法、调度策略会产生比较重要的影响。本节对 5G 与 AI 融合中涉及的数据类型、来源、存储，数据集的完整性、一致性等构建数据集的基本问题进行探讨，并就 5G 与 AI 融合数据集建立方法进行研究。

2.2.1.1　数据类型

5G 与 AI 融合涉及不同的用例，对于不同的用例，所需的数据及类型也不相同。从大的分类看，数据类型涉及无线侧数据，核心网侧数据和业务类数据几个门类。

（1）无线侧的数据类型包括无线信道信息、终端测量信息（SNR\RSRP\RSRQ\CSI 等）、终端运动轨迹信息、基站负载信息、终端分布信息等。

（2）核心网侧的数据类型包括网络状态信息、业务分布信息等。

（3）业务数据类型包括不同业务统计特性、用户行为特征等。

对于不同用例，需要结合不同的数据进行综合处理。一些需要跨层优化及需要考虑多重因素的用例，需要将多种数据联合使用。为了更好地研究不同数据类型对于相关用例的影响，可以分别对不同用例的数据进行收集。而在实际的系统设计中，需要综合考虑不同数据的收集、传输，模型训练方式等因素，进行统一设计，避免过多冗余信息的收集、传输与存储。

2.2.1.2　数据来源分析

不同类型的数据可能来自于各个网元的测量与处理，也可能来自于其他网元的传递。在无线侧，终端和基站每个时刻都处理并产生大量的数据。核心网各个网元的情况类似，也需要处理多种多样的数据。来自于不同网元的实际数据无疑是 5G 与 AI 融合中最重要的数据来源。

无线通信面临的最主要挑战是复杂多变的信道。随着大规模天线技术和更多频谱资源的使用，信道变得更加复杂。无线信道及相关的处理数据是 5G 与 AI 融合中非常重要的数据类型。受多重因素限制，基于实测的无线信道数据采集，尤其是基于大规模天线配置下的信道数据采集是业界的难点。根据无线通信理论及实测数据，为模拟实际的信道，目前存在多种多样的面向多种场景的无线信道建模方式。利用信道建模数据进行各种仿真也成为目前业界普遍采用的性能验证方式。利用已有信道建模数据进行与 AI 相关的算法及建模验证也成为目前很多研究所采用的方法。

为了弥补一些用例样本不足的问题，可以利用对抗网络的思想生成一些模拟数据对数据集进行补充。在实际使用中，对该类数据也可以进行标注，根据数据处理的实际需要进行处理与替换。

实际数据与基于仿真或者对抗网络生成的数据存在一定的互补性，在实际的使用中，也可以考虑将不同数据的使用进行有机结合。图 2-20 给出了三种数据的简单关系。基于仿真产生的数据考虑了各种实际因素的影响，在一定程度上反映了实际无线信道的许多特性。与无线信道数据相关的用例可以利用仿真模拟生成的数据进行模型训练，探索解决相关问题的典型模型结构，然后利用一些实测的数据作为验证，验证相关模型的性能和泛化能力。

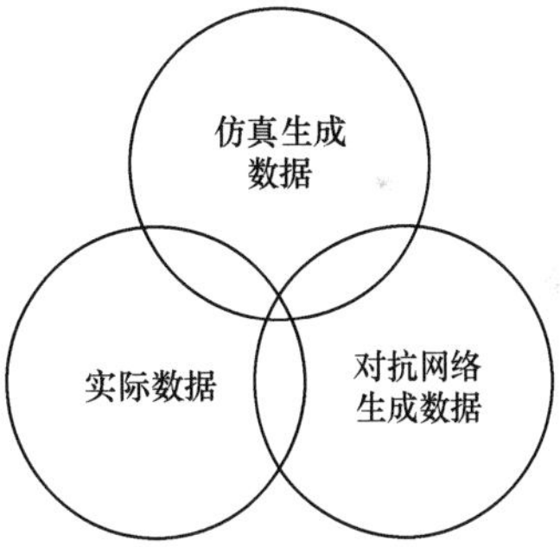

图 2-20　5G 与 AI 融合相关数据关系

2.2.1.3　数据的采集与清洗

数据的采集与清洗是建立 5G 与 AI 融合数据集的关键环节。根据数据类型与来源分析，需要对多种多样的数据进行采集。数据采集需要考虑多个方面的因素，典型的如多种数据类型的关联性、数据采集的频率和数据与模型的动态关系。

神经网络可以进行多维数据的关联分析。为提升 AI 算法解决特定问题的能力，需要考虑多个维度的联合数据采集。比较典型的例子如移动性管理，终端的信号强度和物理坐标信息等都是非常关键的信息。多维数据的采集可以同时完成，也可以分别采集，具体的配合方式需要根据用例来分析确定。很多情况下，不同的数据来自于不同设备，即使是同一物理设备，所需数据也可能来自不同的处理模块。在实际数据采集时需要结合算法仔细考量。

5G 网络中存在大量数据，这使得数据采集的频率和种类的选择就显得非常关键。在无线侧，一个终端在短短几秒内要测量、处理与传递的各类数据是一个非常大的量级，基站需要处理的数据量更是庞大。对于不同类型的数据采集频率需要仔细规划。一方面，数据采集频率越高，单位时间内采集的数据量越大，对后续的数据处理与传递的要求也越高。另一方面，基于过低的数据采集频率形成的数据集，数据集的完整性和一致性并不能得到很好保证，造成 AI 算法和模型的性能不能满足实际使用需求。数据的采集频率除了考虑数据集完整性和一致性，还要兼顾算力的限制。高的数据采集频率和较长的采集时间可以在一定程度上保证数据集的完整性，但是大的数据集往往需要更多的算力资源进行模型的训练。模型训练对于算力消耗又会影响 5G 网络的能耗和模型部署时效性。对不同用例的数据集，采集频率需要根据数据集的特点和模型能力来进行动态的选择，以达到模型大小、训练资源和数据集大小的动态均衡。

采集数据后，还需要考虑对数据进行清洗。数据清洗的目的是进一步保证数据集的完整性、一致性。当实际的数据采集受各种因素限制会出现一些不合理数据，需要针对性地进行处理。针对不同类型的数据，对于不合理数据的清洗需要分别考虑。对于大样本量的数值型数据，不合理数据的去除可以通过对数据取值范围的限制来完成。而对于小样本量的数据，或者有关联性数据，可以借助人工的方式进行一些数据筛选。在实际的应用中，数据集需要动态更新，如信道相关数据随着无线环境的改变需要动态更新。对于时间相关性强的数据，可以考虑依据数据的产生时间进行动态的维护更新。

2.2.1.4 数据传输与存储

目前 5G 各个网元间存在大量的数据交互。基于目前 5G 标准框架可以开展一些与 AI 用例相关的数据采集与传输。网元间需要传输哪些数据需要考虑不同用例的算法和网络架构。根据图 2-2 可知，基于 AI 的各种用例需要考虑模型的训练与更新。如果有单独的数据收集与处理的单元，那么数据需要传递到相应的网元内。目前根据各个标准化组织的研究来看，核心网侧既可以有独立的网元进行 AI 相关数据处理，也可以在已有网元中有独立的逻辑模块进行分布式的处理。对于无线网侧如何进行智能化网元的分布还并没有共识。如果不同的用例需要在无线网侧进行数据的收集及训练，还需要在标准中进行支持，具体的设计可以参考第 3 章。

AI 相关数据的传输与存储也会消耗网络资源，尤其是对于大数据量传输与存储。当进行针对 AI 算法的额外数据收集与传输时，需要考虑额外的数据收集、传输、存储与处理所需的代价。对于需要进行大量的数据传输与存储，同时处理这些数据需要大量的算力资源消耗，而达到的效果十分有限的应用，需要尽力避免。

数据的隐私性和可获得性也是数据传输与存储要重点考虑的方面。5G 网络中的大量数据都具有很强的隐私性，尤其与用户相关的数据。为了保证数据的有效流动，一方面可以采用数据脱敏和清洗等手段，另一方面也需要考虑在算法层面采用类似联邦学习的算法。对于数据的清洗和脱敏可以在数据源处根据法律法规要求进行处理，然后传递；而对于基于联邦学习的算法，则可以进一步将数据根据联邦学习算法的设计，只进行增量数据传输。

2.2.1.5　数据集一致性考虑

实际使用的模型需要基于一定的数据集进行训练。进行训练的数据集和实际处理的数据一致性问题将影响模型的实际使用效果。保证训练使用数据集与模型处理数据的一致性是数据集构建的关键问题。

5G 与 AI 结合涉及各种用例，构建数据集的方式也有很多种，考虑到复杂的实际情况，用于训练的数据集可以考虑与场景相关联。通过一系列的边界条件来界定一定的场景，在场景内进行数据的收集和数据集的建立。在数据集建立过程中，即使是同一场景，也会面临各种“突发情况”。对于实际的无线场景，受多种复杂环境影响，如突然驶过的汽车，路过一些遮挡物等。这些突发情况的存在使得数据集的构建更具挑战。一方面，基于统计信息的数据建模方式，很难模拟一些突发情况的出现。另一方面，引入突发情况的数据集本身也会存在难以进行训练的问题。

为更好匹配各种场景，动态更新训练用的数据集是一种解决方案。动态更新训练用的数据集需要对实际数据进行收集处理。收集哪些数据，收集到的新数据怎么与原有数据联合构建新的数据集，都是需要考虑的问题。动态更新用于训练的数据集，也需要相应地采用动态的模型训练和更新。数据集的大小和训练所需算力资源密切相关，基于大的数据集进行训练所需时间会进一步限制模型使用的时效性。分场景的动态数据集构建有利于构建相对较小的数据集，从而降低对训练所需算力的需求，并控制相应的模型规模。

如前所述，分场景动态地更新训练数据集是保证训练使用数据集与模型处理数据的一致性的比较好的方式。在面对不同的场景，需要改变实际使用的模型时，也需要考虑相应的场景识别和模型改变过程。该过程如果采用基于AI的方式，那么也需要结合不同用例进行数据集的设计。

2.2.1.6 数据集完整性考虑

在构建5G与AI融合数据集过程中，数据集的完整性也需要着重考虑。使用不完整的数据集训练出的模型，其准确率和泛化能力也会大打折扣。为保证数据集的完整性，需要考虑在限定的场景内纳入尽可能多的数据，尤其对于存在各种“突发情况”的数据集。在很多场景下，数据类型多样，而且数据量相当巨大。例如，无线侧的数据时变性强，几秒内的数据量就会以太比特量级计。对如此巨大的数据量进行存储、分析与处理非常具有挑战。如果把时间尺度进一步拉伸到上百秒，积累的数据量本身的存储都将变得不可实现。

为解决数据集的完整性问题，需要综合考虑可用计算资源、可接受模型大小、数据集的主要特征和用例希望实现效果。比较典型的思路是通过迭代验证方式完成数据集构建。

（1）根据经验对一些典型场景进行数据收集和数据集构建。

（2）根据数据集进行建模和训练。

（3）将得到模型在实际场景中进行使用，衡量实际效果。

（4）根据实际效果再来评估数据集和模型，当数据集大小、消耗算力、模型复杂度和可用效果都达到比较好的结果时，可以认为数据集完整性得到一定程度的保障，否则进行新一轮的验证迭代。

2.2.1.7 数据标注

有标注的数据可以有效提升AI算法的性能。对于不同的5G与AI融合用例，采用监督学习或者强化学习算法时需要考虑数据的标注。数据标注的准则、方法需要根据实际情况来分析。

在无线侧存在大量需要把无线信道作为数据集的用例，如信道预测、信道信息的反馈、信道估计等。无线信道实际数据的收集主要需要基于测量，典型的方法是利用导频信息得到导频点的信息，然后基于导频点信息进行处理得到所需的相关信息。对于无线信道信息，由于信道变化快速，数据量大，很难进行额外的人工标注。对于信道预测、信道信息的反馈、信道估计等用例，可以直接基于已有的信道测量或处理过的信道信息完成模型输出结果与目标结果比对，这样就避免了大量的数据标注工作。

对于一些结合基站业务流量、终端运动轨迹预测和终端测量的 AI 算法，如移动性增强、负载均衡等用例，可以有多种策略。一种策略是利用 AI 算法完成部分功能，如业务预测和运动轨迹预测，然后基于 AI 算法结果做输入，通过确定算法触发一定行为。在此情况下，AI 算法训练所用的数据是实际采集的时间连续的数值，而 AI 算法需要完成的任务就是完成对实际采集结果的预测，标注问题可以直接解决。另一种策略是利用 AI 算法直接触发一定的行为。这种情况下 AI 算法根据当前的各种信息输入完成对未来某个时刻的最佳行为预测。预测时间点的各种信息是确知的，那么预测时间点的最佳行为可以基于预测时间点的各种信息通过确定算法得到，也可以不依赖于人工进行标注。

对于网络故障的根因分析算法和网络管理算法，则需要实际的人工标注和专家库的建立。根据已有网络参数进行一定的异常情况标注或者所需操作标注，将是训练 AI 算法不可缺少的环节。

值得注意的是，如果标注数据来自于确定性算法，那么 AI 模型的性能上限将为确定性的算法性能。如果希望进一步提升 AI 算法性能，那么还是需要考虑更加准确的标注方式。

2.2.1.8　数据集建立方法探讨

面对复杂的实际情况，建立适应各种场景和应用的无线侧和 / 或网络侧的完整数据集是非常具有挑战性的工作，很难一蹴而就。更加实际的方法是根据不同用例，不同阶段和用途分步骤构建。根据用途，5G 与 AI 融合涉及的数据集可以按照研究用数据集、开发与测试验证用数据集和完整产品级数据集几个类别分步骤搭建。图 2-21 给出 5G 与 AI 融合过程中数据集构建方法示意图。首先，以仿真生成的方式为基础构建研究用数据集，探索数据集构建的基础规律与方法。其次，以研究用数据集为基础，引入更多实测数据，进行更加全面的模型验证。最后，在大量的研究基础上，进行完整的动态数据集构建。

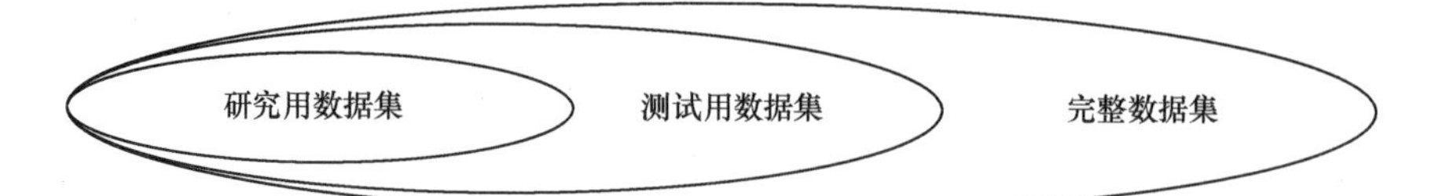

- 信道类数据以仿真生成方法为基础
- 探索数据集的构建方法
  - ➢ 数据类型选择
  - ➢ 数据采集、清洗与标注
  - ➢ 数据集一致性、数据集完整性验证

- 引入实际测试数据，进行更全面验证
- 探索仿真与实际测试数据集的构建方法
  - ➢ 实测数据采集方法
  - ➢ 实测数据与仿真数据结合的训练与测试方法

- 根据实际场景进行的数据集搭建
- 动态更新的数据集的构建方法
  - ➢ 结合场景的数据集构建
  - ➢ 支持动态模型训练的数据集更新

图 2-21　5G 与 AI 融合过程中数据集构建方法示意图

建立研究用数据集，可以推动更多力量参与相关研究，探索解决一些重要问题的算法与模型。研究用数据集的产生方式可以基于一些现有公开仿真方法生成一些模拟数据，然后结合一些实测数据作为补充。对于没有经典仿真方法的用例，可以考虑基于一定场景的实际采集数据。建立研究用数据集时需要尽量考虑用例中处理数据的各种关键特征，并保证一定的数据量。

在研究用数据集的基础上，可以加入更多场景的数据来构建更加完整的开发与测试验证用数据集。开发与测试验证用数据集的开发需要综合考虑数据集大小、数据特征、场景等多种因素，尽量在包括更多场景与数据集大小之间进行平衡。对于不同场景内的一些突发因素影响也需要进行充分考虑。

产品级数据集的构建需要考虑结合实际数据动态更新数据集。动态更新数据集的建立可以结合研究用数据集及开发与测试验证用数据集的经验，对更新的数据进行处理，然后维护和更新数据集。动态数据集的维护还需要与模型的实际性能结合考虑，模型性能不理想时，需要相应地对数据进行分析，必要时需要考虑更换数据集及模型。

数据集的构建还要考虑模型训练的交互。训练大型的数据集需要较高的算力，如果数据集更新速度快于模型训练和部署时间，那么使用基于 AI 算法的效果将难以得到保证。为更好地控制训练时间和保证模型的实时性，在进行动态数据集设计的时候一方面需要考虑控制数据集的大小，另一方面也需要结合模型特点，采用一些好的学习方法，减少训练所需时间。

2.2.2　5G 与 AI 融合算法及模型

算法与模型是利用 AI 解决 5G 网络中存在的各种问题的关键一环。利用 AI 模型和算法替代已有的确定性算法来达到更好的系统性能，是学术界和工业界一直持续探索的重要方向。同时，利用 AI 算法来不断实现一些新功能也是 5G 持续增强的重要方向。根据已有的各种 AI 算法和已经开发的 AI 工具，结合特定用例的数据集，可以进行相应的模型开发工作。

2.2.2.1　5G 与 AI 融合算法及模型开发

一般而言，根据解决问题的类型不同，选取的 AI 算法和采用的模型也有所差别。根据目前发表的大量文章及公开研究成果[7-11]，借助 AI 提升 5G 网络性能的主要方法是通过基于神经网络的算法和模型增强或者替代目前已有的算法或处理模块。在特定场景下，基于神经网络的算法和模型可以取得比基于确定性算法更好的效果。比较常用的神经网络包括深度神经网络、卷积神经网络和循环神经网络等。借助已有的 AI 工具，可以实现神经网络的搭建、训练与验证工作。

神经网络的设计核心是结合需要解决的问题和数据，完成神经网络的搭建。神经网络搭建比较关键的步骤包括多层网络的堆叠方式选择、每层网络的神经元个数与深度选择、激活函数选择等。为了取得更好的性能，往往需要增加网络的深度和神经元个数。随着网络深度和神经元个数的增加，需要训练的超参数的个数也快速增加，神经网络训练消耗计算资源增加，网络训练难度大幅提升。同时，随着网络深度增加，梯度消失和梯度爆炸问题也将更加突出，需要在设计激活函数时进行充分考虑。

大的神经网络不仅有训练难度大的问题，还容易产生过拟合的问题。过拟合的表现主要是模型在训练数据集表现好，而在非训练数据集表现不好。训练数据集表现好，而非训练数据集表现不好的模型往往被认为模型的泛化能力不好。泛化能力是 5G 引入基于 AI 的算法和模型的核心考虑因素之一。为提升模型的泛化能力，防止过拟合现象的发生，可以利用已有的一些模型工具，或者牺牲一定的训练性能，采用较小的网络。

算法及模型性能与数据集的关系密不可分。如果训练数据集与测试数据集存在较大差异，那么依据训练数据集得到的模型很难在测试数据集上取得很好的性能。

一种比较理想的模式是训练数据集、测试数据集和实际处理数据具有非常好的一致性，在此条件下训练出的模型可以有比较好的效果。而在实际的数据集构建过程中，受各种实际条件限制，训练与测试用数据集与实际场景中处理的数据并不能保证很好的匹配。这时不仅需要考虑不断丰富数据，还要结合有限数据条件下算法与模型特点，结合实际情况来更加合理地构建数据集，形成数据集构建和算法与模型探索的良性互动，提升算法与模型性能的同时构建经典的数据集。

模型的训练和更新是另一个需要关注的问题。模型的训练可以在网络设备、云端或者边缘设备中进行。在进行模型训练时，需要将数据传送到进行训练的网元或者云端。训练完的模型再更新到对应的模块中。数据的收集和传输不仅涉及数据的隐私性问题，还会给网络传输带来一定的需求。如果模型使用和模型训练不在同一网元，还需要进行模型传输，频繁的模型传输也需要消耗比较多的网络资源。模型更新消耗的算力、需要的网络资源和时效性要求也是在进行算法与模型设计时需要考虑的重要因素。

2.2.2.2 5G与AI融合算法及模型衡量指标

衡量神经网络的指标包括很多方面，以下是一些典型的指标。

- 准确率（Accuracy）：所有样本中，模型正确预测的样本比率，反映模型对样本整体的识别能力。
- 误检率（False Positive）：所有样本中，模型错误预测的样本比率。
- 精确率（Precision）：被模型预测为某个分类的所有样本中，模型正确预测的样本比率，反映模型对负样本的区分能力。
- 召回率（Recall）：被用户标注为某个分类的样本中，模型正确预测为该分类的样本比率，反映模型对正样本的识别能力。

当评价一个模型实际部署效果时，除去一些基本的指标，还需要综合考虑一些其他因素。尤其对于在5G网络中使用的模型，需要结合实际的限制，进行多角度的综合评价，评价指标如下。

- 模型大小：模型占用存储空间的大小。模型大小与模型的参数个数和量化精度紧密相关。模型存储与传输都需要耗费相应的资源，传统的图像处理领域，比较著名的模型参数往往上万，模型大小往往也以百兆计。对于移动通信领域，手机的内存资源和空口的传输资源都十分宝贵，需要仔细规划。在有限的存储空间和传输能力限制下，支持更多的模型运行非常关键。

- 模型泛化能力：由模型在不同场景下运行的效果来衡量。模型的泛化能力不仅决定了模型效果，还与模型更新速度相关。泛化能力好的模型可以适应更多的场景，可以降低模型更新的需求，减少资源消耗。
- 模型推理计算复杂度：模型运行所需计算次数。模型运算消耗网元设备的算力资源，也带来相应的能量消耗，AI 模型往往消耗网元的 GPU（Graphics Processing Unit，图形处理器）资源。相对于云端计算，终端与基站对于能耗更加敏感。
- 模型更新复杂度：模型更新所需的计算资源、数据与更新频率。模型更新需要根据新的数据集进行新的模型训练。新的模型训练需要消耗大量的计算资源，频繁的模型更新会给整个网络带来大的负担。在进行系统设计时需要仔细衡量模型更新相关的资源消耗。

在实际的场景中，尤其是对于快速变化的移动通信系统，使用基于 AI 的算法或者模型，有一些基础性的挑战。一方面，AI 算法对于数据高度依赖，对一些快速变化的场景，数据的获取和数据集的建立困难。另一方面，AI 模型本身基于计算，相较于经典的通信理论，结果的可解释性和确定性较差。这些基础的挑战也使得在性能、可靠性与复杂度要求都非常高的通信网络中应用 AI 技术需要进行全面的研究与验证。

2.2.2.3　5G 与 AI 融合经典模型探索

面对不同的用例，经典的模型开发对实际的使用至关重要。大量的文章在特定的数据集下给出了建议的模型 [12-17]。这些模型既有基于传统的基础 CNN、DNN 及 RNN 模型，也有基于 AI 领域的最新研究成果。不同用例在不同数据集下的探索，为实际的模型部署指出了非常好的方向。对于算法与模型的探索是一个不断深入的过程，图 2-22 给出 5G 与 AI 融合经典模型开发示意图。模型探索比较典型的思路是通过数据集进行算法设计和模型的训练，不断探索好的算法与模型的设计思路与训练方法。在此基础上，可以进一步研究在扩展的数据集下，算法及模型的优化与泛化问题，并不断地进行迭代寻优。在给定的数据集下，为了更好地探索经典的模型，可以结合 AI 领域的做法，通过举办比赛来吸引更多力量参与到模型开发和极限的性能探索中来。

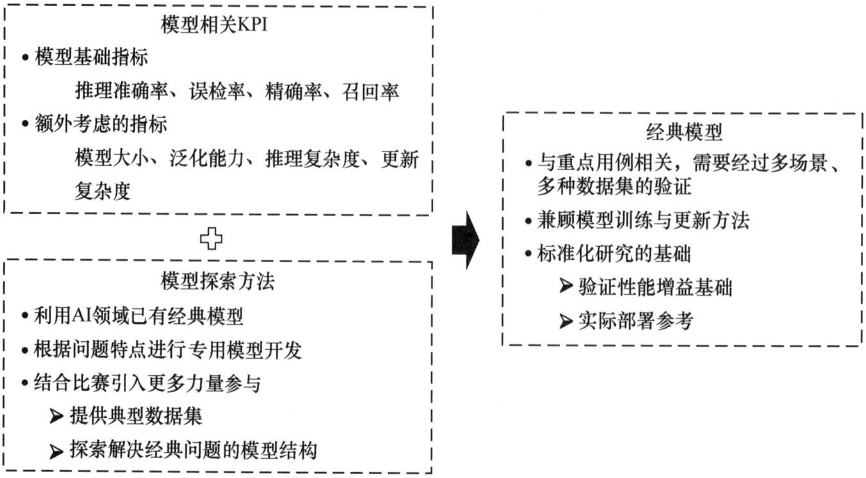

模型相关KPI
- 模型基础指标
  推理准确率、误检率、精确率、召回率
- 额外考虑的指标
  模型大小、泛化能力、推理复杂度、更新复杂度

模型探索方法
- 利用AI领域已有经典模型
- 根据问题特点进行专用模型开发
- 结合比赛引入更多力量参与
  - 提供典型数据集
  - 探索解决经典问题的模型结构

经典模型
- 与重点用例相关，需要经过多场景、多种数据集的验证
- 兼顾模型训练与更新方法
- 标准化研究的基础
  - 验证性能增益基础
  - 实际部署参考

图 2-22　5G 与 AI 融合经典模型开发示意图

经典的算法与模型探索虽然是持续推进 5G 与 AI 融合的基础，但是在实际的国际标准化过程中，很难对具体模型进行标准化。根据目前对 AI 模型的研究来看，模型分为基础的架构和超参两个部分。面对相同的问题，数据集不同，模型基础的架构和超参也可能不同。经典的模型基本确定的基础架构，在不同的数据集上进行参数的训练，都可以取得比较好的效果。经典的模型即使不能进行标准化，也可以在标准化过程中用于性能的验证，找出基于 AI 算法的增益，并支撑研究与标准化工作的开展。

2.2.3　5G 与 AI 融合仿真及验证方法

机器学习领域可用工具众多，组合的可能性更多，主要大的分类涉及集成开发环境、版本控制、机器学习语言、可视化、算法库、深度学习、编排工具、模型封装和部署、训练到推断、实验管理等。在实际使用中，需要根据解决问题类型，综合考虑各方面因素进行综合选择。在给定数据集的情况下，可以利用这些工具不断探索不同算法，搭建适合的模型来解决相关问题。

5G 系统设计尤其是物理层的空口设计也有比较完善的评估系统。对于各种无线关键技术的设计与使用，3GPP 进行了系统的研究，并制定了各种业务模型、信道模型，以及多种场景下的链路级和系统级仿真方法。不同的仿真方法可以用来评估验证不同算法及关键技术在各种场景下的性能。可以将 AI 的模型训练方法与 5G 的基础仿真方法进行融合来对 AI 模型与算法进行全面性能验证。当用基于 AI 的算法替换和增强现有仿真中的模块时，可以把 5G 系统中的仿真方法和机器学习模型训练进行结合。通过数据处理，可以将 5G 仿真系统中需要替换和增强模块的数据输入作为机器学习模型训练的数据集。针对数据集进行训练后的模型可以用来替换或者增强原有模块，在原有的 5G 仿真系统中就可以直接进行各方面指标的测试验证。

图 2-23　AI 模型训练与 5G 基础仿真方法结合示意图

图 2-23 给出了 AI 模型训练与 5G 基础仿真方法结合示意图。在现有 5G 仿真框架下进行基于 AI 算法模型的性能验证是未来物理层引入 AI 技术的必不可少的环节，也是进行标准化工作的基础。利用机器学习工具进行的模型设计一般基于损失函数，而在实际的 5G 网络中，一项技术的采用往往不是依据单一指标。AI 模型相对传统算法在单一指标上可以取得很好的精度和性能，在系统中带来的整体性能增益需要先在仿真中进行验证。链路级模型可以对采用 AI 模型的吞吐量及 BLER 性能进行评估。更进一步的采用 AI 模型的全面性能对比可以在系统级仿真中进行。

通过 AI 模型与仿真验证的结合，可以对基于 AI 的无线增强进行可行性及基础的性能验证，这也是 5G 基础无线设计引入 AI 技术的重要环节。5G 基础仿真中大量使用基于模拟的信道生成方式，基于仿真生成的无线信道数据集也是进行 5G 与 AI 融合算法与模型探索的基础。基于仿真生成的信道数据集开发的模型可以在现有的 5G 仿真框架下进行基本的可行性验证。

5G 的基础仿真方法并不能对 5G 所有设计进行仿真验证。大量的 5G 与 AI 融合相关高层用例需要根据实际的需求进行数据的收集与模型训练。相对复杂的无线信道变化，高层相关用例对模型复杂度、模型更新实时性等要求相对较低。考虑到标准化过程中很难对具体模型进行标准化，因此对于难以进行具体性能验证的用例，标准化过程中主要关注数据的收集、传输与处理实体的标准化，从而达成对基于 AI 的算法功能性的支持，实际的性能不在标准化过程中体现。

2.3 小结

利用人工智能技术解决通信问题是构建5G智能维的基础。随着人工智能技术的迅速发展，有大量的方法和工具可以用来解决通信中遇到的问题。如何很好地利用这些方法工具，有效提升5G系统性能，对于通信产业既是挑战，又是一次难得的机遇。

本章首先对人工智能技术常用的学习方法进行了介绍，重点关注各种监督学习、无监督学习、半监督学习、强化学习、深度学习和联邦学习等学习方法的基本原理和主要解决的问题。考虑到近年来以神经网络为代表的深度学习快速发展推动了人工智能技术在各种领域的大量应用，本章对以循环神经网络为代表的神经网络进行了更详细的分析。

在5G与AI技术融合过程中，利用已经开发的大量AI工具并结合通信理论基础知识，也将推动更多的新应用。本章对5G采用AI技术解决通信问题所涉及的数据集、算法与模型和仿真方法等基础的理论与方法进行了探讨，提出了数据集建立需要考虑的因素和分步骤建立多种数据集的方法，对适合解决5G问题的AI模型与算法进行了分析，最后就仿真验证方法进行了讨论。

第 3 章　5G 无线侧引入 AI 技术

无线AI引领5G国际标准演进新方向，
5G未来发展大有可为

空中接口设计是移动通信系统设计的核心，也是5G设计的焦点所在。5G新空口（New Radio，NR）设计采用以OFDM和大规模天线为基础的设计。在5G NR初始设计阶段，基于学术文章及研究成果，已经有公司提出5G无线设计引入基于AI算法的建议。5G系统设计不仅需要提供高的速率，还要满足低时延、可靠性、鲁棒性等一系列要求，这不仅为5G采用的技术提出了方方面面的要求，而且在真正标准化之前需要经过大量的对比验证。受制于5G标准化时间，算法成熟度等问题，5G NR的设计并没有显性地采用基于AI的算法，在整体的设计框架上，基本以4G LTE为基础进行扩展。

5G NR的设计虽然没有显性地采用基于AI算法的设计，但是也支持5G设备采用基于AI的算法。5G NR标准化的内容主要在于各无线设备间的接口，如设备间传递的信号内容、格式、发送时间、发送频率等，而对设备的具体实现不做具体规定。这就给各个厂家的具体实现留下了很大空间，各厂家在进行设备的具体设计和实现时可以在标准规定的框架下采用AI算法实现很多相关功能，比较典型的如参数的配置、检测算法的优化，在基站或者终端内部都可以基于AI算法完成。

5G NR的设计具有非常好的扩展性，为引入更多AI技术留下了很好的空间。在5G NR第一版（R15）设计中，就引入了支持后向兼容性的设计，即在5G NR的设计框架中保留了很大的灵活性，支持各种基于配置的实现方式。这些灵活度一方面使得5G NR已经采用的技术，如大规模天线、载波聚合、定位技术等不断进行增强，另一方面也允许5G NR支持新的技术和特性，如在第二版（R16）设计支持车联网、非授权频谱接入。当基于AI的设计被证明可以很好地提升5G系统性能，并需要进行相应标准化增强时，5G系统可以很灵活地采纳新技术。在进行完整评估分析基础上，系统引入基于AI的新技术。

5G无线基础设计引入AI技术虽然存在广阔的空间，但是也存在诸多的挑战。这些挑战如第1章所述，来自于基础理论、数据集、模型、仿真方法及测试验证等多个层面。这些挑战也使得5G无线侧引入基于AI算法的增强进程明显慢于核心网。3GPP在R17阶段开始对无线侧高层的一些用例进行基于AI算法的增强研究，如基站节能、负载均衡和移动性管理。对于基于AI的空口增强将在R18中开启研究，并有望在后续的版本中逐步进行标准化。在基于AI的空口增强研究中，将对相关用例进行甄选，并对利用数据、模型及仿真验证方法和产品实现相关的各层面问题进行系统研究。

本章主要关注 5G 无线侧引入 AI 技术。根据 5G 国际标准化内容，首先对现有的 5G 系统的无线设计进行介绍；然后，结合第 2 章中各种理论分析，对各种无线侧引入 AI 技术的典型应用进行系统的梳理和分析，重点介绍 5G 无线侧在未来版本逐步引入 AI 技术的主要原理及相关问题，如数据收集、建模方式、仿真方法、设备实现、可靠性分析等；最后，根据各种典型应用，本章还会就 5G 无线侧引入 AI 所需标准化架构进行分析。

3.1　5G无线系统设计简述

5G 系统的无线设计主要针对终端和接入网之间的接口进行设计。5G NR 技术中，无线接口是终端和 gNB 之间的接口。无线接口协议主要是用来建立、重配置和释放各种无线承载业务。为了更好地了解 5G 无线设计中引入基于 AI 的设计，本节对 5G NR 的基础设计进行介绍。本节包括 5G 无线系统设计整体架构、物理层设计、基本波形和帧结构、大规模天线设计、调制编码设计、定位技术设计几部分内容。考虑到 AI 与 5G 无线技术结合中与大规模天线设计结合用例较多，本节对 5G 大规模天线设计进行着重介绍。

3.1.1　5G 无线系统设计架构

5G 无线系统设计是整个 5G 系统设计中最核心的部分。相对于 4G，ITU 及 3GPP 对 5G 提出了更高而且更全面的关键性能指标要求。其中最具有挑战的峰值速率、频谱效率、用户体验速率、时延等关键指标均需要通过物理层的设计来达成。为迎接这些挑战，5G 的新空口设计在充分借鉴 LTE 设计的基础上，也引入了一些全新的设计。

1. OFDM 加 MIMO 技术作为物理层设计的基础

OFDM（Orthogonal Frequency Division Multiplexing，正交频分复用）与 MIMO（Multiple-Input Multiple-Output，多输入多输出）技术的结合无论从理论分析上还是在实际系统部署中，已经被充分证明可以有效地利用大的系统带宽和无线链路空间特性，是提升系统频谱效率及峰值速率最有效的技术。在实际系统中，受终端大小限制，天线数量相对受限，单用户容量也会受到限制。但是从整个系统角度看，通过调度多个用户进行空间复用，依然可以提升整个系统频谱使用效率。在OFDM技术上，5G下行与LTE相同，采用正交频分多址（Orthogonal Frequency Division Multiple Access，OFDMA）技术；在上行既支持单载频频分多址（Single-Carrier Frequency Division Multiple Access，SC-FDMA）技术（与LTE相同），又支持OFDMA技术（与下行相同）。在MIMO设计上，5G设计充分吸收了LTE系统设计的经验，采用了接入、控制与数据一体化的设计。

2. 采用更加灵活的基础系统架构设计

时延是5G系统设计非常关键的指标。物理层时延的构成分为处理时延和传输时延两部分。在降低处理时延方面，主要通过提升算法效率和硬件处理能力等方式来实现。对于物理层系统设计，主要考虑的是在一定的处理时延基础上，通过灵活的系统架构设计，既保障系统频谱使用效率，又尽量降低传输时延。灵活的系统架构设计主要体现在灵活的帧结构设计和灵活的双工设计两个方面。

（1）灵活的帧结构设计

灵活的帧结构设计是灵活的基础系统架构设计的核心。根据各国频谱分配及使用情况，可以将频谱分为对称频谱与非对称频谱两种，相应的4G帧结构设计分为FDD（频分双工）与TDD（时分双工）两种模式。对于5G系统，将支持更大的系统带宽，尤其是随着高频的使用，带宽的使用在百兆量级。在这样的带宽量级下，对称频谱分配将越来越困难，非对称频谱的分配将成为5G的主流。因此，5G系统设计的一个核心也在TDD的帧结构设计。TDD帧结构设计主要考虑配置周期和配置灵活性。

帧结构配置都是以周期形式出现，不同周期内符号配置呈现重复性。对于TDD系统，一个配置周期内包含上行和下行符号，配合混合自动重传请求（Hybrid Automatic Repeat reQuest，HARQ）技术，实现数据的发送及反馈。长的配置周期往往意味着更长的反馈时间。LTE系统中，支持7种TDD帧结构配置，配置周期为5ms或10ms。这样LTE系统的整体时延也在10ms量级。对于新空口设计，空口时延量级在1ms，那么在帧结构配置周期上，也需要支持更多、更短的周期配置。在NR中，支持了1ms以内的周期配置。

配置灵活性对匹配不同业务类型非常关键。5G 面向物联网与互联网等多个场景，业务类型相比 4G 也更加多样化。不同的业务从上下行比例及业务变化的周期上呈现不同特点。因此新空口对帧结构配置周期改变速度及每个周期内上下行符号的比例变化有更高要求，以匹配不同的业务类型，给用户提供更好的体验。同时，为了支持更短的反馈周期，帧结构配置中也需要考虑能够在一个配置周期内完成数据发送及反馈的配置，即自包含的帧结构配置。NR 中不仅可以支持半静态帧结构配置，还支持完全动态的帧结构配置。

在灵活的帧结构框架下，为了进一步支持更低时延的发送，还需要考虑采用更短传输时延的数据发送长度。在 LTE 中，数据的调度及发送以 1ms 为基础，这显然不能满足 5G 在毫秒量级的数据传输时延要求。因此，新空口设计需要支持更短时延的数据发送长度，对应的设计就是要支持基于超短帧或迷你时隙（Mini-slot）的调度与反馈。

（2）灵活的双工设计

在 4G 中，两种双工（FDD 和 TDD）方式的使用各遵循一定的规则。TDD 系统通过配置保护间隔设置等方式避免不同小区上下行间的干扰。FDD 系统在对称频谱上进行上下行的绑定使用。NR 的设计中，为提高频谱使用效率，逐步支持一些更灵活的设计。

NR 支持对称的上下行波形设计，即上下行都支持相同的 OFDM 波形设计。在 LTE 中，在下行采用 OFDMA 技术，在上行采用 SC-FDMA 技术。NR 中上行既支持 SC-FDMA 技术，也支持 OFDMA 技术，基站可以根据网络实际情况进行灵活配置。当上下行都采用 OFDMA 技术时，上下行波形对称，接收机可以把上行和下行信号进行联合处理，采用更好的干扰删除技术，提升系统性能。同时，OFDMA 技术与 MIMO 也可以更好地结合，相对 LTE 系统有效提升了上行频谱效率。

NR 还引入了上下行解耦技术。上下行解耦的核心是打破 4G 系统中一个下行载波只配置一个上行载波的设计（FDD 系统上下行载波位于对称频谱上，TDD 上下行载波相同），支持一个下行载波可配置多个上行载波。额外配置的上行载波也被称为增补上行载波（Supplementary Uplink，SUL）。对于部署在较高频率的 NR 载波，可以配置一些低频的频谱，如现有较低频段 FDD 载波的上行频谱，作为 SUL 载波。这样既扩大提高 NR 覆盖范围，又可以提高整个系统使用效率。

3. 采用多项新技术

5G NR 相对 LTE 系统引入了多项基础性的新技术。新技术中最具有代表性的在信道编码领域，NR 采用了数据信道 LDPC 码、控制信道 Polar 码的组合，替代了 LTE 数据信道 Turbo 码、控制信道 TBCC 码的组合。LDPC 码相对 Turbo 码具有更低的编码复杂度和更低的译码时延，可以更好地支持大数据的传输，而 Polar 码在小数据包的性能优势将有效提升 NR 的覆盖性能。

3.1.2 5G 无线物理层设计

5G NR 的无线接口协议栈主要分三层两面，三层包括物理层（L1）、数据链路层（L2）和网络层（L3），两面是指控制平面和用户平面。物理层位于无线接口最底层，提供物理介质中比特流传输所需要的所有功能。大规模天线、灵活的架构和 Polar 码等新技术主要体现在物理层的设计中。

物理层提供的服务通过传输信道来描述。物理层的传输信道有 5 种。其中下行传输信道 3 种，分别为广播信道（Broadcast Channel，BCH）、下行共享信道（Downlink Shared Channel，DL-SCH）和寻呼信道（Paging Channel，PCH）。上行传输信道 2 种，分别为上行共享信道（Uplink Shared Channel，UL-SCH）和随机接入信道（Random Access Channel，RACH）。各个传输信道的主要特点如表 3-1 所示。

表 3-1 5G NR 传输信道

信道名称	主要特征
广播信道	该信道采用固定的预定义传输格式，能够在整个小区覆盖区域内进行广播信息发送
下行共享信道	该信道使用HARQ传输，能够调整传输使用的调制方式、编码速率和发送功率来实现链路自适应，能够在整个小区内发送或使用波束赋形发送，支持动态或半静态的资源分配方式，并且支持终端非连续接收，以达到节电的目的
寻呼信道	该信道支持终端非连续接收以达到节电的目的（非连续接收周期由网络配置给终端），并且要求能在整个小区覆盖区域内传输，映射到用于业务或者其他动态控制信道使用的物理资源上
上行共享信道	该信道可以使用波束赋形和自适应调制方式/编码速率/发送功率的调整，支持HARQ传输，采用动态或半静态的资源分配方式
随机接入信道	该信道承载有限的控制信息，并且具有冲突碰撞特征

物理层实际数据传输由物理信道完成。物理层的传输信道有 6 种。下行传输信道有 3 种，分别为物理广播信道（PBCH）、物理下行链路控制信道（PDCCH）和物

理下行链路共享信道（PDSCH）。上行传输信道有 3 种，分别为物理随机接入信道（PRACH）、物理上行链路控制信道（PUCCH）和物理上行链路共享信道（PUSCH）。各个物理信道的主要特点如表 3-2 所示。

表 3-2　5G NR 物理信道

信道名称	主要特征
物理广播信道	承载部分系统消息，与同步信号一起提供终端接入网络必要信息。PBCH和同步信号一起也被称为下行同步信道
物理下行链路控制信道	用于下行控制信息发送，主要承载调度相关信息。提供PDSCH接收和PUSCH发送必要信息；向UE提供帧结构配置；向PUCCH、PUSCH和SRS发送功率控制消息；指示UE被调度PDSCH中被占用的资源
物理下行链路共享信道	发送下行数据，也承载寻呼信息及部分系统信息发送
物理随机接入信道	用于随机接入
物理上行链路控制信道	发送上行控制信息。用于终端发送HARQ消息，指示下行数据是否接收成功；发送信道状态信息（Channel State Information，CSI）报告辅助下行链路调度；发送上行链路数据请求
物理上行链路共享信道	发送上行数据，也可以承载部分上行控制信息发送

物理信道和传输信道间存在映射关系。传输信道与物理信道的映射关系如图 3-1 和图 3-2 所示。对于下行传输信道，BCH 信息直接映射到 PBCH 上进行发送；PCH 和 DL-SCH 信息映射在 PDSCH 上进行发送。对于上行传输信道，RACH 信息映射到 PRACH 上进行发送；UL-SCH 信息映射到 PUSCH 上进行发送。

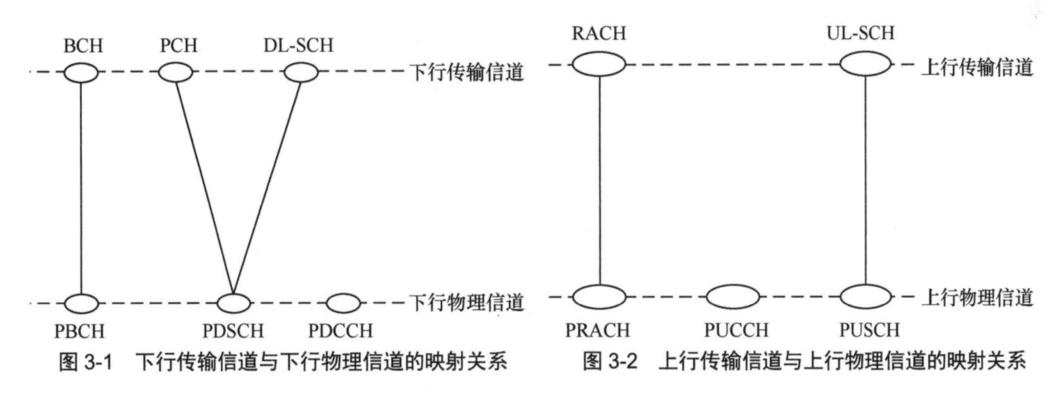

图 3-1　下行传输信道与下行物理信道的映射关系　　图 3-2　上行传输信道与上行物理信道的映射关系

物理层数据传输基本过程如图 3-3 所示。对于 BCH、PCH、DL-SCH 和 UL-SCH 数据，在其转换为物理层发送数据之前，都需要加入 CRC 保护，以便支持一次校验和重传，保护数据可靠性。物理层需要发送的数据，除 PRACH 外，都要经过编码和速率匹配、调制、资源映射和天线映射几个步骤，然后进行空口的实际发送。在接收端，与发送端对应，需要进行解映射、信道估计、多天线接收和解码等过程。PRACH 发送通过发送一系列的 PRACH 前导来实现。

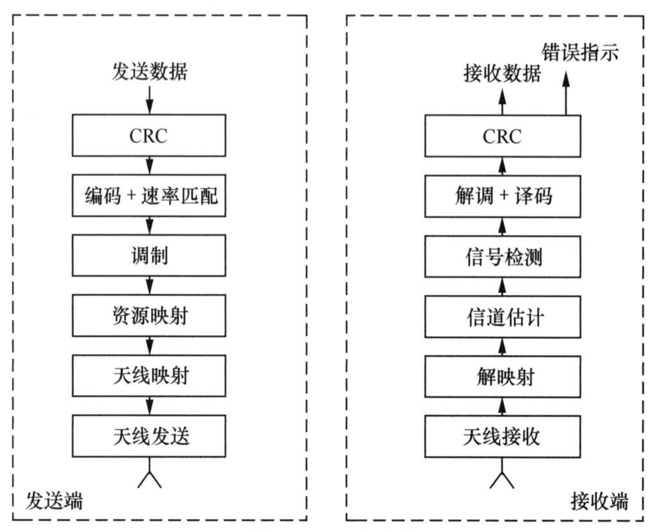

图 3-3 物理层数据传输基本过程

物理层还包括一系列参考信号，实际的数据传输中，需要通过参考信号完成同步、信道估计、数据解调等功能。这些参考信号主要如下。

（1）DMRS（DeModulation Reference Signal），解调参考信号。

（2）PT-RS（Phase-Tracking Reference Signal），相位跟踪参考信号。

（3）SRS（Sounding Reference Signal），上行探测参考信号。

（4）CSI-RS（Channel-State Information Reference Signal），信道状态信息参考信号。

（5）PSS（Primary Synchronization Signal），主同步信号。

（6）SSS（Secondary Synchronization Signal），辅同步信号。

3.1.3 基本波形与帧结构设计

作为多载波技术的典型代表，OFDM 技术在 4G 中得到了广泛应用。在 5G NR 设计中，OFDM 仍然得到了重用。NR 的设计中上下行都采用 CP-OFDM，意味着上下行采用相同的波形，当发生上下行间的相互干扰时，为采用更先进的接收机进行干扰删除提供了可能。同时，对于上行发送，仍然保留了对 DFT-S-OFDM 的支持。主要原因是 DFT-S-OFDM 可以利用单载波特性相对 CP-OFDM 有更低的峰均比（Peak to Average Power Ratio，PAPR）。

5G NR 物理层设计中最基本的资源单位为 RE（Resource Element，资源单元），代表频率上一个子载波及时域上一个符号。RB（Resource Block，资源块）为频率上连续 12 个子载波。NR 目前支持 5 种子载波间隔配置。6GHz 以下频段将主要采用 15Hz、30Hz、60Hz 三种子载波间隔，而 6GHz 以上主要采用 120kHz 和 240kHz 的子载波间隔。

NR 采用 10ms 的帧长度，一个帧中包含 10 个子帧。5 个子帧组成一个半帧，编号 0 ～ 4 的子帧和编号 5 ～ 9 的子帧分别处于不同的半帧。NR 的基本帧结构以时隙（slot）为基本颗粒度。正常循环前缀（Cyclic Prefix，CP）情况下，每个 slot 包含 14 个符号，扩展 CP 情况下每个 slot 含有 12 个符号。当子载波间隔不同时，slot 的绝对时间长度呈线性变化，每子帧内包含的 slot 个数也有所差别。随着子载波间隔加大，每帧 / 子帧内的时隙数也增加。

NR 帧结构配置不再沿用 LTE 阶段采用的固定帧结构方式，而是采用半静态无线资源控制（Radio Resource Control，RRC）配置和动态下行链路控制信息（Downlink Control Information，DCI）配置相结合的方式进行灵活配置。这样设计的核心思想还是兼顾可靠性和灵活性。前者可以支持大规模组网的需要，易于网络规划和协调，并利于终端省电；而后者可以支持更动态的业务需求来提高网络利用率。

3.1.4　大规模天线设计

大规模天线设计是 5G NR 设计的重要基石。NR 的设计频谱范围可达 100GHz，随着频率的升高，天线系统使用的天线个数也相应增加，但是单天线的覆盖距离受路损的影响快速降低。波束赋形技术，尤其是混合波束赋形技术可以有效提升大规模天线的覆盖距离和信号的传输速率，成为 NR 大规模天线设计的核心。在实际的系统设计中，波束赋形技术不仅应用于数据传输，还应用于用户初始接入和控制数据发送，即广播信道、控制信道和数据信道的一体化设计。

5G 中大规模天线设计包括基本传输过程设计、参考信号设计、信道状态信息反馈设计、波束管理设计等方面。

3.1.4.1 大规模天线基本传输过程设计

在发射端，待发送数据经过编码和速率匹配后形成码字，码字经过比特级加扰与调制后映射到多个层，每层的数据映射到多个天线端口后，再将每个天线端口上的数据映射到实际物理资源块上进行发送。对于不同的物理资源块，根据信道条件等信息可以进行不同发送方案的选择和匹配的预编码操作，最后数据经过相应的OFDM调制发送到各个天线，整个发送过程如图3-4所示。

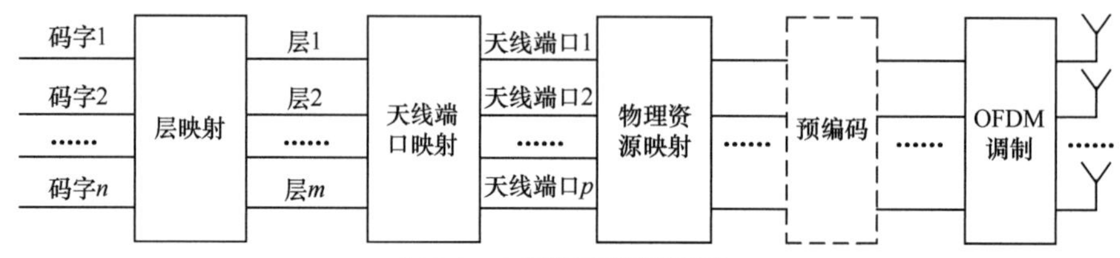

图3-4 大规模天线发送过程

理论上，采用MIMO技术时，为每个分层传输单独分配一个码字，每个码字根据数据传输通道的信道质量，分别为每层选择相应的调制和编码格式（Modulation and Coding Scheme，MCS）可以最大化系统吞吐量。但是在实际应用中，考虑到信道状态信息反馈以及控制或指示的开销与复杂度，一般不会对每层进行独立的MCS调整。为了满足30bit/（s·Hz）的下行峰值频谱效率需求，NR系统中的SU-MIMO（单用户MIMO）最多可以支持8层的数据传输，最多支持2码字的下行传输。为了支持多码字传输，NR针对每个码字反馈相应的信道质量指示（Channel Quality Indicator，CQI），在下行控制信令中需要分别指示各个码字的MCS、冗余版本（Redundancy Version，RV）与新数据指示（New Data Indicator，NDI）信息。

5G NR支持多种的MIMO传输方案。对于下行链路，NR支持准开环传输方案、闭环传输方案、多用户-多输入多输出（MU-MIMO）方案、多点协作传输方案；对于上行链路，NR支持基于码本的方案和基于非码本的方案，也支持MU-MIMO方案。对于多种MIMO方案，接收端都是基于数据信道的参考信号进行解调，并不需要额外的显示指示。

3.1.4.2 参考信号设计

参考信号是5G系统设计中的重要组成部分。下行参考信号的主要作用包括信道状态信息的测量、数据解调、波束训练和时频参数跟踪等。上行参考信号的主要作用是上下行信道测量、数据解调等。NR 中比较常见的参考信号包括解调参考信号（DMRS）、信道状态信息参考信号（CSI-RS）、相位跟踪参考信号（PT-RS）、上行探测参考信号（SRS）、同步信号（PSS/SSS）等。本节重点对 5G 中 DMRS 和 CSI-RS 进行介绍，更多参考信号的设计可以参考 3GPP 标准 38.211[1]。

（1）DMRS 设计

数据解调需要利用 DMRS。NR 支持两种 DMRS 导频类型，类型 1 采用了梳状加 OCC（Orthogonal Cover Code，正交覆盖码）结构，类型 2 基于频分加 OCC 结构。对于 CP-OFDM 波形，两种 DMRS 类型都支持，通过高层信令进行配置。而在高层信令配置之前，类型 1 作为默认的 DMRS 配置。对于 DFT-S-OFDM 波形，只支持 DMRS 类型 1。两种 DMRS 的配置类型在一个时隙内的分布示意图如图 3-5 和图 3-6 所示。对于导频类型 1，单 OFDM 符号时，共两组频分的梳状资源，最多支持 4 个端口，其中每组梳状资源内部通过频域 OCC 方式支持 2 个端口复用；双 OFDM 符号时，最多支持 8 个端口，其中每个 OFDM 符号可支持端口数为 4。这种情况下，每个 CDM（码分复用）组中的 DMRS 端口通过时域及频域 OCC 进行区分。对于导频类型 2，单 OFDM 符号时，最多支持 6 个端口；双 OFDM 符号时，最多支持 12 个端口。

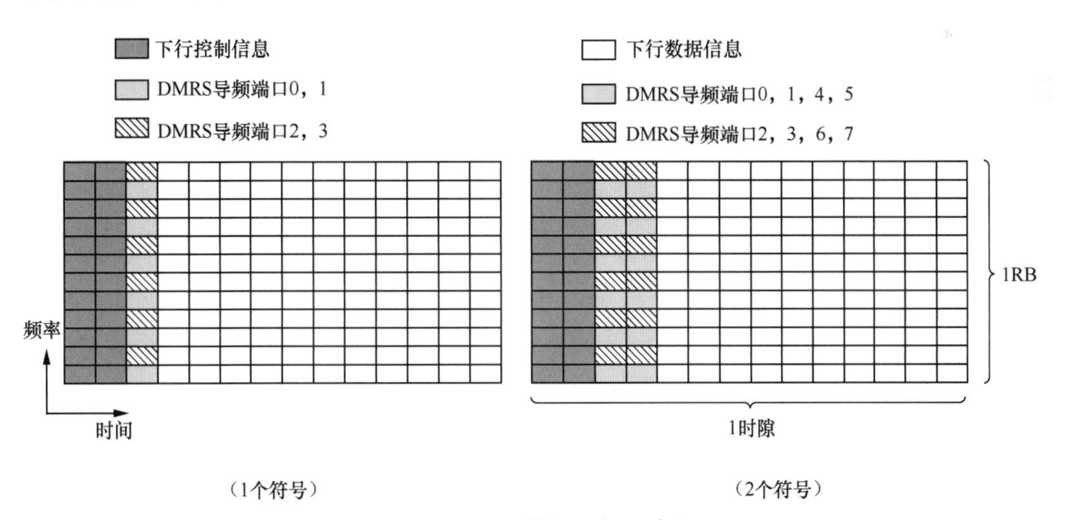

图 3-5　DMRS 导频类型 1 示意图

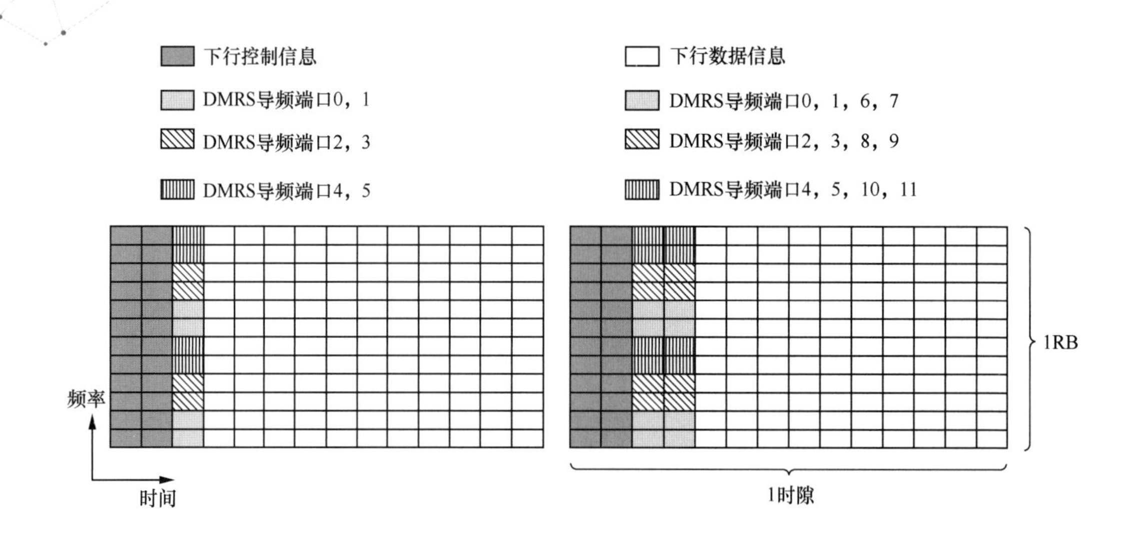

图 3-6　DMRS 导频类型 2 示意图

为了更好地支持中 / 高速场景，还需要在调度持续时间内安插更多的 DMRS，以满足对信道时变性的估计精度。NR 系统中可配置附加 DMRS，每一组附加 DMRS 的图样都是前置 DMRS 的重复，每一组附加 DMRS 最多可以占用两个连续的 OFDM 符号。

（2）CSI-RS 设计

NR 中的 CSI-RS 主要用于以下几个方面的功能应用。

- 获取信道状态信息。用于调度、链路自适应，以及和 MIMO 相关的传输设置。
- 用于波束管理。UE 和基站侧波束赋形的权值的获取，用于支持波束管理过程。
- 精确的时频跟踪。系统中通过设置 TRS（Tracking Reference Signal，跟踪参考信号）来实现。
- 用于移动性管理。系统中通过对本小区和邻小区的 CSI-RS 的获取，来完成与 UE 的移动性管理相关的测量需求。
- 用于速率匹配。通过零功率的 CSI-RS 的设置完成数据信道的 RE 级别的速率匹配功能。

为满足不同的功能，5G 中的 CSI-RS 可以灵活配置。用于信道状态信息获取的 CSI-RS，支持通过链路自适应和调度而获得信道状态信息的功能。可以通过 RRC 信令为 UE 配置一个或者多个 CSI-RS 资源集合，每个 CSI-RS 资源集合包含一个或多个CSI-RS资源。每个CSI-RS资源最大配置32个端口，可以映射在一个或者多个OFDM符号上。在时域上，通过高层信令参数给出最多可能的两个时域符号位置；在频域上，高层信令使用位图方式来指示一个符号上子载波的占用情况，且所有CSI-RS上的子载波占用情况相同。为了能够灵活支持不同天线的虚拟化映射以及码本的设计，并考虑到实际的应用部署场景，NR系统中支持的端口数为1、2、4、8、12、16、24、32。其中8、12、16、24、32端口图样均由2端口或4端口图样组合构成。

5G NR需要在高频段上支持动态模拟波束赋形，模拟波束赋形的权值通常需要通过对导频信号的波束扫描测量方式来获取。在NR系统中，CSI-RS可以分别应用于收发波束同时扫描、发送波束扫描和接收波束扫描过程。当与CSI-RS相关联的CSI上报量配置为上报RSRP（进行发送波束扫描）或不进行CSI上报（进行接收波束扫描）时，指示此CSI-RS用于波束管理。由于用于波束管理的CSI-RS只进行波束的测量和选择，从节省开销角度考虑，可以使用更少的导频端口（1端口或2端口）。

由于CSI-RS具有灵活的结构，可通过灵活的配置增加时频密度用于精确时频跟踪，NR系统中采用一种特殊配置的CSI-RS，即TRS。在5G NR系统中支持周期性和非周期TRS设计，以便更好地提升时频跟踪精度。

NR系统中采用ZP（Zero Power，零功率）CSI-RS进行速率匹配。配置了ZP CSI-RS的RE均不用作PDSCH的传输，这些RE被称作速率匹配RE（RMRE）。为了灵活地支持对不同类型RMRE的速率匹配功能，ZP CSI-RS相应地分为周期、半持续和非周期三种类型的配置。可以通过高层信令为UE配置不同的ZP CSI-RS资源集合，每个集合包含多个ZP CSI-RS资源。每个ZP CSI-RS资源的时频域指示方式与前述用于信道状态信息获取的CSI-RS相同。

（3）SRS设计

SRS用于上行信道信息获取、满足信道互易性时的下行信道信息获取及上行波束管理。NR系统中，基站可以为UE配置多个SRS资源集，每个SRS资源集包含1到多个SRS资源，每个SRS资源包含1、2或4个SRS端口。每个SRS资源可以配置在一个时隙的最后6个OFDM符号中的1、2或4个连续的符号。在频域上，SRS资源的映射间隔可以配置，如每隔1个子载波映射1个RE的梳状映射方式（Comb-2）和每隔3个子载波映射1个RE的梳状映射方式（Comb-4）。图3-7给出了一个SRS资源映射的示意图。其中SRS资源1配置在1个时隙的导数第6到第3个符号，频域映射方式为Comb-2；SRS资源2配置在倒数第3个符号，频域映射方式为Comb-2；SRS资源3配置在最后两个符号，频域映射方式为Comb-4。

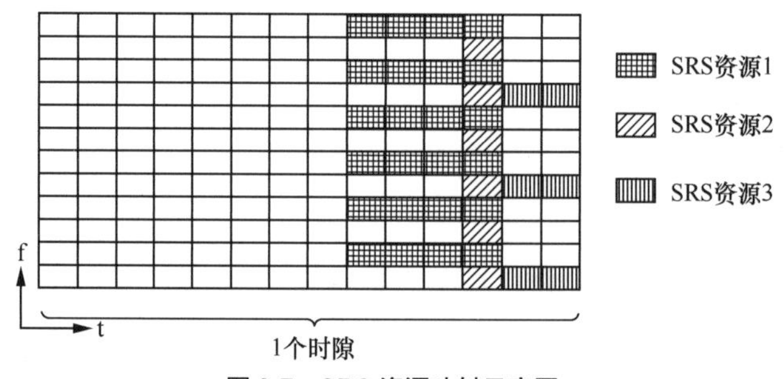

图3-7 SRS资源映射示意图

针对SRS的不同用途，基站可以为终端配置不同的SRS资源集，并通过高层信令指示SRS资源集的用途。一个SRS资源集内的所有SRS资源都与该SRS资源集具有相同的时域类型。SRS也支持跳频、天线切换和载波切换等功能。

3.1.4.3 信道状态信息反馈设计

（1）框架设计

信道状态信息（CSI）的反馈设计决定了MIMO传输的性能，因此在整个MIMO设计中具有举足轻重的作用。NR支持对CSI隐式反馈和基于信道互易性的反馈。隐式反馈把信道质量相关信息进行量化，然后反馈，重点在于码本的设计。考虑SU和MU对于反馈精度的不同要求，NR中支持两类码本用于CSI反馈。一类是普通精度的Type Ⅰ码本，另一类是高精度的Type Ⅱ码本。基于信道互易性的CSI反馈根据反馈的条件可以分为基于完整信道互易性的反馈和基于部分信道互易性的反馈。另外，对于5G系统新出现的波束管理需求，还需要上报波束指示及相应的RSRP等信息。

在NR系统中，CSI可以包括CQI（Channel Quality Indicator，信道质量指示符）、PMI（Precoding Matrix Indicator，预编码矩阵指示符）、CSI-RS资源指示（CRI）、SS/PBCH块资源指示（SSBRI）、层指示（LI）、RI，以及L1-RSRP。其中，SSBRI、LI和L1-RSRP是在LTE系统的CSI反馈基础上新增的反馈量。LI用于指示PMI中最强的列，用于PT-RS映射。SSBRI和L1-RSRP用于波束管理，一个指示波束索引，另一个指示波束强度。

NR 中支持多种上报参数组合。系统将为每个 UE 配置 $N \geqslant 1$ 个用于上报不同测量结果的上报反馈设置集（Reporting Setting），以及 $M \geqslant 1$ 个 CSI-RS 测量资源设置集（Resource Setting）。每个 Reporting Setting 关联至 1 个或多个 Resource Setting，用于信道和干扰测量与上报，这样可以根据不同 UE 需求和应用场景，灵活设置不同测量集合与上报组合。以图 3-8 所示为例，对于某个 UE，设置了三个测量集合，分别对应于不同 CSI-RS 的测量资源组合；同时，该 UE 还配置了两种上报设置，设置集 0 上报三个测量集合的结果，而设置集 1 则上报一个测量集合的结果。这种测量资源设置和上报反馈配置独立进行指示的方式也称为 CSI 测量和 CSI 反馈解耦。

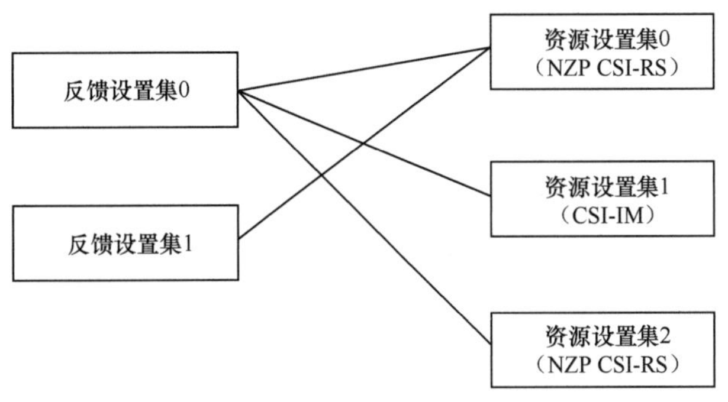

图 3-8　CSI 反馈框架

（2）大规模天线码本设计

大规模天线码本设计主要为了完成 PMI 的反馈，通过 PMI 反馈，基站完成大规模天线发送码本的选择。NR 大规模天线设计基于天线阵面，天线阵面是指采用集中方式、均匀天线阵子排列的天线阵。每个天线阵面由多个双极化天线构成，基本的形式如图 3-9 所示。其中$\left(N_1, N_2\right)$表示同一极化方向上第一维度（图中的水平维度）的天线端口数和第二维度（图中的垂直维度）的天线端口数。

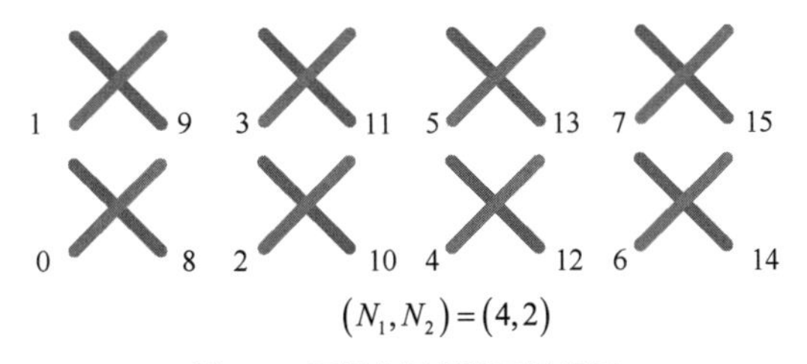

图 3-9　双极化天线阵面示意图

NR 的码本设计原则采用$\boldsymbol{W} = \boldsymbol{W}_1\boldsymbol{W}_2$的两级码本结构，其中$\boldsymbol{W}_1$用于宽带波束组的

选择，包含一组波束。W_2用于子带的波束生成。根据反馈精度需要，NR 支持两种码本类型：常规精度的 CSI 反馈用于链路的保持及 SU-MIMO 传输，定义为 Type Ⅰ码本；高精度的 CSI 反馈用于提升 MU-MIMO 的性能，定义为 Type Ⅱ码本。

Type Ⅰ和 Type Ⅱ码本分为单天线阵面码本和多天线阵面码本。其中单天线阵面的码本设计类似于 LTE 系统；多天线阵面的情况下，阵面间的部署方式和距离灵活设置，其码本设计需要考虑不同天线阵面间的分布方式。在进行具体的两类码本设计时，NR 支持了不同阵面设置，不同端口数的多种组合方式。其中 Type Ⅰ的单天线阵面和多天线阵面码本设计，Type Ⅱ单天线阵面码本设计在 R15 阶段完成，而 Type II 码本的多天线阵面码本设计在 R16 阶段完成。两种码本的具体实现细节可以参考 3GPP 标准 38.214[2]。

（3）信道测量机制

NR 的 CSI 反馈框架既支持波束管理也支持 CSI 获取。用于波束管理时，UE 仅测量波束的参考信号接收功率（RSRP），无须进行干扰测量。用于 CSI 获取时，UE 既需要进行信道测量也需要进行干扰测量。如前所述，CSI-RS 提供了更为有效的 CSI 获取方式，同时可以支持更多的网络节点和天线端口。

对于信道测量，CSI-RS 以 UE 专属（UE-Specific）参考符号为基础，通过为每个 UE 而非整个小区进行配置来完成下行的 CSI 测量。当用于波束管理时，考虑到 RSRP 的测量要求，可以配置低端口数的 CSI-RS 进行波束测量。对于干扰测量，NR 系统支持基于 CSI-IM(CSI Interference Measurement) 的干扰测量，CSI-IM 的功率可以为零也可以不为零。

基于信道测量和干扰测量资源，针对波束管理和 CSI 获取场景，分别使用不同的 Resource Setting 配置方式进行测量。用于波束管理时：无须进行干扰测量，配置一个基于 NZP CSI-RS 的 Resource Setting 用于 RSRP 测量。用于 CSI 获取时：需要进行干扰测量，可以配置一个基于 CSI-IM 的 Resource Setting 用于小区间干扰测量，也可以配置两个 Resource Setting，其中一个基于 NZP CSI-RS 用于 UE 间干扰测量，另一个基于 CSI-IM 用于小区间的干扰测量。

（4）信道信息反馈机制

NR 支持周期、半持续和非周期 CSI 上报，上报内容既可以在上行物理控制信道（PUCCH）上反馈也可以在上行物理共享信道（PUSCH）上反馈。对应不同的反馈方式，相应地使用周期、半持续或非周期的CSI-RS和CSI-IM资源进行信道和干扰测量，并配置不同的资源配置集。

对于不同的多天线发送模式，所需的信道信息反馈也不同。基站可以综合考虑各种因素进行多天线发送模式的选择，配合参考信号的选择，对终端进行信道信息的反馈参数配置。所需反馈的信道信息量比较大时，会造成上行反馈容量受限，部分信道信息无法反馈的问题。在此情况下，信道信息的反馈需要根据一定的优先级规则进行选择性发送。

3.1.4.4　波束管理设计

随着低频段资源的稀缺，毫米波频段具有更多的频谱资源，能够提供更大带宽，成为移动通信系统未来应用的重要频段。毫米波频段由于波长较短，具有与传统低频段频谱不同的传播特性，如高传播损耗，反射和衍射性能差等，因此通常会采用更大规模的天线阵列，以形成增益更大的赋形波束，克服传播损耗、确保系统覆盖。对于毫米波天线阵列，波长更短，天线阵子间距及孔径更小，可以让更多的物理天线阵子集成在一个有限大小的二维天线阵列中；同时，由于毫米波天线阵列的尺寸有限，从硬件复杂度、成本开销及功耗等因素考虑，无法采用低频段所采用的数字波束赋形方式，而是通常采用模拟波束与有限数字端口相结合的混合波束赋形方式。

波束管理过程可分为6个处理过程：波束测量、波束选择、波束上报、波束切换、波束指示和波束恢复。波束测量是指当无线链路建立以后，UE和基站对多个收发波束进行测量的过程。波束选择是指在单播的控制或数据传输过程中，基站和UE需要选择合适的波束方向，以确保最佳的链路传输质量。波束上报是指UE将波束测量结果上报给基站的过程。波束切换是指当UE位置移动、方向变化及传播路线受到遮挡，配对的收发波束对的传输质量下降时，基站和UE可以选择另外一对质量更好的收发波束对，并进行波束切换操作。基站和UE需要时常监测所选择的收发波束对的传输质量，并与其他的收发波束对进行对比，必要的情况下需要进行波束切换操作。基站利用波束指示流程，通过下行控制信令将所发送的波束指示通知UE，便于UE的接收与切换。波束恢复则是指所采用的收发波束对无法继续保证传输质量要求，所监测的所有收发波束传输质量无法满足链路传输要求的情况下，重新建立基站与UE间的连接的过程。

当基站与 UE 间建立起连接的时候，以下行传输为例，设基站端有 M 个模拟发送波束，UE 有 N 个模拟接收波束，一共可以建立起 MN 个收发波束对。通常，在毫米波通信中，波束对的数量都比较大，如何开展有效的波束测量和上报，减少系统开销和 UE 复杂度，确保系统覆盖，成为大规模天线波束管理设计的重要方向。

在 5G NR 中支持如下三种波束测量过程。

- 联合收发波束测量：基站和 UE 都执行波束测量。每个赋形波束被发送 N 次，从而让 UE 能够测试 N 个不同的接收波束，选取最合适的发送和接收波束对；通常可以采用 N 个时隙或 N 个不同参考信号资源来实现波束发送。
- 发送波束测量：基站通过轮询方式发送波束，UE 采用固定的接收波束。
- 接收波束测量：UE 用轮询方式测试不同接收波束，而基站采用固定波束。

通过波束测量，UE 需要监测和估算 MN 个波束对的信道质量，但 UE 不需要将所有波束对的信道质量上报给基站，只需要选取其中最优的波束对进行上报。最优波束对所对应的接收波束只需要存储在 UE，不需要上报给基站。在后续的传输过程中，基站只需要指示 UE 所选择的发送波束，UE 可以根据存储信息，采用对应的接收波束进行接收处理。基站采用模拟波束赋形方式进行下行传输的时候，基站需要指示 UE 所选的下行模拟发送波束的序号。当基站调度 UE 采用模拟波束赋形方式进行上行传输的时候，基站需要指示 UE 上行模拟发送波束的辅助信息。UE 接收到辅助信息后，根据基站所指示的上行模拟发送波束进行上行传输，基站可以根据波束训练配对过程中所存储的信息，调用该发送波束所对应的接收波束进行上行接收。

对于高频段毫米波通信，如果波束受到遮挡，将很容易造成通信中断。这是由于高频段波长短，反射和衍射性能差，大部分传输能量都集中在直线传播路线。因此，设计能够快速从波束遮挡（Beam Blockage）中恢复，确保控制信道传输的可靠性和鲁棒性的机制，成为高频段传输的一个重要研究内容。

在 5G NR 标准中，标准化了一种快速、可靠的波束失败检测和恢复过程。UE 检测到波束失败事件发生后，UE 需要将该事件上报给基站，并上报新的候选波束信息。基站收到上报信息后，通过波束恢复过程尽快从波束失败中恢复，重新选择用于传输的新波束替代原有波束。新波束将被用于基站对上报失败事件的应答信息传输，以及后续基站与终端间的数据和控制信息的传输。

3.1.4.5 准共站址

准共站址（Quasi Co-Location，QCL）是指某个天线端口上的符号所经历的信道的大尺度参数可以从另一个天线端口上的符号所经历的信道所推断出来。其中的大尺度参数包括时延扩展（Delay Spread）、平均时延（Average Delay）、多普勒扩展（Doppler Spread）、多普勒偏移（Doppler Shift）以及空间接收参数（Spatial RX Parameter）等。

QCL的概念是随着CoMP（Coordinated Multiple Point，协同多点传输）技术的出现而引入的。CoMP传输过程中涉及的多个站点可能对应于多个地理位置不同的站点或者天线面板朝向有差异的多个扇区。例如，当终端分别从不同的接入点接收数据时，各个接入点在空间上的差异会导致来自不同接入点的接收链路的大尺度信道参数的差别。而信道的大尺度参数将直接影响到信道估计时滤波器系数的调整与优化，对应于不同传输点发出的信号，应当使用不同的信道估计滤波参数以适应相应的信道传播特性。

通过引入QCL的概念，5G NR将各个信道和参考信号进行了大规模天线传输方案的相互关联。针对一些典型的应用场景，考虑到各种参考信号之间可能的QCL关系，从简化信令的角度出发，NR中将几种信道大尺度参数分为以下4个类型，便于系统根据UE不同场景进行配置。

- QCL-TypeA，QCL内容包括{多普勒偏移，多普勒扩展，平均时延，时延扩展}。
- QCL-TypeB，QCL内容包括{多普勒偏移，多普勒扩展}。
- QCL-TypeC，QCL内容包括{多普勒偏移，平均时延}。
- QCL-TypeD，QCL内容包括{空间接收参数}。

5G NR对不同信道和信号间的QCL关系进行了详细讨论并进行了标准化。QCL关系的获取有多种方式：有些由基站与终端默认配置，无须指示；有些可以通过高层信令配置；有些需要物理层控制信息指示。

3.1.5 调制编码设计

信道编码是5G设计最基础的部分，3GPP对各个候选编码技术进行了非常全面而且细致的比对和分析，比较的维度包括性能、灵活性、对HARQ支持、编译码复杂度、译码时延等方面。数据信道的候选方案包括LDPC码、Turbo码和Polar码，控制信道的候选方案包括 Polar 码和 TBCC 码。

上下行数据信道（PDSCH 和 PUSCH）最终采用的方案是 LDPC 码。LDPC 码是麻省理工学院 Robert Gallager 于 1963 年在博士论文中提出的。经过 50 余年的发展，LDPC 码有着非常完备的理论体系，并在多个领域有着广泛的应用。LDPC 码相对 Turbo 码和 Polar 码在大数据包的处理上具有比较明显的优势。尤其在高码率区域，由于 LDPC 译码算法的特点，其性能和译码时延的优势更加突出。这些特性使得 LDPC 码非常适合 5G 大数据量、低时延的数据传输。

控制信道（PDCCH 和 PUCCH）和广播信道最终采用以 Polar 码为主的方案。Polar 码相对于 LDPC 码、Turbo 码及 TBCC 码是编码界的“新星”，于 2008 年由土耳其毕尔肯大学 Erdal Arikan 教授首次提出。经过多轮比较和分析，Polar 码凭借在小包传输上的卓越性能被采用为控制信道编码方案。Polar 码被 5G 标准采用，充分展现了 NR 设计对新技术的开放性。

NR 基本沿用了 LTE 支持的调制方案。下行数据信道支持的调制方式包括 QPSK、16QAM、64QAM 和 256QAM。上行支持两种波形，其中，CP-OFDM 波形支持 QPSK、16QAM、64QAM 和 256QAM；DFT-S-OFDM 波形支持 π/2-BPSK、QPSK、16QAM、64QAM 和 256QAM。广播和控制信道主要采用 QPSK 的调制方式。

3.1.6 定位技术设计

为支持各类应用，5G 系统对 UE 位置的定位精度和性能提出了严格的要求，其水平绝对定位精度要求从最低 10m 到最高 0.3m，垂直绝对定位精度要求从最低 3m 到最高 2m。为了满足 5G 定位需求，5G 系统同时支持 RAT 定位和非 RAT 定位技术。为此，R15 标准已支持 4G 标准所支持的各种非 RAT 定位方法，例如网络辅助的 GNSS 定位、蓝牙定位、地面信标系统定位、传感器（加速度计、陀螺仪、磁力计、大气压传感器等）定位等。同时，R15 标准还支持利用 4G LTE 信号的 RAT 定位方法，如增强型小区定位（E-CID）、下行观测到达时间差定位（OTDOA）和上行到达时间差定位（UTDOA）。然而 R15 标准尚不支持利用 NR 信号的 RAT 定位方法。为了弥补这个缺陷和提高 NR UE 的定位性能，尤其在 GNSS 不能正常工作的室内环境下的定位性能，3GPP 在 R16 标准中引入了以下基于 NR 信号的

RAT 定位方法。

- NR 增强小区 ID 定位法（E-CID）。
- NR 下行链路到达时差定位法（DL-TDOA）。
- NR 上行链路到达时差定位法（UL-TDOA）。
- NR 多小区往返行程时间定位法（Multi-RTT）。
- NR 下行链路离开角定位法（DL-AoD）。
- NR 上行链路到达角定位法（UL-AoA）。

基于 NR 信号的 RAT 方法定位具有其独特的优势，包括支持更大的载波带宽，支持更高的载波频段（如高于 6GHz 的频段）以及更普遍地采用大规模天线阵列技术进行 NR 参考信号的发送和接收。这些因素都有利于提高定位测量精度和定位性能。

针对每种定位技术，NR 分别定义了相应的定位测量值用于 UE 位置计算。在下行定位技术方案（DL-TDOA、DL-AoD）和上下行联合定位技术方案（Multi-RTT）中，UE 通过接收和测量各个基站发送的下行定位参考信号（DL PRS），获得定位测量值。而上行探测参考信号（SRS for positioning，SRS-Pos）提供上行定位技术方案（UL-TDOA、UL-AoA）以及上下行联合定位技术方案（Multi-RTT）的定位测量值。

NR 中对于 DL PRS 采用 DL PRS 资源、PRS 资源集、PRS 定位频率层的三级设计，来支持多波束扫描操作与同频和异频测量。

- DL PRS 资源定义为一个用于 DL PRS 传输的资源单元（RE）集合。在时域上，该 RE 集合可以包含一个时隙中 1 个或多个连续符号。
- DL PRS 资源集是同一个 TRP（Transmit Receive Point，5G 对于基站的新叫法）的一组 DL PRS 资源的集合。DL PRS 资源集中的每个 DL PRS 资源关联到单个 TRP 发送的单个空间发送滤波器（发送波束）。一个 TRP 可配置一个或两个 DL PRS 资源集。UE 是否支持两个 DL PRS 资源集的配置取决于 UE 能力。
- DL PRS 定位频率层是一个或跨多个 TRP 的，具有相同 SCS、CP 类型、Point A、PRS 带宽和起始 PRB 位置的 DL PRS 资源集的集合。

图 3-10 给出了 DL PRS 资源、PRS 资源集、PRS 定位频率层的相互关系示意图。

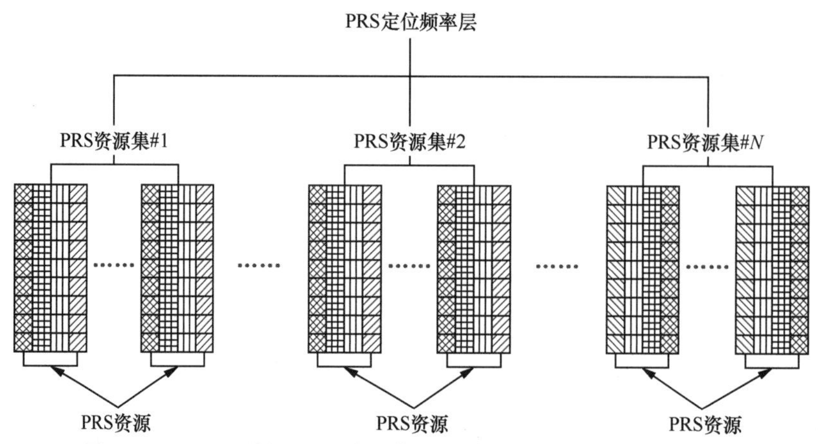

图 3-10 DL PRS 资源 /PRS 资源集 /PRS 定位频率层的相互关系示意图

上行参考信号 SRS-Pos 通过基站直接进行配置，一个 SRS-Pos 资源在时域占用一个或若干个连续的 OFDM 符号，在频域占用若干个连续的 PRB 并且以梳齿的方式支持多个不同的 SRS-Pos 资源在不同的子载波上复用。图 3-11 给出了一个 SRS-Pos 资源图案示例。

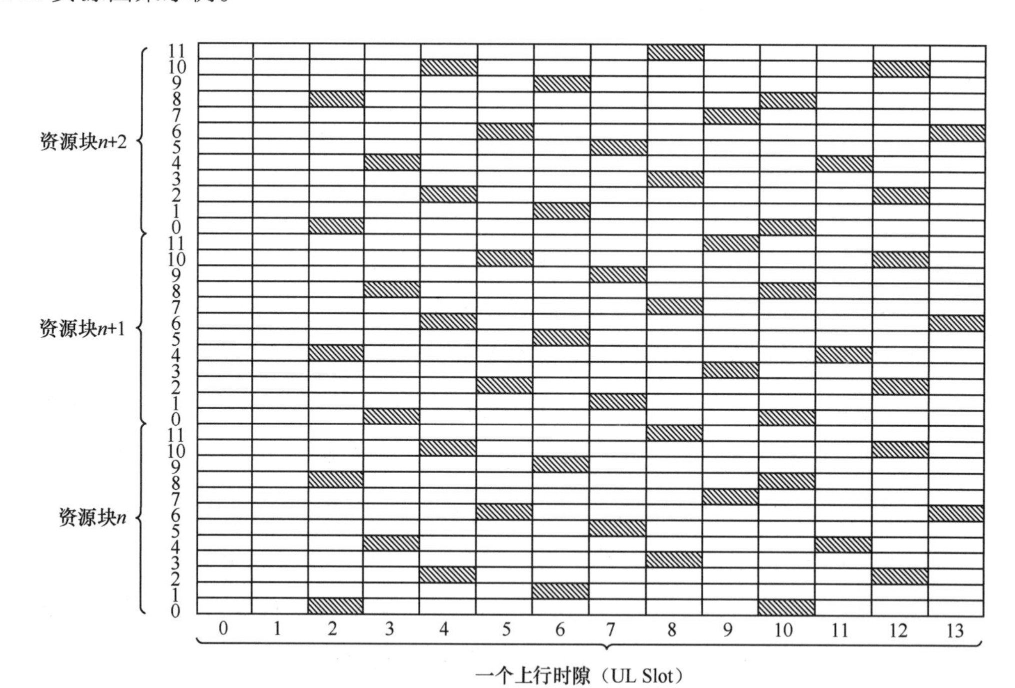

图 3-11 SRS-Pos 资源图案示例

3.2　5G无线侧引入AI技术

已有的大量研究显示，无线网络中多个环节都可以与 AI 技术进行结合，从而提升相关环节的性能。无线侧引入基于 AI 的设计也逐步成为 5G 网络未来演进的重要方向。在 3GPP R17 和 R18 的国际标准化过程中，对无线网的高层与空口引入基于 AI 的增强方案进行了相应的立项。国际标准化过程的启动无疑将加速无线技术与 AI 技术融合，推动相关方案及产品的产业化进程。

基于 AI 的无线侧增强目前主要分为端到端的整体替代性方案和针对现有模块的增强两个大的方向。目前 5G 已经商用，考虑到基于 AI 算法的性能，网络设备和终端设备的功耗、存储与算力各方面的情况，采用端到端替代方案的困难较大。本节主要关注一些对现有增益相对明确的增强性无线侧应用，从相关技术方案及原理、数据集、AI 算法及模型、仿真验证和所需标准化内容等几个层面进行探讨。讨论的用例涉及频谱效率提升、定位、覆盖和容量优化、基站节能、移动性管理和负载均衡。

3.2.1　基于 AI 的频谱效率提升

频谱效率提升是 5G 演进的最主要方向，也是无线设计的核心。如 3.1 节所述，5G 系统采用 OFDM 加大规模天线设计作为基础，在信号检测、信道信息反馈、导频设计、信道预测、波束管理及调度等多个环节都存在引入 AI 技术的空间。5G 中对与频谱效率提升相关的关键技术标准化需要经过系统的仿真验证，引入 AI 技术增强现有设计也需要考虑与已有的仿真方法进行结合，在标准化过程中完成显性的性能验证。2.2 节中对实际的数据集构建、模型的训练与仿真验证相结合的基础方法进行了讨论，本节将结合不同用例进行从实现原理到系统验证，再到标准化的阐述。

3.2.1.1　基于 AI 的信号检测

信号检测过程广义来看就是利用接收到的数据流和估计的信道信息检测出发送数据流的过程。5G 系统的基础设计采用 OFDM 技术，而对于 OFDM 系统的相干检测需要对信道进行估计，信道估计的精度将直接影响整个系统的性能。根据图 3-3 所示，5G NR 中信号检测过程需要考虑基于导频信号的信道估计和信号检测两个主要部分。

利用深度 AI 模型解决 5G NR 中的 MIMO 信号检测可以有多种方式，如基于 AI

的信道估计算法[3-7]、基于AI的信号检测算法[8-10]和基于AI的联合信道估计和信号检测算法[11-14]等。从算法的应用方式来看，主要分为两类：AI算法模型代替传统信号检测模块和利用深度学习算法优化传统信号检测算法。前者直接使用深度学习算法取代传统信号检测算法，缺乏可解释性，但实现方式相对简单；后者是对传统信号检测算法的优化，如利用深度学习算法训练传统算法中的某些参数，使传统信号检测算法更加灵活，具有可解释性，但突破性相对较小。

目前5G系统中的信道估计基本假设是基于参考信号进行。采用基于AI的算法进行联合的信道估计和信号检测，对AI算法性能和泛化能力都会提出很高要求。为保证接收性能的稳定性、降低算法优化难度，对信道估计和信号检测分别进行优化是更为合理的选择。一种比较直接的方法是利用基于AI的算法替代传统的信道估计算法，得到信道信息，然后在信号检测环节再利用信道估计结果进行基于AI算法的信号检测。

1. 基于AI的信道估计算法

对于OFDM系统，基于导频的信道估计算法以其复杂度低，对接收端硬件设备要求低的突出优势备受青睐。基于导频的信道估计基本思想是首先在OFDM的一些时频资源块上放置一些发送端和接收端都已知的导频符号，通过比较导频符号在发送端和接收端的差异，获得导频位置的信道估计结果；然后采用插值算法完成所有时频资源块位置的信道估计。传统的基于导频的信道估计算法通常也分为两步：（1）使用最小二乘法、迫零算法、最小均方误差（Minimum Mean Squared Error，MMSE）等算法获得导频位置处的信道估计；（2）使用维纳滤波、线性插值算法或者信道的相关矩阵获得其余位置的信道估计。图3-12给出了传统基于导频的OFDM系统信道估计方法示意图。

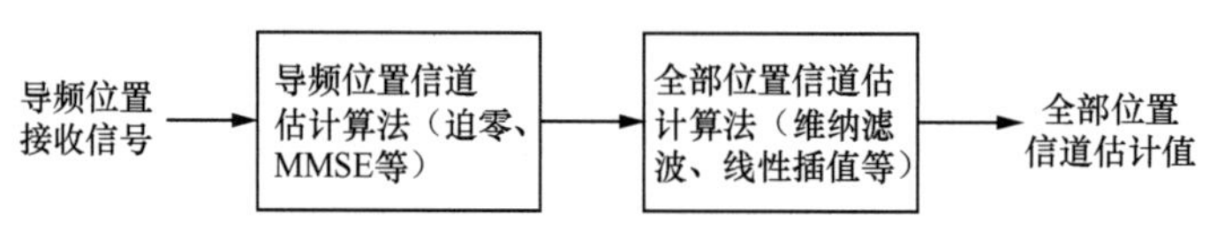

图3-12　基于导频的OFDM系统信道估计方法示意图

5G系统以MIMO加OFDM技术为基础，也采用了基于导频的信道估计方法。如3.1.4节所述，5G系统针对不同的用途设计了DMRS、CSI-RS、PT-RS、SRS等不同的参考信号，用于信号解调、信道状态信息获取、定时和频率跟踪等。导频的放置位置与数量，导频位置处的估计算法性能，插值算法性能，将共同影响着信道估计的结果。

当给定导频位置时，接收端可以采用基于AI的信道估计算法增强现有信道估计算法所需参数的准确性，或者替代传统的信道估计算法。采用基于 AI 的信道估计算法替代传统信道估计模块有多种方案。

方案一：用一个 AI 模型代替传统的信道估计模块。如图 3-13 所示，导频所在资源位置上接收的信号作为 AI 模型的输入，由 AI 模型完成所有需要评估位置的信道估计，即全部时域资源和频域资源位置上的估计信号。对比图 3-12，AI 模型取代了传统的导频位置信道估计和全部位置信道估计。

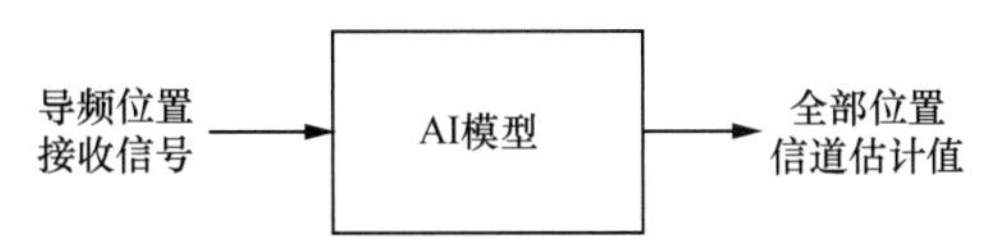

图 3-13 AI 模型替代传统信道估计算法示意图

方案二：导频位置信道估计后的结果作为 AI 模型输入。图 3-14 给出该方案的示意图，对比图 3-12，AI 模型取代了传统的全部位置信道估计部分，即利用 AI 模型代替插值算法，提升传统信道估计算法性能。此种方案的理论依据是将信道估计过程类比为图像超分辨率过程，把最小二乘估计后的信道信息当作低分辨率图像，AI 模型输出的信道信息当作恢复后的高分辨率图像。因此用于信道估计的深度学习算法可借鉴图像超分辨率的常用算法，如 SRCNN（Super-Resolution Convolutional Neural Networks）、改进后的 FSRCNN（Fast Super-Resolution Convolutional Neural Networks）和引入残差块的 EDSR（Enhanced Deep Super-resolution Network）等。

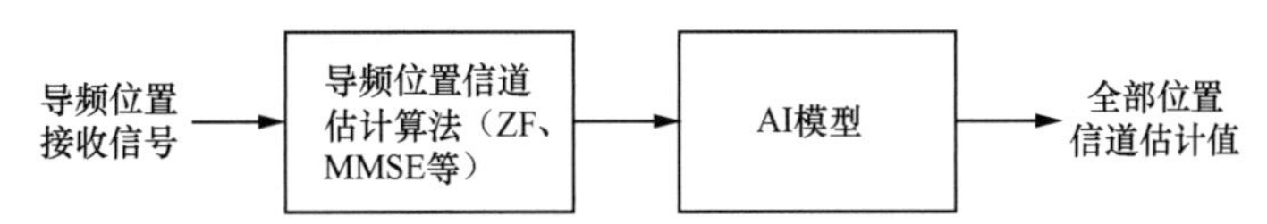

图 3-14 AI 模型替代传统全部位置插值算法示意图

方案三：传统的信道估计算法全部位置信道估计值作为 AI 模型的输入，AI 模型根据不同的信道条件对输入结果进行进一步优化。方案三的基本原理和方案二类似，主要区别在于输入的结果是否经过全部位置的插值算法。图 3-15 给出了方案三的示意图，对比图 3-12，AI 模型起到了对传统信道估计算法的增强作用。

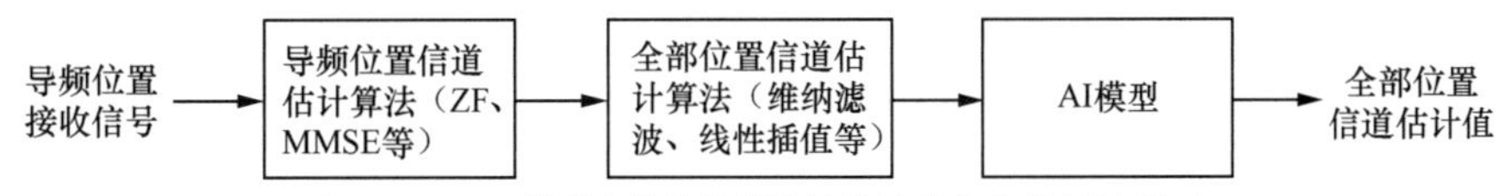

图 3-15 AI 模型为传统信道估计算法做优化处理示意图

方案四：用一个AI模型代替信道估计模块，AI模型的输入不仅包括导频位置的接收位置信号，还包括一些其他输入信息，如对当前信道的SNR估计等，其他输入信息也可以来自AI模型的输出。图3-16给出了方案四的示意图，对比传统信道估计方案和前几种方案，方案四引入了更多维度的输入，结合更多的输入信息，存在进一步提升信道估计算法性能的空间。

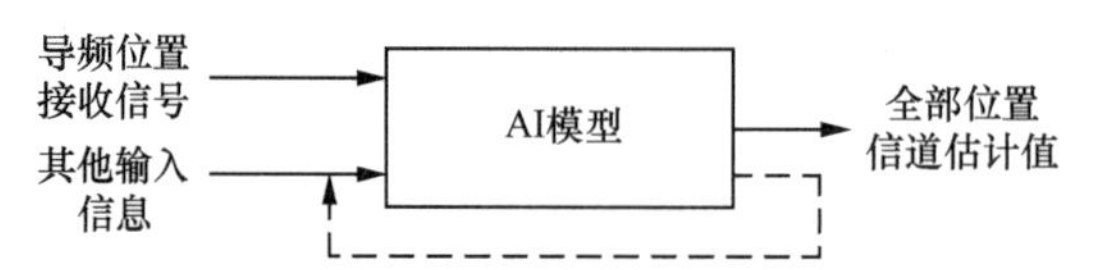

图3-16　AI模型替代传统信道估计算法并引入更多输入示意图

上述四种基于AI的信道估计方案是比较典型的设计思路。各种方案可以有多种变形和结合。多种设计方案本身体现了用比较成熟的AI模型工具解决传统通信问题的不同思路。替代的部分越多，对AI模型的要求相对也越高，所需的网络规模、训练计算量也大幅增加，在实际应用中需要进行综合的考虑和验证。

信道估计处理的数据是各种类型的无线信道数据，用于研究的基于AI的信道估计数据集可以基于模拟的数据，也可以基于实测的数据。对于模拟的数据可以基于3GPP现有的信道模型[15]，比较典型的如链路级的TDL、CDL等信道模型，系统级的UMa、UMi、Indoor等信道模型。表3-3给出了典型的模拟信道数据设置参数。基于这些信道模型，可以通过对应的仿真平台导出所需样本，进行训练和验证。实测的数据可以根据特定场景进行采集，如与基于模拟的数据对应采集室内、室外、城区、郊区、有无遮挡等场景。基于模拟的数据集和基于实际采集的数据集可以用于对比交叉验证。

表3-3　模拟信道数据典型设置参数

参数名称	典型设置
信道模型	CDL LOS/NLOS、TDL、UMa、UMi、Indoor等
移动速度	3km/h，30km/h，120km/h等
载波频率	2GHz、2.6GHz、3.5GHz、30GHz等
频域带宽	50RB、100RB等
信噪比	0～30dB
收发天线数	32T4R、8T4R、4T4R、4T2R等

在进行基于 AI 的信道估计训练时，需要知道待估计位置的准确信道信息并将其作为标签。用模拟数据生成的数据集可以准确知道所有位置的信道信息，从而解决数据标注的问题。而实际的系统中准确信道信息的获取相对困难，还需要研究与探索。比较理想的信道信息获取方法包括利用高性能接收机和更密集的导频设置，对采集到的导频点数据进行后处理，从而获取接近真实的信道数据。因此，相对于模拟的信道生成方式，实测的标注数据是真实信道信息的逼近。基于 AI 的信道估计可以选取均方误差（Mean Square Error，MSE）或标准均方误差（Normalized Mean Square Error，NMSE）作为训练中的损失函数。实际 AI 模型的性能验证还可以结合已有的链路及系统仿真进行直接的测试。

在进行 AI 模型搭建与训练时还需要考虑输入的时域和频域的长度。如图 3-17 所示，对于相同的待评估区域，可以基于当前时隙的导频输入，如图 3-17(a)，也可以基于图 3-17(b) 中的前一时隙、当前时隙和后一时隙的导频输入。基于多个时隙的导频进行联合的信道估计理论上可以进一步提升信道估计的准确性。

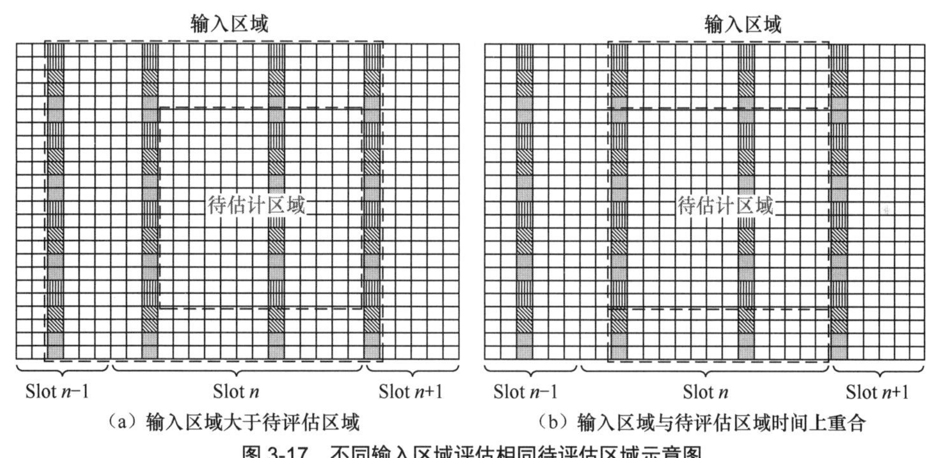

图 3-17 不同输入区域评估相同待评估区域示意图

对于多种方案也需要进行全面的评估。对于各种方案得到的 AI 模型大小和复杂度可以通过直接的计算得到，而模型的实际性能和泛化能力还需要全面的评估验证。对模型与各种方案的评估方式不仅仅局限于实际的环境测试，还可以通过已有的仿真方法进行。在已有的链路级和系统级仿真方法中，都有信道估计模块，可以通过把已有的仿真模块替换为基于 AI 算法的模型，然后进行各种形式的评测工作。进行评测时的指标也不再局限于单一的 MSE 等直接指标，还可以看到替换模型和算法对整个系统的影响，如吞吐量、时延、传输错误率。在一定场景下通过泛化一些仿真参数，还可以更加全面地评判算法与模型的泛化能力。根据在仿真系统中的评测结果，可以进一步推动更多改进的算法和模型的产生。

传统的信道估计算法一般取决于接收设备实现，不进行显性的标准化。采用基于 AI 的信道估计算法替代传统的信道估计算法时，AI 模型本身可以基于训练得到，标准化的可能性较低。如果需要标准化，关注点主要在基站与终端间是否传递一些帮助模型训练和更新的辅助信息。这些辅助信息的内容和发送形式取决于模型训练的位置、模型更新方式、系统参数配置等一系列因素。

基于 AI 的信道估计方法不仅适用于基于 DMRS 的数据信道，使用不同参考信号的各种信道都可以采用。但是由于各种导频信号设计不同，各种导频适用信道所采用的 MIMO 技术也有所差异，信道估计的精度要求也有所差异，不同参考信号进行信道估计使用的 AI 算法和模型会有所差异。如果采用多套基于 AI 的模型进行信道估计，考虑到经历的信道有很大相关性，可以考虑进行联合设计。

2. 基于 AI 的信号检测

对于实际的数据传输，如 PDSCH 和 PUSCH，在完成完整的信道估计后，还需要根据信道估计信息进行进一步的信号检测。不同资源点处的信号检测就是经典的 MIMO 系统信号检测过程，如图 3-18 所示。

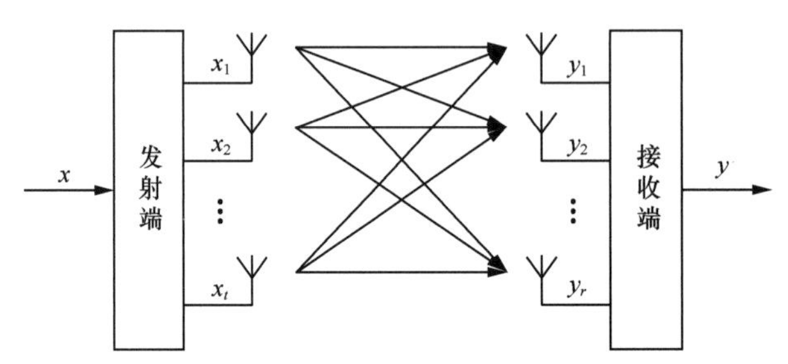

图 3-18　MIMO 系统信号检测过程

假设用向量表示的发送信号为 $\boldsymbol{x}=[\boldsymbol{x}_1, \boldsymbol{x}_2, \cdots, \boldsymbol{x}_t]$，接收的信号为 $\boldsymbol{y}=[\boldsymbol{y}_1, \boldsymbol{y}_2, \cdots, \boldsymbol{y}_r]$，$t$ 和 r 分别为发送天线数和接收天线数。信道信息为

$$\boldsymbol{H}=\begin{bmatrix} h_{11} & \cdots & h_{1t} \\ \vdots & \ddots & \vdots \\ h_{r1} & \cdots & h_{rt} \end{bmatrix}$$

$\boldsymbol{n}=[\boldsymbol{n}_1, \boldsymbol{n}_2, \cdots, \boldsymbol{n}_r]$ 为噪声信号。则

$$\boldsymbol{y}^{\mathrm{T}}=\boldsymbol{H}\boldsymbol{x}^{\mathrm{T}}+\boldsymbol{n}^{\mathrm{T}}$$

其中 $[.]^{\mathrm{T}}$ 表示求向量转置。信号检测问题可以描述为在已知 $\boldsymbol{H}$ 和 $\boldsymbol{y}^{\mathrm{T}}$ 情况下，求解 $\boldsymbol{x}^{\mathrm{T}}$。

常用的 MIMO 信号检测算法包括最大似然（Maximum Likelihood，ML）算法、ZF 算法、MMSE 算法、串行干扰删除（Successive Interference Cancellation，SIC）算法、排序串行干扰删除（Ordered SIC，OSIC）算法、球形译码（Sphere Decoding，SD）算法等。在接收端可以根据信道条件和 MIMO 方案的不同、各种算法的性能和复杂程度进行选择。

图 3-19 给出基于 AI 模型的信号检测算法示意图。AI 模型的输入由信道信息 $\boldsymbol{H}$ 和 $\boldsymbol{y}$ 组成，AI 模型替代了传统确定性的 MIMO 信号检测算法。对于基于 AI 的信号检测算法，在训练阶段，发送信号 $\boldsymbol{x}^{\mathrm{T}}$ 是确知的，与信道估计类似，基于 AI 的信号检测也可以归于自标注的监督学习。损失函数可以根据不同的信道条件和 MIMO 传输方式进行灵活的选择。

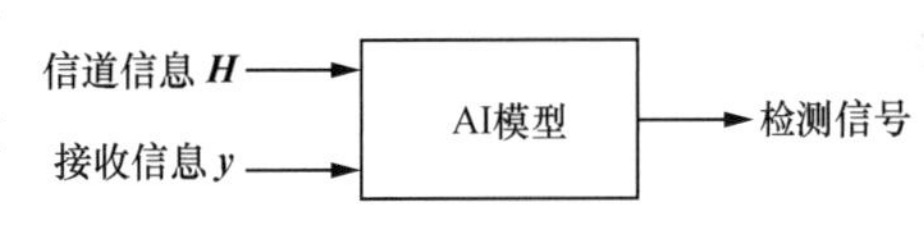

图 3-19　基于 AI 模型的信号检测算法示意图

利用 AI 模型替代传统的信号检测算法是学界研究的热点之一。利用 DNN、CNN 和对抗网络解决信号检测问题的算法均被提出。在特定的场景下，基于 AI 的算法可以替代现有的常用检测算法并获得一定的性能增益。对于在特定信道模型训练的模型在快速时变衰落信道下泛化能力相对受限，为了提升模型性能和适用场景，结合在线学习的基于 AI 的信号检测算法也被提出。

联合信道估计与信号检测的算法也是目前学术研究的热点。考虑到基于导频的信道估计和信号检测在目前 5G 系统中是联合进行的，在采用基于 AI 的信号估计时，信道估计也可以对应地基于 AI 模型进行。图 3-20 给出了一种基于 AI 模型的信道估计和信号检测示意图。与信道估计和信号检测单独进行的差异在于两个 AI 模型可以进行联合训练。首先进行信道估计模型的训练，然后固定信道估计模型，进行信号检测模型训练。训练完两个模型后，还可以再进行迭代，固定信号检测的模型，以最终检测信号损失最小为目标函数，进一步优化信道估计模型。理论上，采用 DNN

网络直接替代信道估计和信号检测模块也是可行的。图 3-20 给出的分步优化方式相较于完全的 DNN 网络方式，可以降低 AI 模型大小和训练复杂度。

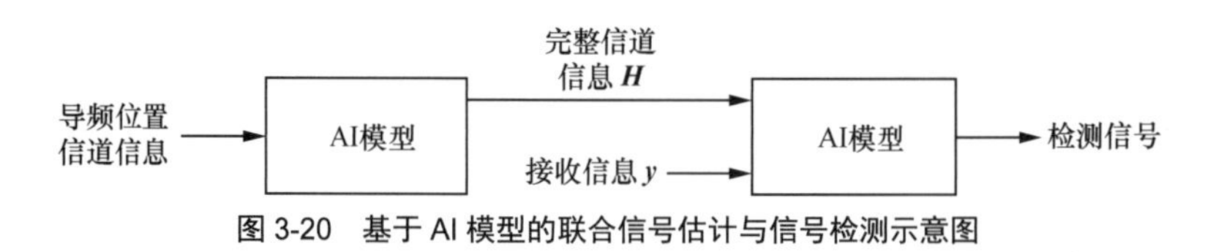

图 3-20　基于 AI 模型的联合信号估计与信号检测示意图

基于 AI 的信号检测训练过程与基于 AI 的信道估计类似，可以采用模拟数据和实际数据相结合的方式进行数据集的构建。与基于 AI 的信道估计类似，在实际系统中使用基于 AI 的信号检测算法会遇到实际问题的限制。首先，快变的信道对模型的更新要求非常高，需要类似于在线学习的方式进行数据集构建和模型更新。而在线的学习方式需要消耗大量的算力资源进行模型训练。模型训练无论是在基站侧还是在终端侧，对算力及相关能耗都是巨大的挑战。此外，模型更新过程中也很难避免模型的性能下降，造成系统性能损失。这给一些超低时延高可靠业务带来潜在的风险。

由于信号检测算法对无线链路接收性能影响大，面对复杂的信道天线模式和快速变化的情况，采用基于 AI 的检测算法完全替代传统信号检测算法的可能性小。在特定场景下，利用一些泛化能力和性能都比较好的模型替代传统的信号检测算法是具有一定可行性的策略。这样可以兼顾性能提升、稳定性与可靠性。采用部分替代策略时，在数据集构建及模型训练外，还要考虑场景的识别和算法转换机制设计。当相关设计需要基站和终端联合完成时，需要就相应的信息交换机制开展相应的标准化工作。

3.2.1.2　基于 AI 的信道信息反馈

在 5G 系统中，信道状态信息（CSI）的获取与反馈是非常关键的一步。3.1.4 节讨论了 5G 系统中的 CSI 反馈机制。通过 CSI，发送端可以获知信道情况，如能够承载的信息流数、需要采用的发送预编码矩阵、信道的质量或信噪比等。随着天线数的增加，CSI 反馈的开销也随之增加，特别是信道矩阵的反馈。不管是学术界还是工业界，信道矩阵的高效反馈都是重点研究方向之一[16-20]。

目前 5G 标准中的信道矩阵反馈是基于码本的设计，完成信道特征向量的 PMI 反馈。图 3-21 给出了现在 5G 系统信道信息反馈基本原理示意图。终端根据 CSI-RS 进行信道估计，然后根据估计出的信道矩阵 $\boldsymbol{H}$ 和码本类型完成信道特征提取和 PMI

的选择。PMI 反馈给基站后，基站根据码本设计完成 PMI 译码，并得到恢复后的信道特征矩阵，作为下行数据发送的预编码选择依据。

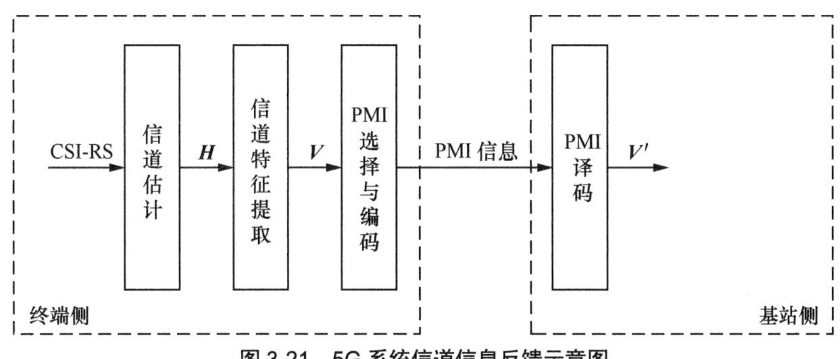

图 3-21　5G 系统信道信息反馈示意图

3GPP 目前标准化了 Type I 码本和 Type II 码本，用来进行 PMI 的反馈。目前基于 Type I/II 码本的 CSI 反馈机制存在如下问题。

（1）Type I/II 码本都是基于离散傅里叶变换（Discrete Fourier Transform，DFT）向量，主要适用于水平极化与垂直极化均匀排列的天线阵列，对于天线的设计存在较大的限制，很难针对不同场景进行一些特定的优化。

（2）Type I/II 码本设计基于信号到达角、离开角的均匀分布假设。在实际环境中，信号的到达角、离开角等统计规律并不是均匀分布，而且每个基站设备的统计规律也不同，存在优化空间。例如，某些到达角、离开角的角度范围的信号出现概率很大，那么码本在此角度范围应该设计得更加密集；相应地，若某些角度范围的信号概率很小，那么码本在此角度范围应该采取稀疏设计。

（3）Type I/II 码本有各自的应用范围。Type I 码本较为简单，但精度有限，是针对单用户传输设计的。而 Type II 码本精度高，能够用于多用户传输，利用精准的信道反馈，多个用户之间可以较好地消除用户间干扰，但开销太大，存在较大的优化空间。

为了获得更加灵活和高效的信道信息反馈，基于 AI 算法的反馈设计有比较大的发挥空间。从设计原理上看，通过 AI 模型反馈信道信息可以更好地发掘信道的一些特征，通过模型的更新适应不同的信道条件和天线形态，达到提升反馈精度和灵活性、降低反馈开销的效果。

1. 基于 AI 的信道特征反馈

为了克服基于码本的信道信息反馈的缺点，取得对信道特性提取的更大自由度，可以采用基于AI的信道特征信息压缩算法。基于AI的信道特征反馈过程如图3-22所示。相对于图3-19中现有的方案，在终端侧，基于AI的信道压缩算法取代了基于码本的PMI选择。终端侧反馈给基站的信道信息变为压缩的信道特征信息。而在基站侧，需要采用基于AI的解压缩算法进行压缩信息的解压缩。

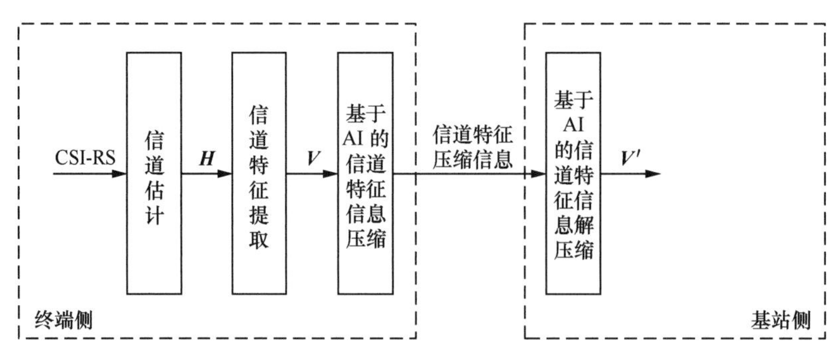

图3-22 基于AI的信道特征反馈过程

基于AI的信道特征信息压缩与恢复设计可以借鉴图像压缩与恢复的设计，这个算法设计如图3-23所示。基于AI的信道特征压缩反馈需要完成对信道特征向量$\boldsymbol{V}$的特征提取、压缩和量化。具体设计上可以采用一个AI模型完成所有工作，也可以在AI模型后再通过一个单独的量化器。在基站接收端，需要采用对称的设计，来完成基于AI的信道特征解压缩。

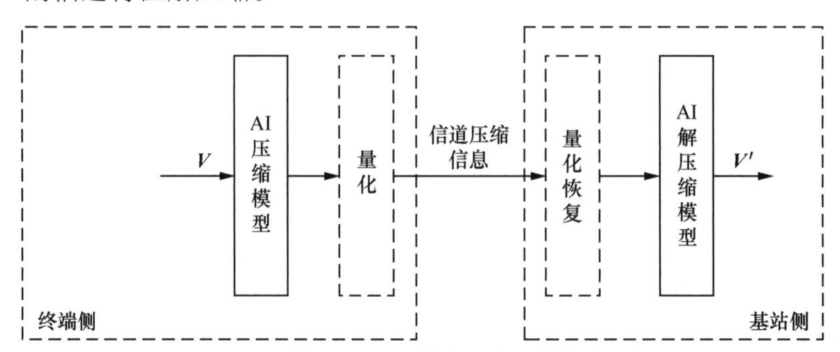

图3-23 基于AI的信道特征信息反馈算法设计

5G系统支持不同带宽的PMI反馈，信道特征向量的反馈既可以基于整个带宽，又可以基于窄带的几个RB进行。在进行基于AI的信道特征压缩和解压缩时，也需要考虑支持相应的功能。对全频带的反馈和基于窄带的反馈可以设计不同的AI网络，在具体的方案选择上需要根据性能增益、AI网络训练与更新开销等因素综合考虑。

基于AI的信道特征压缩算法设计需要在尽量低的反馈信息下，完成更精确的信道特征向量反馈。相对传统的基于码本的反馈，利用AI技术实现CSI的信道特征反馈增益体现在多个方面：相同的反馈开销下，可以实现更精确的信道特征反馈；在反馈精度相似的情况下，可以使用更少的反馈开销。对于精度的衡量方法可以选择NMSE、平方损失函数、余弦损失函数等经典损失函数。

在进行模型训练阶段时，需要同时训练压缩与解压缩模型，完成一个整体的AI网络设计。首先，根据所需压缩的信道特征$\boldsymbol{V}$构建数据集，然后确定损失函数，并进行模型设计与训练。在数据集的构建方面，信道特征$\boldsymbol{V}$基于终端对CSI导频的测量。考虑到AI网络的压缩与恢复的对象都是信道特征$\boldsymbol{V}$，无须额外的数据标注过程。因此可以认为基于AI的信道特征反馈数据集具有自标注的特性。

在实际的部署中，基于AI的信道特征反馈需要基站和终端使用匹配的AI模型，这对AI模型的泛化性能提出了更高的要求。比较理想的情况是基站和所服务的终端采用一套AI网络，即基站可以使用一个AI模型对所有终端的CSI反馈完成信道特征解压缩，所有被服务终端使用相同的AI模型进行信道特征向量的压缩。在这种情况下，系统完成一套网络的维护，模型部署和运行的成本相对较低。比较极端的情况是每个终端需要采用单独的AI模型进行信道特征向量压缩，基站对每个服务的终端都要有单独的AI模型进行相应的信道特征向量恢复。此时需要对多套AI网络进行独立维护，运行开销和成本会比较大。要实现基站面对多个终端使用一套AI网络，对数据集完整性和模型的泛化能力均提出比较高的要求，在实际的部署时需要进行系统的考虑。

CSI反馈所处理的数据是经过处理的无线信道数据，用于研究的基于AI的CSI反馈数据集可以基于模拟的数据、实测的数据，或者二者的结合。对于模拟的数据可以基于3GPP现有的系统级信道模型，以对应单基站对多终端的场景，链路级场景模型作为辅助。对于设计好的AI网络，还可以利用3GPP定义的仿真方法进行验证，如利用系统级仿真平台在各种信道条件下，变换各种系统配置参数，评估新的信道信息反馈设计方案对系统吞吐量、时延等方面造成的影响。

采用基于AI的信道特征反馈在多个层面需要标准化的支持。第一，基站和终端之间需要交互信道特征向量压缩和解压缩AI网络相关信息。第二，在实际的压缩向量传递过程中也需要标准化传输比特大小和格式等内容。第三，终端与基站间还要考虑一些CSI原始数据的发送，用于数据集构建和模型训练。单基站和多终端采用同一AI网络的模式，模型的训练和更新需要考虑在基站端进行，当基站侧完成模型的更新后，需要通知终端所需采用的压缩模型。如果模型的训练在终端侧，虽然测量数据的获取相对容易，但是训练模型给终端功耗带来较大挑战。此外，每个终端基于自己的测量数据训练得到的模型泛化能力受限，很难为其他终端使用。

2. 基于AI的全信道信息反馈

对于信道特征向量的反馈只是反馈信道的部分信息，反馈的主要内容是不同频带的预编码矩阵。对于信道信息的反馈也存在另外一种思路，就是把完整的频域信息变换到时域，然后把时域的完整信息进行反馈。这种方式的主要原理在于无线信道在时域上看就是由多条服从一定分布的径组成的，把信道多条径的信息进行压缩反馈也可以实现信道信息的反馈。基于AI的全信道信息反馈过程如图3-24所示。可以看出，相对于图3-22的基于AI的信道特征反馈，频域 $\boldsymbol{H}$ 信道信息在进行压缩前需要进行一次频域向时域的转换，然后基于AI的信道信息压缩算法模块对时域的信道信息进行压缩。在基站经过AI网络完成信道信息的解压缩，得到信道的时域信息。基站利用解压缩的信道信息可以进行一定的变换操作得到数据发送所需的预编码信息。

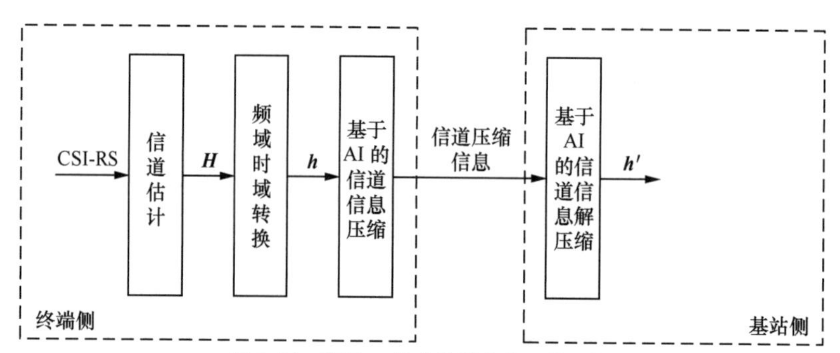

图3-24　基于AI的全信道信息反馈过程

基于AI的全信道信息压缩与恢复设计可以类比图像的压缩与恢复，如全信道信息等同于待压缩图像，发送端进行压缩后在接收端进行图像恢复。图3-25给出了基于AI的全信道信息压缩与解压缩算法设计。需要进行压缩的信道 $\boldsymbol{h}$ 首先需要经过一个数据预处理的过程，该过程一般为径的剪裁过程，从时域上看就是设置一个时间窗，剪裁掉时间窗之后的径。由于实际的传播过程中多径信道的绝大部分径都分布在一定的区间内，时域上的剪裁过程不会造成很多信息损失，同时剪裁过程还可以规范输入格式，实现数据的初步压缩，降低 AI 网络训练复杂度。AI 压缩和解压缩网络需要同时进行训练，压缩与解压缩模块之间传递信道压缩信息。对于传输的压缩信息，可以采用固定结构的量化器和解量化器进行信息量化，从而降低网络训练复杂度，也可以由压缩网络直接输出量化的压缩比特信息。为进一步压缩反馈量，还可以考虑再应用不同的量化编码方案，如矢量编码、非均匀的量化方案等。

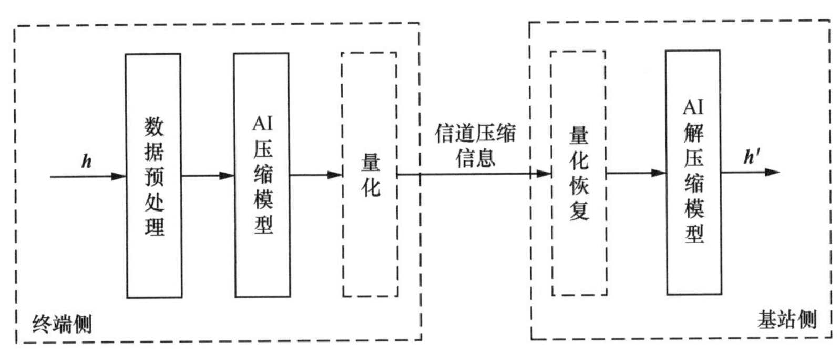

图 3-25　基于 AI 的全信道信息压缩与解压缩算法设计

基于 AI 的全信道信息压缩算法设计也是需要在尽量低的反馈信息下，完成对信道信息的低损失传输。在训练过程中要同时训练压缩与解压缩两个 AI 模型，在进行模型训练阶段，典型的损失函数可以选择 NMSE，优化的目标可以是在一定的 NMSE 下尽量降低信道压缩信息的比特数。

全信道信息反馈和信道特征反馈的数据集均是基于终端测量的信道数据，也具有自标注的特性。进行研究时可以基于模拟的数据、实测的数据，或者二者的结合。学术界对基于 AI 的全信道信息反馈所用模型已经有很多探索，也出现了很多典型的模型，如 CsiNet[16] 等。IMT-2020（5G）推进组组织了无线 AI 大赛，以全信道信息反馈为赛题，对 3GPP 经典系统模型下的模型设计方法进行了探索。其中取得第一名的参赛队伍在 NMSE 小于 0.1 的条件下，以 286bit 完成了对 24 576bit 的压缩，这很好地证明了利用 AI 技术完成全信道信息反馈的巨大潜力 [37]。

基于 AI 的全信道信息压缩算法也需要考虑实际的部署情况。基站尽量和多个终端采用一套 AI 网络进行全信道信息的压缩与解压缩，避免基站为每个终端单独使用独立的 AI 解压缩网络。在此情况下，模型的训练需要尽量放在基站侧进行，基站为终端提供并更新压缩模型。如果基站对每个终端进行单独的模型接收，那么数据集存储和模型训练理论上可以考虑放在终端侧，但是考虑到模型训练与发送的功耗，模型的训练还是尽量安排在基站侧更加合理。

对比基于AI的信道特征向量反馈和基于AI的全信道信息反馈，基于AI算法设计的基本原理接近，处理的数据维度不同。基于AI的全信道信息反馈主要是把全频带信息转化到时域进行整体压缩与恢复，基站可以根据需要使用其中部分信息进行调度和预编码方案选择；基于AI的信道特征向量反馈主要针对预编码矩阵的码本进行反馈。两种方式都需要基站侧和终端侧使用对应的AI网络，标准化和泛化能力需求也十分相似。在反馈开销和模型更新开销合理范围内，两种方案都具有比较好的应用前景。

3.2.1.3　基于AI的导频设计

在给定导频图样的情况下，基于AI的算法可以在信道估计和信号检测等方面发挥更大的作用。使用基于AI的算法，对导频的配置和设计也会产生影响。5G采用大规模天线技术，在基站侧，基站的天线元数目非常多，一般为32根以上，如64根、128根甚至256根。天线数量增加可以使系统更好地利用波束赋形技术来提升系统的性能。5G的大规模天线设计基于天线端口，多根天线虚拟成多个天线端口。天线端口数和多天线传输可用的传输流数密切相关。为提升用户的吞吐量，需要提升可用的端口数。但随着端口数的增加，导频开销成了问题。例如，32根天线端口需要32个独立的CSI-RS资源，如此大的导频开销极大影响了系统容量。

对于特定的信道，利用基于AI的算法能够进行导频开销的压缩，提升系统容量。考虑到不同的参考信号配置的不同特点，下面分别对DMRS、CSI-RS、SRS的设计进行介绍。

1. DMRS设计

5G系统中数据接收主要基于DMRS进行，DMRS的基本设计如3.1.4节所示。在现有的框架下，基于时隙的DMRS配置在每个时隙的第三、四个符号，根据实际需求，可以增加导频密度。可以看出，目前的架构已经给DMRS的配置以很大的灵活度。DMRS导频在频域的分布更加密集，如在有DMRS导频的符号内，一个RB里12个RE，一个端口导频占据4～6个符号。在很多场景下，DMRS的导频分布依然存在优化的空间。

当DMRS的检测采用基于AI的算法时，可以针对不同的导频分布方式进一步优化。优化也可以有多种思路。

- 思路一：在现有的前置 DMRS 分布基础上减少一些位置的导频，如减少存在 DMRS 的符号里每个 RB 内 DMRS 的个数。降低 DMRS 密度既可以考虑单时隙场景，也可以综合考虑多个时隙的联合 DMRS 设计场景。单时隙场景中每个时隙内的 DMRS 设置相同，而多时隙场景中每个时隙内的 DMRS 密度可以不同。图 3-26 给出一种多时隙场景中每个时隙 DMRS 分布有所不同的示例。图中上半部分为现有 5G 标准配置的各个时隙相同的 DMRS 分配方式。当采用基于 AI 的算法后，可以进一步缩减导频开销，图 3-26 中下半部分给出一种把两个时隙中第二个时隙导频密度缩减一半的方式。在实际的使用中，每个时隙内导频缩减的方式还需要结合 AI 算法和不同场景进行不断的探索与验证。在高频、大带宽场景下，一次可以为终端调度连续多个时隙进行数据的发送或者接收，低密度、多时隙的 DMRS 优化设计具有非常好的潜力。

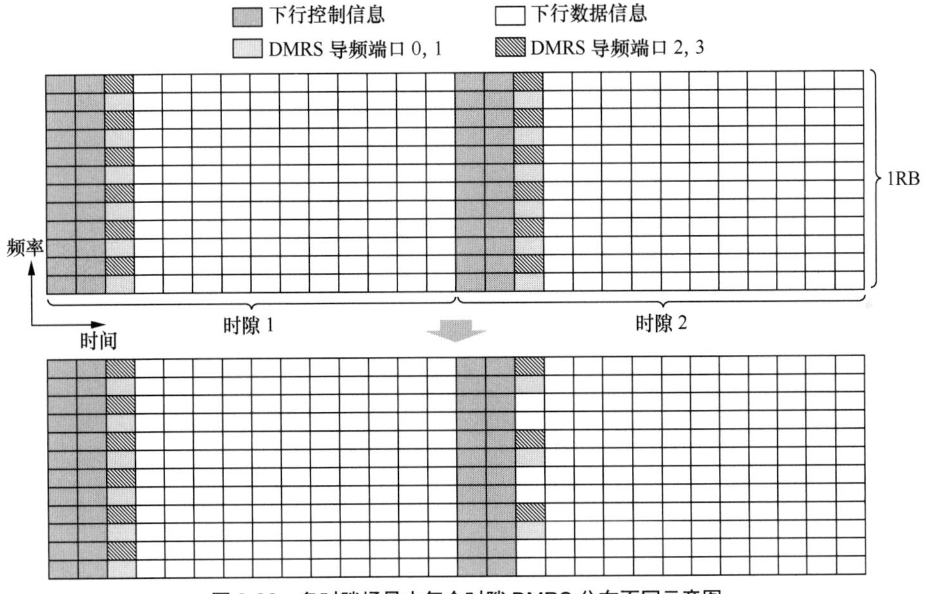

图 3-26 多时隙场景中每个时隙 DMRS 分布不同示意图

- 思路二：前置 DMRS 与附加 DMRS 都支持缩减配置，支持灵活的 DMRS 分布。图 3-27 给出一种前置 DMRS 和附加 DMRS 都支持缩减配置的示意图。由于附加 DMRS 也可以灵活配置，相对于思路一，该方案可以支持更加灵活的 DMRS 开销缩减。

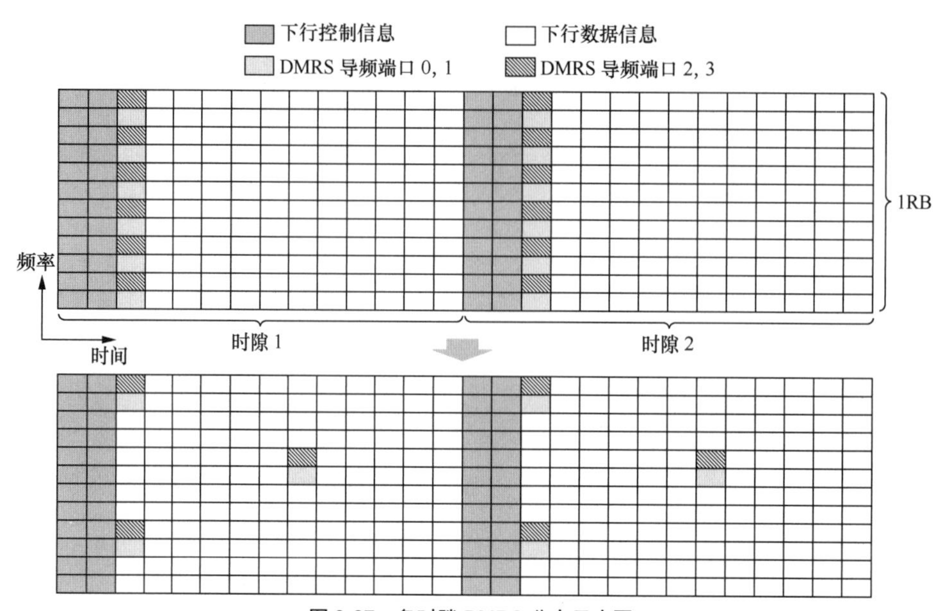

图 3-27　多时隙 DMRS 分布示意图

对于不同思路的 DMRS 增强设计，都会对标准产生影响。比较直接的是一些新的 DMRS 配置方式的标准化。由于 DMRS 的样式也需要进行配置，不规则的 DMRS 配置也将带来额外的开销。因此，对于特定的发送模式下的 DMRS 开销缩减更具标准化前景。

2. CSI-RS 设计

5G 中的 CSI-RS 配置相对于 DMRS 的配置更加灵活，同时支持的端口数也更多。随着端口数的增加，消耗的传输资源也快速增长。利用更少的导频资源完成更多天线端口，更精确的信道估计是基于 AI 的 CSI-RS 导频设计的关键。

在特定的场景下，利用导频的合理图样设计，可以利用尽量少的导频实现对更多端口的信道估计。在进行导频的图样设计时可以考虑基于压缩感知的信道估计技术，通过 AI 模型的方法寻找最优的感知矩阵，然后根据感知矩阵进行进一步的导频位置设计，终端采用基于 AI 的算法完成对更多端口的信道估计。在现有的 CSI-RS 设计框架下，导频图样需要由基站告知终端，如果采用部分端口的 CSI-RS 实现更多端口的估计，也需要基站与终端进行明确。

3. SRS 设计

5G 系统针对下行的 CSI 获取进行了不同的设计，以满足不同互异性特性情况下的下行 CSI 获取。对于 TDD 系统，一般可基于上下行互异性，通过检测 SRS 信号来获取一个互异性下行 CSI。因此，检测 SRS 的性能，与系统性能有着直接关系。面对不同场景，5G 系统可以设置不同的 SRS 图样。

为了获取良好的性能，SRS 占据了相当一部分的频域资源开销和较大的 UE 端的能量资源消耗。为保证下行 CSI 获取精度，需要提升 SRS 的密度。如何在保证一定的 CSI 检测精度的基础上，进一步降低 SRS 的能量资源和频域资源开销也是学术界和工业界的一个研究热点。

根据 3.2.1 节中基于 AI 的信道估计算法讨论，采用基于 AI 的信道估计算法可以在给定导频分布的情况下提升信道估计精度。从 SRS 的使用上看，基站侧通过对 SRS 的检测完成上行信道估计，基于信道互异性的假设，对估计的信道进行处理得到下行预编码方案。比较常见的处理方式如对获得的信道矩阵进行奇异值分解，提取奇异值分解后的酉矩阵中最强列作为初始下行预编码方案。在进行训练时损失函数可以不仅可以获知信道估计的 NMSE，还可以选择获知理想信道时下行预编码方案和基于 AI 模型输出的下行预编码方案的 NMSE。

在现有的标准基础上，采用基于 AI 的算法，基站侧可以考虑进一步降低 SRS 导频密度。根据 3.1.4 节中 SRS 的介绍可知，目前标准支持 Comb-2 和 Comb-4 的 SRS 配置。采用基于 AI 的接收算法，SRS 频域密度存在进一步降低的空间，如每隔 5 个子载波映射 1 个 RE 的梳状映射方式（Comb-6）或者每隔 8 个子载波映射 1 个 RE 的梳状映射方式（Comb-8）。另外，基站在进行 SRS 配置时，可以随着接收性能的提升，配置密度更低的 SRS，达到节省开销，降低终端功耗的目的。

3.2.1.4　基于 AI 的信道预测

信道预测在 5G 网络中有非常广的应用场景。在很多情况下，信道的测量和使用之间存在一定的时间差，即使在参考信号测量时刻获取的信道信息是准确的，在非测量时刻的信道信息则是过时的。采用信道预测技术可以构建使用时刻信道的特征，从而提升整体的系统性能。

用于信道预测的 AI 模型设计已经有很多文献进行探讨[21-24]，主要采用基于 CNN 和 RNN 的 AI 模型，完成对完整信道信息的预测。信道预测主要基于已知的信道，也属于自标注的监督学习，可以采用 NMSE 作为损失函数。在具体的实现上，可以将基于参考信号得到的信道信息输入 AI 模型，通过 AI 模型完成非测量时刻的信道信息的预测。图 3-28 给出一个利用 AI 模型完成信道状态预测的示例。AI 模型根据间隔为 3 个时隙的 4 个时隙状态信息完成对未来 3 个时隙的信道状态信息预测。

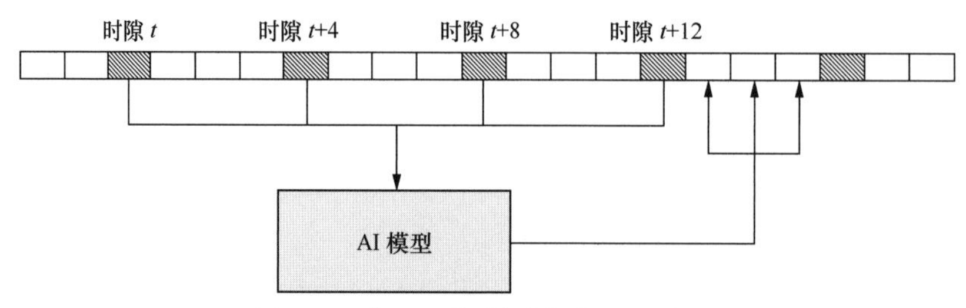

图 3-28　利用 AI 模型完成信道预测示意图

信道的预测涉及时域、频域和空域，面对的场景也丰富多样，这也给信道预测相关的模型设计带来很大挑战。从原则上看，不同的场景需要不同的导频配置方式和不同的时域、频域和空域设置。在不同配置下，所需 AI 模型的输入和输出都不同，模型的设计也不同。为不同的场景与配置都进行模型训练并动态更新，会给网络和终端带来非常大的负担。因此，5G 中对基于 AI 的信道预测算法使用场景和性能增益还需要进行仔细评估。对于一些低速场景，信道变化比较缓慢，采用一些简单的信道预测算法就可以取得不错的预测结果，此时，采用基于 AI 的算法价值相对有限。而对于一些简单算法很难取得好的效果，同时提高信道估计与预测精度能带来很明显性能增益的场景，可以考虑采用基于 AI 的信道预测方式。

在目前的 5G 标准中，对于信道预测并没有进行显性的标准化支持。基站和终端可以基于已有的导频设计，完成信道预测。当终端采用一些基于 AI 的信道预测算法时，可能对导频的配置方式和 AI 模型更新会有一些要求和限制，需要和基站进行辅助信息的交互。当通过仿真和实际验证等手段证明这些信息可以带来明确的增益时，在 5G 演进过程中可以考虑进行相应的标准化工作。

3.2.1.5　基于 AI 的波束管理

波束管理是 5G 的核心设计之一。由于高频段的波长较短，有更高的传播损耗，反射和衍射性能差，需要大规模的天线阵列形成大增益的赋形波束，来克服传播损耗、保证系统覆盖。由于毫米波的波长小，天线元的间距可以很小，这就使得更多的物理天线阵子可以集成在一个有限大小的二维天线阵列中。考虑硬件复杂度、成本等因素，高频的波束阵列通常采用模拟波束和数字波束结合的混合波束赋形方式。

模拟波束和数字波束的优化配置与使用被称为波束管理问题。

模拟波束不仅提升了高频段的性能，低频段采用模拟波束后，也能获得一些增益，因此低频段也引入了波束管理。目前的 5G 设计了一整套波束管理流程[42]，如 3.1.4.4 节所述包括模拟波束的测量、上报和指示，以及波束失败检测和波束失败恢复。如果模拟波束的数量多，会提升模拟波束赋形的增益，但增加了波束测量的开销，也增加了波束管理的复杂度。如果模拟波束的数量少，则会影响模拟波束赋形的增益。在现有设计框架下，如何开展更有效的波束测量和上报，减少系统开销和 UE 复杂度，确保系统覆盖是提升波束管理设计的核心。

利用 AI 模型简化波束测量过程是提升波束管理性能的有效方法之一[43-45]。假设待测量的所有波束对是 $K=MN$，M 和 N 分别为发送波束和接收波束个数，完整的测量需要对 K 个波束对进行逐一测量，然后选择最好的波束对进行传输，这个配对、测量过程会消耗大量的时间。典型的简化测量方案可以随机选择 L（$L<K$）个波束对进行测量，然后选择 L 个波束对里质量最好的波束对进行数据发送。这种基于 L 个随机波束的简化方案虽然节省了测量开销，但是波束配对准确性受限。图 3-29 给出了利用 AI 模型简化波束测量过程的示意图。通过引入 AI 模型，可以基于选中的 L 个波束对完成对所有 K 个波束对的估计。再根据对 K 个波束对的评估，选择最好的波束对进行传输。

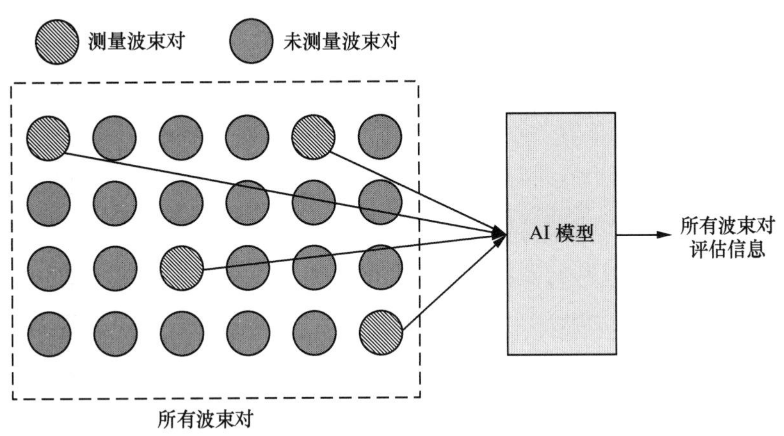

图 3-29　利用 AI 模型完成波束测量示意图

用于波束测量预测的 AI 模型工作的基本原理是根据有限测量波束对信息完成对所有波束对的评估，本质上和基于部分信道信息估计所有信道信息类似。

波束测量和上报主要在终端侧完成，AI模型也部署在终端内。在现有标准框架下，基本可以实现基于AI模型的波束测量，基站是否需要给终端发送一些额外的辅助信息需要进一步讨论。在实际的使用中，采用较高的载波频率进行覆盖时，发送波束较多，当终端移动速度较快时，波束测量、切换和上报会比较频繁地发生，基于AI的波束测量和上报存在很大的应用空间。

3.2.1.6　基于AI的调度

随着天线数目的增多，无线网络形态和业务类型的日趋多样化，无线资源分配算法面对的场景越来越复杂。可变量的增多也导致问题求解难度呈指数级增长，常规的传统算法已经很难应对。AI技术是解决此类高复杂度问题的有效途径之一[25-29]。

基于AI/ML的调度方法可以利用强化学习等方式，通过调度器与环境交互，动态调整自身的决策策略，获得最优的期望收益。它无须对系统进行显式建模，适于解决复杂通信系统中的参数选择、跨模块联合优化、跨层资源分配和决策类任务。5G系统中上行和下行的传输都需要通过基站调度实现。基于AI的调度算法可以适用的典型问题如参数配置、资源调度、多天线方案选择等。

5G系统中涉及大量的参数配置工作。一方面，基站为支持网络正常运转、终端正常接入网络并进行数据传输，需要不断地进行参数配置与传输。另一方面，为了支持各种基于AI的算法，基站需要进行数据收集、模型训练与传输及相应的参数配置。与无线相关的参数配置涉及的过程多，场景复杂，一般是基于确定的算法和专家经验进行配置。基于AI的算法可以在现有的参数配置框架下进行性能的增强。在不同场景下，很多参数的配置存在一定的相关性，在给定多组参数与多个场景匹配关系的情况下，可以利用AI算法进行场景识别并完成参数组的选择和相应的参数配置。

资源调度是基站需要完成的核心任务。资源调度是传统移动通信研究的热点，比较常见的资源调度方法包括轮询（Round Robin，RR）算法、最大载干比（Maximum C/I）算法和比例公平（Proportional Fair）算法。在实际的系统中，面对不同的业务类型、终端能力和信道情况，调度算法需要结合多种情况进行调度策略的选择。比较常用的方法如在结合时域、频域、空域的比例公平算法基础上加入HARQ、业务优先级等因素。调度算法可以比较抽象地描述为满足多种约束下的系统容量最大化问题，典型的约束如公平性约束，传输时延约束、信道信息约束。

利用AI模型替代确定性的算法存在巨大的挑战。尤其在面对各种复杂的情况时，很难完成面对所有情况的数据集构建和训练。同时，实际电信网络中对于调度算法的稳定性要求非常高，不完整的训练很难保证 AI 模型的输出达到可靠性和稳定性等方面的要求。

基于 AI 的算法虽然很难完成对已有确定算法的替代，但是依然可以在现有调度框架基础上对调度算法进行增强。具体的增强方式如利用 AI 算法对调度算法的已有的计算权值进行改进型更新，或者引入一些额外的参数。对于基于 AI 的调度算法的设计和可行性验证可以基于系统级仿真平台进行。

基站进行调度时也需要综合考虑多天线方案的实现。根据 3.1.4 节图 3-4 所示，对于大规模天线的设计需要考虑层映射、天线端口映射、物理资源映射、预编码（Precoding）和 OFDM 映射多个环节。在进行实际调度时，基站需要根据信道信息为终端选择适当的多天线方案，并基于多天线方案评估得到对应物理资源上传输可达到的预期速率等指标。然后，基站根据评估的预期指标进行对应的物理资源优先级排序。传统的多天线方案基于确定算法，例如基于终端的反馈（Type Ⅰ和 Type Ⅱ码本）或者对信道信息进行确定性的预处理进行多天线方案选择。基站也可以一定程度引入 AI 算法对多天线相关过程进行改进，比较典型的方式可以考虑引入基于 AI 的预编码调整算法。

基于 AI 的预编码调整算法主要考虑在特定的测量与反馈配置下，基于 AI 模型的预编码方案进行调优。该过程与基于 AI 的信道信息反馈类似，基于 AI 的信道信息反馈目的在于准确地反馈信道信息，而基于 AI 模型的预编码方案的目标为最大化传输速率。理想条件下，终端准确的预编码方案反馈与最大化下行传输速率是等效的。但是在实际的环境中，受各种因素影响，基站在得到终端的码本反馈后，还可以利用 AI 模型进一步优化发送码本，提升系统整体效率[30-32]。

3.2.2　基于 AI 的定位增强技术

根据 3GPP 的研究，受多种因素影响，基于目前各种定位技术很难满足室内定位的精度需求。室内定位的应用场景主要分为两类：针对消费者的服务和针对企业客户的服务。前者主要包括商场导购、停车场反向寻车、家人防走散、展厅自助导游等，后者则包括人流监控和分析、智慧仓储和物流、智能制造、紧急救援、人员资产管理和服务机器人等。目前，3m 内和亚米级定位是当前最常见的两种定位需求。

需要注意的是室内场景下，存在严重的 NLOS（非直视径）问题。研究和仿真分析发现，场景中的 LOS（直视径）概率对于定位结果有着决定性的影响。随着 LOS 概率降低，即 NLOS 概率增加，定位精度明显下降（从米级精度变到 30 米量级）。因此，NLOS 问题是高精度位置服务应用的一大障碍。如何实现 NLOS 场景下的高精度定位，是业界的一大挑战。目前，业界主要的定位方式如表 3-4 所示，多数定位技术无法解决室内的 NLOS 问题。对于 3GPP 定义的典型 InF-DH 场景，其代表了障碍物密集、基站位置高的室内工厂，3GPP 要求 90% 的概率下定位精度在 1m 以内，而目前常用的 OTDOA、UTDOA、AOA、RTT 等算法，90% 的概率下定位误差都超过了 20m。

表 3-4　不同定位方式的比较

信号载体	典型定位方式	定位精度	成本	其他不足
GNSS	基于信号	亚米	高	无法解决NLOS和室内覆盖问题
Wi-Fi	基于场强	米级	高	需要指纹库搭建更新
蓝牙	基于场强	米级	高	室内覆盖能力有限
RFID	门禁方式	区间定位，精度低	高	
超宽带	基于时延或到达角解算	视距环境可达米级	高	无法解决NLOS和室内覆盖问题

此外，基于移动通信网的定位技术（如 DL-TDOA，UL-TDOA）的定位精度还受限于基站间的同步误差。其中，基本时间同步是所有时分复用（TDD）制式无线通信系统的共性要求，其对基站空口时间偏差进行严格限定，主要是为了避免上下行时隙干扰。TDD 基站间时间偏差要求应小于 3μs，FDD 制式的基站同步误差就更加难以估算。然而 3ns 的同步误差就会引入 1m 的定位误差，微秒级的同步误差就会使基于移动通信网的定位精度极度恶化。

随着 AI 技术的发展和广泛应用，基于 AI 的定位技术开始被考虑用于解决定位中的 NLOS 和同步问题[33-36]。通过大量的数据采集，可以挖掘和提取无法直接被信号测量提取的特征，如 NLOS 特征和同步特征，从而提高 NLOS 场景和网络不同步下的定位性能。

基于 AI 的定位技术不仅可以基于已有的 DL PRS 和 UL SRS-Pos，还可以引入更多的信息。对于相对封闭的室内环境，基站位置固定后，在室内不同位置的信道冲激响应也呈现一定的规律。在一些特定场景下，可以对一些位置的信道冲激响应进行采集，然后通过实际测量进行相应的标注，完成数据集的构建，通过训练好的数据集完成 AI 网络的训练。在实际使用时，根据终端的信道冲击响应，可以完成在室内的定位。基于信道冲激响应的 AI 定位过程如图 3-30 所示。

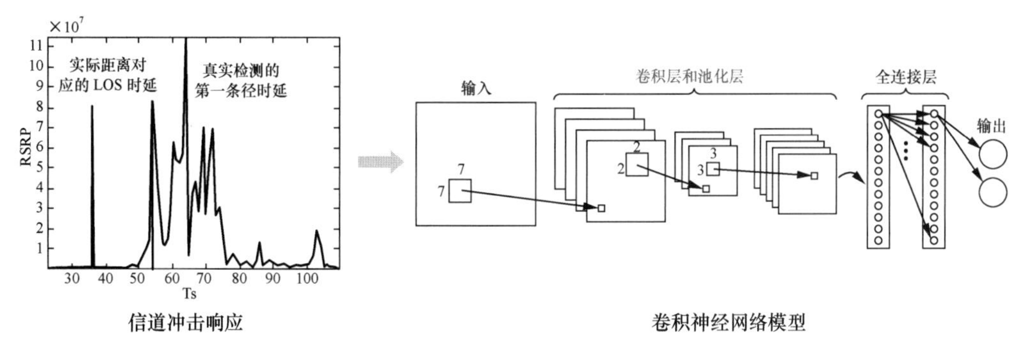

图 3-30　基于信道冲击响应的 AI 室内定位示意图

基于信道冲激响应的 AI 室内定位方式可以基于特定场景取得很好的定位精度提升。但是对于不同的场景，AI 网络的泛化能力会比较受限。对于不同类型的室内场景，如办公楼和工厂车间，信道冲激响应与地理位置对应关系存在很大不同。即使是对于同一类场景，如车间内，受车间的大小、基站摆放位置、车间内物体摆放等因素的影响，AI 网络也很难呈现很好的泛化能力，还需要不断探索具有更强泛化能力的 AI 定位网络。

3.2.3　基于 AI 的覆盖和容量优化

网络覆盖率是 5G 网络的重要指标，利用 AI 技术也可以有效提升 5G 网络覆盖，提升系统容量。无线网络尤其是 5G 网络的覆盖和容量优化涉及多个方面，优化场景可以从优化对象、优化方法、覆盖场景等不同的角度进行分类。

- 按照优化对象划分，可分为下行链路优化、上行链路优化、广播波束优化、资源调度优化等。下行链路优化主要涉及弱覆盖和过覆盖的问题，包括覆盖信号强度的优化，覆盖信号质量的优化。上行链路优化主要解决上行链路与下行链路覆盖不匹配的问题。广播波束的优化主要是解决 SSB（Synchronization Signal and PBCH Block，同步信号和 PBCH 块）波束垂直和水平维度的优化，资源调度的优化主要目的是提高系统容量。
- 按照优化方法来分，可分为单站优化，多站协同优化（簇优化）。多站协同优化又可进一步细化为集中式优化和分布式优化。
- 按照网络覆盖的场景来分，可分为室外宏站覆盖室外优化，室外宏站覆盖室内优化，室外宏站和室内小站协同优化等。

图 3-31 给出了 5G 网络的覆盖和容量优化场景分类示意图。

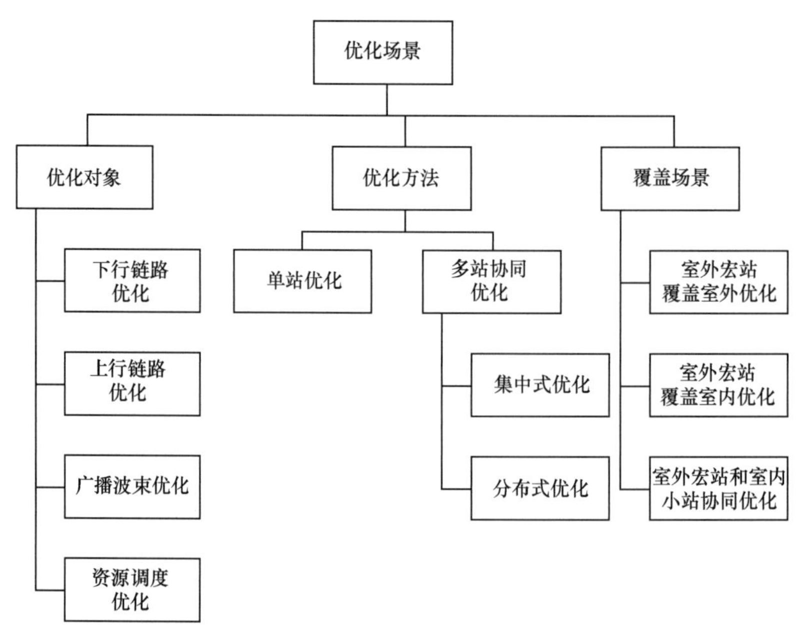

图 3-31　5G 网络的覆盖和容量优化场景分类

根据优化场景和不同的网络需求可以制定出不同的优化目标。按照无线网络发展规律，初期制定以覆盖强度为主的优化目标，随着网络的建设和站址密度的增加可以将减轻干扰作为主要优化目标，到网络发展后期，随着网络用户数的增加，可以将优化目标转向提升系统容量。当然，无线网络是一个多参数、多目标的网络，可以统筹考虑优化目标，优化重点目标，实现多目标协同。

按照网络覆盖场景或用户分布也可以制定不同的优化目标，例如可以根据覆盖区域不同制定不同覆盖目标，典型的分类为密集城区、一般城区、乡镇、农村等，也可根据用户分布制定不同的优化目标，跟踪用户轨迹，针对不同的用户密度或不同目标人群制定不同的优化目标。

随着移动网络的快速发展，网络的设计越来越复杂，网络规模也越来越大，无线侧的配置参数也越来越多，依靠传统的人工优化，工作量巨大且容易出现错误。人工智能技术在特征分析和挖掘上具备天然优势，有助于在业务和场景的多样性中更好地获得无线信道状态和用户业务行为。AI 技术可以提供场景识别，对不同场景，如高铁 / 高速，重点保障区域以及大容量基站等进行精确准划分。AI 技术还可以发挥预测、预防的作用，采用业务量预测，负荷监控等手段提前考虑优化目标和对象。AI 技术也可以在网络规划中发挥重要作用，完成参数寻优，例如基线配置参数优化、波束优化等。

5G 网络优化是一个分阶段、分步骤的过程。在网络部署初期主要以覆盖强度优化为主，随着网络建设的推进和站址密度的增加逐步考虑干扰优化和容量优化。涉及的优化手段包括智能波束优化、智能干扰检测和干扰协调、智能化无线容量和性能评估、智能调度和无线资源管理等。

基于 AI 的广播波束优化是基于 AI 覆盖优化中的重要组成部分，主要解决在多达上千种的波束中快速寻优的问题。地图信息和基站站点信息可以作为 AI 模型的输入，天线多个广播波束的方向和高度可以作为 AI 模型的输出。如图 3-32 所示，在市区多高楼场景和较开阔的广场等不同场景，AI 算法可以实现针对不同地理环境下的特定广播波束覆盖。

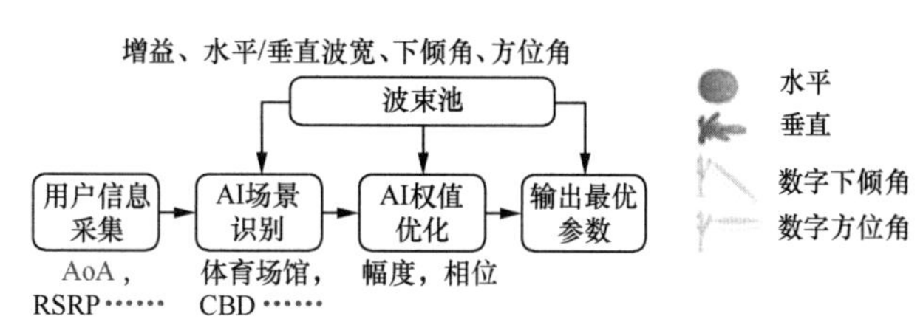

图 3-32　基于 AI 的广播波束优化示意图

利用 AI 技术对广播波束进行调优，相比传统的凭借经验的方式具有调整维度更加灵活，考虑因素更加全面的优势。5G 的设计普遍采用大规模天线阵列，可以同时支持多个广播波束形成更深度和全面的覆盖，波束调整的空间巨大。波束的调整需要综合考虑地理信息、用户分布、载波负荷等多种因素。尤其是随着更多频率的使用，多个频点的联合覆盖更需要精细化的调整。

智能波束优化仿真一般需要波束组、子波束、3D 波束图等设备波束数据以及 AoA、AoD、RSRP 等测量数据作为仿真输入参数。由于涉及的参数、场景众多，提取完整数据的工作挑战性较高，可以通过仿真软件对相关场景进行模拟。基于 AI 的波束优化仿真主要包含 8 个步骤，如图 3-33 所示。

步骤 1：利用采集的数据对用户位置、邻区关系、重叠覆盖区域以及信号电平指标等信息进行统计，进行场景识别。

步骤 2：根据当前场景判断信号覆盖情况是否达到优化目标。

（1）若达到优化目标，则优化过程结束。

（2）若未达到优化目标，则进入步骤 3。

步骤 3：利用 AI 算法对波束配置进行寻优，并根据寻优结果从指纹库中查询相近波束配置参数。

步骤 4：根据步骤 3 中匹配的波束配置，评估应用效果。

（1）若应用效果满足优化目标，则可以实施调优，进入步骤 5。

（2）若应用效果不满足优化目标，则结束优化过程。

步骤 5：按照匹配结果对有源天线单元（Active Antenna Unit，AAU）进行波束调优。

步骤 6：将调整信息更新到参数信息中。

步骤 7：根据更新的信息，通过关键绩效指标（Key Performance Indicator，KPI）数据进行应用效果评估。

步骤 8：将应用效果评估结果更新到指纹库中。

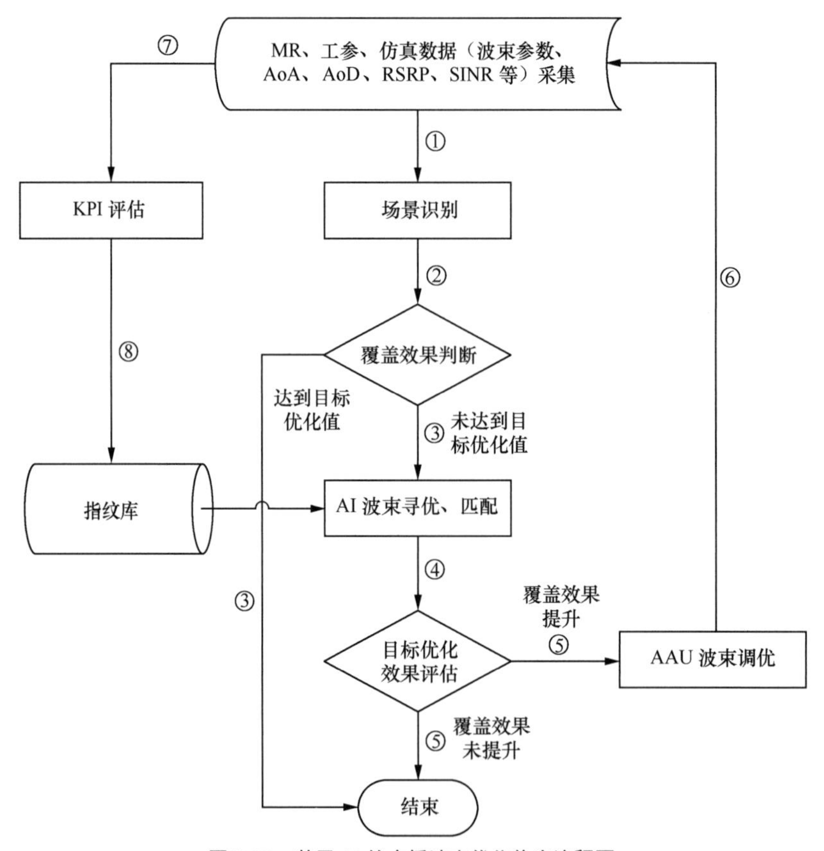

图 3-33　基于 AI 的广播波束优化仿真流程图

波束覆盖优化过程中涉及终端的参数上报，如 RSRP、SINR 等。基站可以对终端的测量数据进行配置，并根据上报参数进行数据的收集，利用相关信息进行定期的动态调整。目前的协议对相关参数的测量有相对完整的定义[38]，如果需要额外的测量参数的制定和辅助信息的传递，可以在协议中进行相应的增加。

3.2.4　基于 AI 的基站节能

随着 5G 时代的到来，各类新业务层出不穷，应用场景不断涌现，设备连接向海量连接的发展趋势不可逆转，不断推动移动数据流量的爆发式增长。为了满足未来 5G 业务及数据流量迅猛增长的发展要求，5G 网络的耗电量也随之成倍增加，预计将是 4G 网络耗电量的 3 ～ 4 倍。移动通信网络数据增长与高能耗问题之间的矛盾进一步加剧，节能降耗是未来移动通信行业可持续发展要面临的重要问题。

从运维的角度来看，节能并不仅仅以降低能量消耗为单一的目标，节能的目的是实现网络运行所产生的能量消耗与网络提供的服务的性能之间的一种折中状态，或者说，是在不影响网络提供服务关键性能指标的前提下，降低能量消耗。通过 AI 技术并结合网络数据，预期将有助于提高网络的能量效率。

根据基站或者网络业务变化等指标，实现节能策略的智能匹配，支持智能、高效、灵活的节能方案是未来 5G 网络发展的重要方向。基站设备节能方案主要有两种，即硬件节能方案和软件节能方案。硬件节能方案降低基站设备的基础功耗，软件节能方案从业务运营角度出发对硬件资源进行合理调配，让基站设备更高效运行。

基站设备硬件节能方案可以通过优化设备硬件设计、使用先进生产工艺、提高基站设备集成度等，实现降低基站设备基础能耗的目标。例如，提升关键器件的集成度，以 ASIC 器件替代 FPGA 高功耗器件。在加工工艺上，核心器件可采用 10nm/7nm 工艺，甚至使用 5nm/3nm 工艺，提升单片集成度，有利于优化 IC 设计，从而降低基站设备功耗。

除了基础的设备硬件节能，基站可以采用多种弹性的基于软件的节能策略，如智能载波关断（多载波部署场景）、符号关断、通道关断、小区关断、深度休眠等。

（1）符号关断。符号关断的示意图如图 3-34 所示，符号关断功能在网络低负荷时通过将资源集中在特定时隙进行调度，并关断无业务时隙的发射功率，通过业务不连续发射的方式，达到降低功放模块总功耗的目的。当符号关断功能开启时，在下行符号没有用户数据发送的时候，基站设备可通过关闭射频部分中功放模块的发射功率来实现节能的目的。符号关断功能开启，需要发射必要的控制信道的参考信号，如5G系统中的CSI-RS，SSS，PSS和PBCH等，仍保持原有发射周期和功率，不影响5G网络覆盖。功放模块可根据基站业务量增加情况恢复正常工作状态，保证5G网络性能不受影响。

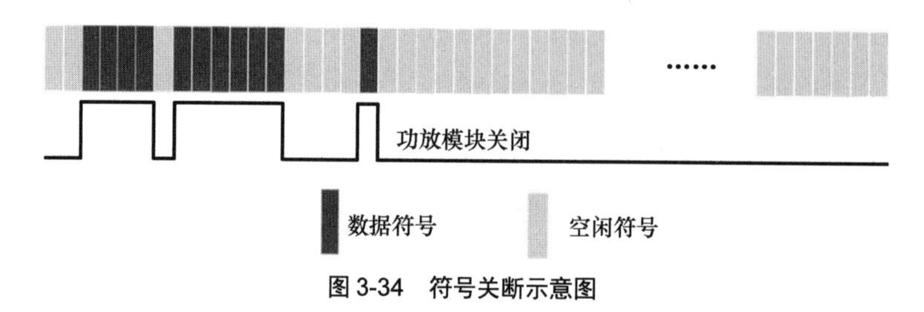

图3-34　符号关断示意图

（2）通道关断。5G基站在业务负荷较低场景，比如夜间闲时、非容量小区场景等，可关闭部分射频通道的发射功率，达到节能效果。当基站业务负荷增加达到一定阈值时，基站开启已关闭的射频通道，恢复多通道发射状态。启用通道关断方案，会影响系统容量，同时，总发射功率的降低可能会改变下行天线波束形状，影响原有覆盖和某些业务性能。

（3）小区关断。小区关断功能是指根据覆盖区域内业务量情况，对于低业务量小区或者无业务量小区进行关断，以达到节能的目的。例如，在容量层5G小区业务负荷较低的情况下，关断5G小区，保留提供覆盖层的4G LTE小区，达到减少5G设备能耗的目的。小区关断示意图如图3-35所示。

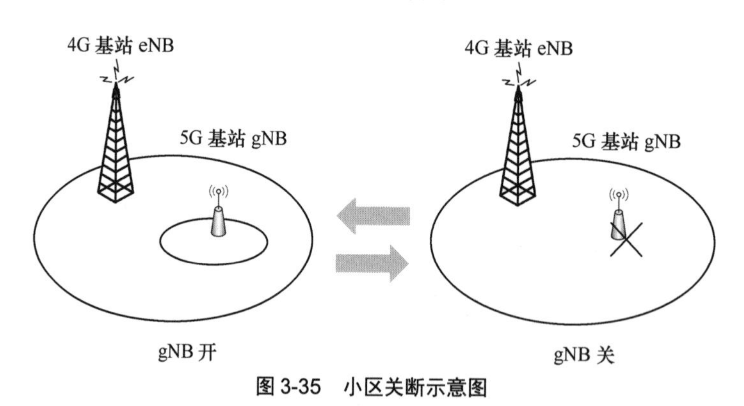

图3-35　小区关断示意图

（4）智能载波关断。智能载波关断主要应用于多载波场景。如果载波的业务量低于预设门限，在保证用户业务质量的前提下，可以通过网管关断该载波。此时，AAU/RRU 设备可降低设备功耗，以达到设备节能的效果。当网管配置重新启动 AAU/RRU 设备时，AAU/RRU 设备及邻区都应恢复为关断前的配置。

（5）深度休眠。深度休眠功能是指在基站业务量非常低的情况下，将 AAU 设备的绝大部分器件下电（除基本传输链路）。深度休眠节能功能仅保留 BBU 与 AAU 之间的传输链路，支持 AAU 设备进入 / 退出深度休眠模式，从而最大程度上实现节能。

当 AI 用于网络节能时，其对包括网络负载在内的预测结果精准与否，会直接影响到整体网络的性能。精准的负载预测，能及时判断网络中不同节点的负载走向趋势，定位可以去激活的站点，或实施资源的优化配置，使得网络性能在不受影响的情况下，节省能耗。但失准的预测，会导致站点错误去激活，引起站点激活态的乒乓效应，出现用户掉话，影响小区覆盖，恶化整体网络性能等不良后果。

典型的 AI 学习过程基于训练数据获得初始 AI 模型，并利用 AI 模型和现网数据进行推理预测，获得预测结果，再根据预测结果对网络进行重配置等相关操作。利用强化学习，将预测结果和实际结果做比对，或基于重配置等相关操作的网络性能反馈，对 AI 模型进行迭代优化，以提高预测的精准程度。

为实现针对网络负载情况精准高效的预测，AI 推理模块需要多种输入。AI 模块涉及的输入数据会略有差异，整体涉及的数据有可能包含以下类型。

- 基站基本数据（如天线的站高、经纬度、方位角等；小区频点、邻区关系等）。
- 基站组网数据（如单载波、多载波、覆盖层、容量层等）。
- 实际覆盖场景信息（高楼、高铁、地铁）。
- 性能指标中的流量、负荷及切换等信息。
- 测量报告数据。
- 各小区所服务的用户等级等信息。

AI 模块推理的结果可以包含以下内容。

- 每个小区所属的场景类型标签。
- 每小区 / 每基站的各种节能类型开关建议（例如符号关断、通道关断、智能载波关断等）。
- 每小区 / 每基站的各种类型节能的节能开始时间、节能结束时间。
- 每小区 / 每基站的各种类型节能的负荷阈值建议值。

场景识别是基于AI的节能技术需要实现的重要功能。传统的节能方案，由于全网场景的多样性，场景特性差异较大，无法自动识别各种不同场景，分区域一刀切地使用可同时适应大部分场景的策略，故节能的策略往往偏保守，节能效果无法最大化。基于AI的场景识别，可基于网络覆盖、用户、资源等特征数据，智能地实现对每一个小区的所属场景进行识别及标识。场景识别可包含两个层面的内容。第一个层面可对小区的覆盖场景进行识别，例如是否高铁、普通城区、农村、地铁、大型场馆、高校、商场、写字楼等场景。场景识别后可结合载波关断、通道关断、符号关断、小区关断等节电技术，针对不同的场景预置推荐的分场景节能方案，或者自适应寻优推荐的节能方案。第二个层面，可结合网络拓扑数据（例如小区的工参、配置）、小区内用户的测量报告、切换指标等信息，对小区是否为覆盖层小区、小区的重叠覆盖度、小区是否存在同覆盖小区等特征进行识别。

场景识别时，每个基站可以针对各小区的拓扑信息、上下行测量报告、业务类别特征、用户等级信息、资源占用分布等特征数据进行识别，AI算法可采用*K*-means等聚类算法、*K*-近邻算法、决策树、逻辑回归等经典机器学习算法进行场景预测和分类。

在5G网络中，AI模型相关模块所在位置可以有多种配置方式。AI模型的训练模块、推理模块等的部署位置需要基于具体的用例来决定。根据不同用例的运算复杂度和时延要求等，基于AI的基站节能技术的AI训练模块和推理模块可以配置在无线接入网（RAN）侧，或网络管理（OAM）侧。一种典型的部署方式为：AI训练模块部署在OAM，AI推理模块部署在CU；CU根据推理结果向本身内部单元、DU及邻站下发行动指示；CU、DU、终端和邻站向OAM反馈网络性能，OAM基于这些反馈更新AI模型，并下发给CU。详细的流程如下，图3-36给出了详细的流程图。

（1）OAM根据历史网络数据进行离线AI训练，获得网络节能的AI模型，将网络节能的AI模型下发给CU。

（2）DU向CU上报AI能力，比如DU是否支持符号关断、支持的射频功率范围等。

（3）CU基于DU的网络节能的AI能力向DU和UE下发节能收集配置，收集节能AI推理所需的网络数据。

（4）DU和UE上报网络节能AI推理需要的数据。

（5）CU 基于 OAM 下发的策略和 AI 模型，利用 DU 和 UE 上报的数据进行 AI 推理，输出推理结果。推理结果可以为小区关断、符号关断、某个或某些 SSB 突发周期调整、SSB 功率调整等。

（6）CU 向 DU（可以包含邻站 DU）下发推理结果相应的动作，修改网络配置，可能还包括系统信息的重配等。

（7）网络配置修改后，DU 和 UE 可能向 CU 反馈新的网络性能，比如出现覆盖漏洞、UE 发生无线链路失败的情况等。如果 CU 中的 AI 模块具有强化学习功能，则其将利用这些网络性能反馈信息和预期对比，对 AI 模型进行迭代优化。同时，OAM 也可以按照一定周期接收这类网络性能反馈信息，对 AI 模型进行强化学习，以进一步提高 AI 模型的预测准确度。

（8）可选地，CU 通过强化学习更新了 AI 模型后，可以向 OAM 反馈更新后的 AI 模型。

基于 AI 的基站节能流程图如图 3-36 所示。

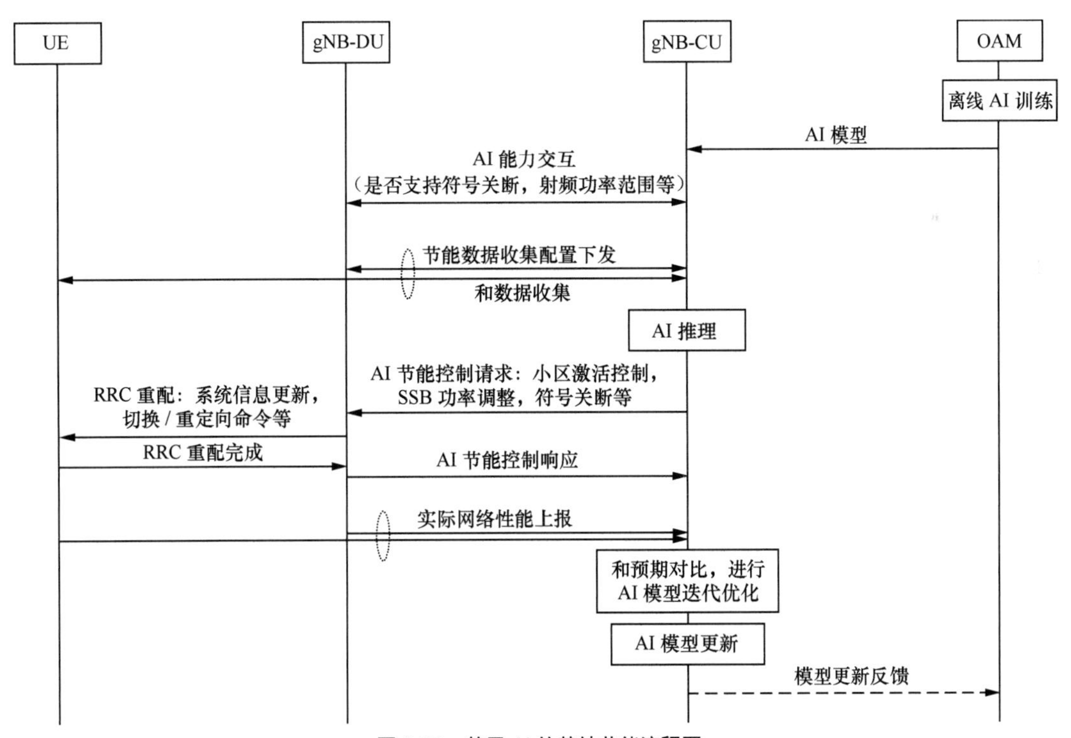

图 3-36　基于 AI 的基站节能流程图

除了考虑单站和单一运营商单一网络中的节能，还需要考虑4G/5G系统间节能策略智能协同，实现不同系统之间综合节能效果最优的目标。进一步地，在运营商共建共享场景下，基于AI技术实现运营商协同节能的关键技术及策略也有非常广阔的空间。

3.2.5 基于AI的移动性管理

移动性管理是移动通信系统中的关键技术之一，随着每一代移动通信技术的革新，移动性管理技术也不断发展进步。5G移动通信系统相对于前几代移动通信系统，新技术使用量显著增多，其支持多类型业务场景，使得满足不同场景移动性特点的移动性管理面临着诸多挑战。

- eMBB场景下的用户，在高速移动状态下，高带宽服务的连续性保障。
- URLLC场景下的用户，低时延、高可靠需求的连续性服务质量保障。
- mMTC场景下的用户，低移动性、上下行数据不对称性等特点的服务保障。

上述不同场景都对5G系统的移动性管理提出了苛刻的要求。单独实现上述三种场景中某一种场景下的移动通信已属不易，要同时提供上述各场景下要求各异的移动通信服务，移动性管理的难度可想而知。但是，随着互联网技术发展而逐渐成熟的人工智能技术，为解决5G系统移动性管理提供了新的方向。5G移动通信系统中常见的移动性管理场景可以引入基于AI的技术来提升系统的性能。

当前，传统的移动性管理机制的功能相对单一，主要依赖于收集的UE上报的各种与失败相关的报告，由网络进行问题识别和分析，进行相应的调整。此外，传统的移动性管理主要是在发现问题后，尽可能地解决问题。在网络中引入基于AI的移动性管理，可以从现有的被动式移动性管理转变为主动式的移动性管理。

基于AI的移动性管理可以基于用户的移动轨迹、链路连接情况、业务情况等信息，基于AI模型完成对未来状态的预测，基于未来的状态进一步再完成关键参数的配置和切换判决等动作[39-41]。对于移动性管理算法而言，AI模型可能的输入参数如下。

（1）UE的定位信息。通常而言，UE的定位信息能够较为精确地反映用户终端的地理坐标，其对于轨迹预测的影响是显而易见的。一般来说，在没有任何其他信息的情况下，假如我们知晓某一时刻某个 UE 位于 A 点，那么它在未来的某一时刻位于 B 点的概率就会高于位于更远处的 C 点的概率。UE 的定位信息还可以包含该 UE 短期内的过去的运动轨迹，以及可能的速度信息。这部分信息对轨迹预测的影响也是显而易见的。

（2）UE 的无线链路情况。在大多数情况下，网络并不能获取足够精确的 UE 的定位信息，这时网络就可以通过无线链路的状况来对 UE 的位置做出预估，以这部分信息代替 UE 的定位信息来预测 UE 未来的运动轨迹。

（3）UE 的签约与业务信息。在特定情况下，UE 的签约与业务信息也可以作为 UE 轨迹预测算法的有效的输入。例如，如果我们可以通过签约与业务信息得知该 UE 是一辆汽车，我们就可以认定它几乎不可能移动到不通公路的窄巷中。而稍微复杂一些的例子，如搭乘公共交通工具的乘客有“在搭乘时访问网络（例如观看视频），而在邻近下车时将其挂起甚至断开（例如暂停观看视频）”的倾向。假如我们判断某个 UE 位于公共交通工具之中（对于地面公交来说这个判断可能有一定难度，但对于地铁来说这个判断往往很容易做出），并且该 UE 挂起了一个视频流，那么该 UE 即将出站的概率就应当显著大于同一位置的、没挂起视频流的 UE。这方面的信息虽然与 UE 的轨迹预测之间的相关性不是特别高，但容易获取，因此依然值得考虑作为输入参数。

（4）UE 的历史信息（由其他节点甚至核心网提供）。在现有的无线通信技术中，“将 UE 的历史信息作为移动性管理算法的输入”这一方法已经得到了普遍的应用。其逻辑在于：一般而言，UE 倾向于移动至其经常访问的小区中。在考虑 AI 算法时，原则上来说我们可以考虑将更多的细节作为输入，例如，我们不仅可以考虑 UE 访问小区的频率与驻留时长，还可以考虑这些访问通常发生于一天或一周之中的哪些时刻。

（5）其他 UE 的无线链路参数与业务建立、使用情况。在特定情况下，其他 UE 的相关信息也可以作为 UE 轨迹预测算法的有效的输入。例如，我们发现某地时常出现以下两种情况：有的时候，该地的 UE 数量较少，并且平均驻留时间往往也较短；而有的时候，该地在举办活动，UE 数量较多，并且平均驻留时长往往也较长。那么，我们就可以通过该地的 UE 数量以及平均驻留时长信息来推测该地是否正在举办活动，进而推断出我们想要分析的 UE 具体是会在该地驻留较长时间，还是会很快离开去往其他区域。

（6）先验的地理与路网信息。地理与路网信息对UE轨迹预测的帮助是显而易见的。例如，某地区有一条东西向的河流，河流上没有桥梁。假如我们知晓某一时刻某个UE位于A点，而A点位于这条河流以北，那么该UE在短时间内也很有可能一直在河流以北活动，跨过河到达河流以南的概率较低。又例如，我们发现某个UE一直在沿着一条高速公路移动，那么接下来它很有可能会继续沿着这条高速公路移动。

（7）公共交通工具的当前位置与未来的运动轨迹。公共交通工具的运动轨迹通常是事先规划好的，但不同的公共交通工具可能会驶往不同的方向。如果我们得知了公共交通工具的当前位置与规划路线，并且通过某种算法，判断出某个UE极有可能位于该交通工具之内，那么我们就可以根据该交通工具的规划路线确定性地预测出其未来的运动轨迹。

（8）当时的交通状况。交通状况对公路车辆之中的UE的运动轨迹有着很大的影响。一般来说，交通拥堵会显著降低这些UE的预期运动速度，而UE的运动速度对移动性决策的影响是显著的。例如，假如我们根据UE过去一分钟内的运动轨迹判断其一直在以每小时70千米的速度运动，那么网络通常会为其配置一个较为激进的小区测量与切换策略；但假如网络得知其即将驶入拥堵路段，那么就可以将切换策略配置得更保守一些。

AI模型可能的输出参数如下。

（1）UE未来每个时刻所处位置（轨迹）的预测。

（2）UE未来每个时刻的业务建立与使用情况的预测。

（3）UE当前的定位信息。

基于AI的移动性管理基本流程如图3-37所示。其中，针对UE未来每个时刻所处位置（轨迹）的预测这项参数可用于优化配置测量、配置条件切换目标、判决切换、配置RNA、预测每个小区的负载情况等；对UE未来每个时刻的业务建立与使用情况的预测则可用于预测每个小区的负载情况，在涉及条件切换时判决预留多少资源等；而定位信息则可用于优化配置测量（仅配置与该UE较为邻近的小区作为测量目标）、配置条件切换目标、判决切换与配置RNA等。

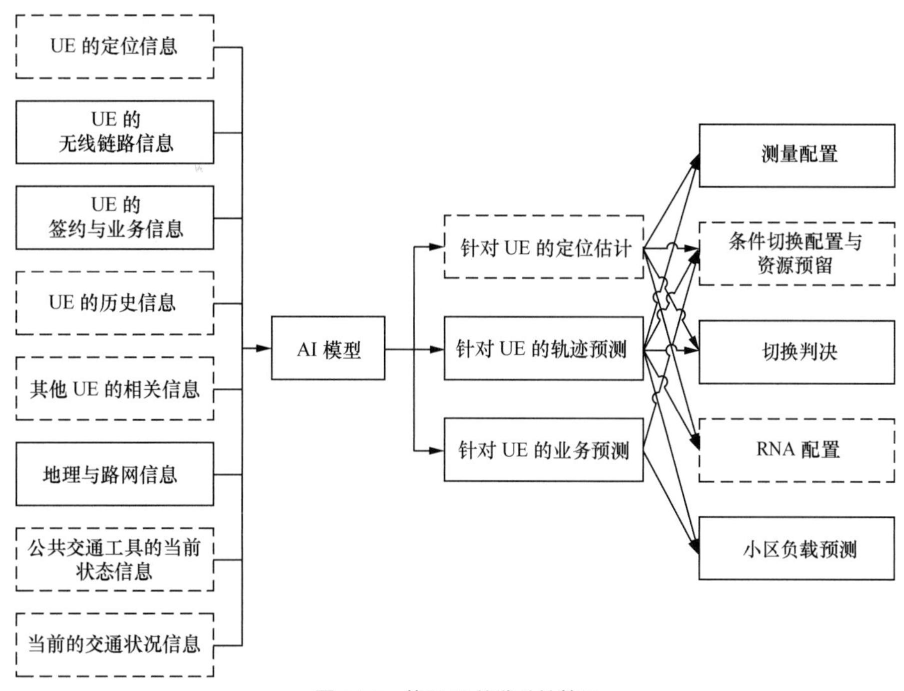

图 3-37　基于 AI 的移动性管理

当输入参数较少时，应用基于 AI 的算法意义相对有限（通过手动的统计方法也能达到同样的效果）。而当输入参数较多时，训练样本的数量应当足够大，可以有效避免出现过拟合现象，充分发挥 AI 算法性能。通常来说，单个小区甚至单个基站所能提供的样本的数量不够多，因此 AI 算法训练更适合部署在更为集中的高层节点处执行。为此，需要无线接入网向 AI 训练节点上报必要的信息，例如用作样本的 UE 的无线链路信息、同时期其他 UE 的相关信息等。UE 的定位信息、业务信息可以由核心网提供，而地理与路网信息等则可以由其他应用从外部提供。切换次数与用户体验之间的平衡始终是切换行为优化的一个主要关注点，可以将强化学习中的 Q-Learning 算法应用到切换行为的优化上，达到切换次数与用户体验之间的平衡。将切换行为造成的信令消耗和掉话对用户体验所造成的影响两者作为状态输入，动作空间则为当前服务小区到目的小区之间切换余量的取值集合，将信令消耗与用户体验之间的平衡作为目标对模型进行训练。

同时，AI 算法的应用与执行主要影响无线资源管理（Radio Resource Management，RRM）功能，更适合部署在无线接入网内部。这也就意味着在算法训练完成后，应当将算法中的参数分发至无线接入网节点中。对于使用分离结构（如 gNB-CU/DU 分离）的无线接入网架构，上述算法应当分发至具有 RRM 功能的节点内，如 gNB-CU-CP。

在 AI 算法的实际应用过程中，从标准演进的节奏来看，与需要优化的 UE 相关的输入参数基本上可由具有 RRM 功能的节点提供，但也有个别信息可能需要从其他节点获取。例如，UE 定位信息可由具有 RRM 功能的节点作为位置管理功能（Location Management Function，LMF）的用户发起请求；而无线链路信息虽然可通过 UE 测量上报获得，但这一方案会影响到空口的资源利用率以及 UE 的功耗，由具有物理层功能的节点（如 gNB-DU）来提供更为合适。而其他输入参数可由所有 UE 共享，即使具有 RRM 功能的节点要实时进行本地更新与保存，可以预见的资源消耗量也不大。

使用 AI 技术的 5G 移动性管理应用场景还有很多。由于 5G 移动通信系统的复杂性，使用以往的方式进行移动性管理将很难满足所有服务需求。而 AI 技术以其技术成熟性及适配性，可以很好契合 5G 移动性管理需求，进一步提升 5G 网络质量。

3.2.6 基于 AI 的负载均衡技术

5G 中引入更多的频点，更多样化的组网方式，带来更多异频、异系统的分层组网方式，需要高中低频协同以及宏微协同来满足网络需求。在高中低频协同与宏微协同网络中，需要在各小区之间灵活分配资源，避免业务拥塞，实现基站之间负载均衡的目标，提升用户体验。基于 AI 算法，可以为负载均衡方案提供智能化解决方案，在满足用户体验的同时，减少人工干预、降低系统运行和维护成本等。5G 网络面临更多网元设备、更复杂的组网场景和更多的功能特性，例如，相比于 4G，5G 增加了 CU-DU 分离、CP-UP 分离等新网络架构，以及网络切片、MR-DC、Massive-MIMO 等新特性，因此 5G 的负载均衡优化比 4G 更复杂，需要从多维度进行研究。

基于智能射频指纹库技术可以利用射频 RSRP/RSRQ、位置信息和性能指标等信息，划分智能虚拟栅格，在智能栅格构建多小区信息和 KPI 等统计信息，从而避免异频测量等操作，快速精准地实现负载均衡等流程。相比传统栅格，智能栅格不需要根据实际的地理位置划分栅格，而是使用多个小区的系统测量值（比如 RSRP）来定义栅格。采用人工智能的方法，将多个小区的系统测量值作为无线指纹信息，用于关联栅格中保存的统计信息和测量值，形成训练好的 AI 模型。基于此模型可以直接根据相关信息，执行对应的策略，从而提升无线网络的性能和用户体验。如图 3-38

所示，在同一小区内服务的多个用户，网络可以根据负载等情况，依据 AI 模型的预测主动选择服务用户的频点，调整各个频点负载情况。相对于传统的依赖基站间交互负载信息以及终端测量结果选择切换的小区的后负载均衡模式，基于智能射频指纹库的负载均衡可以避免盲切换和异频测量，利用提前预测、负荷策略启动，更及时有效选择用户，快速降低负荷，防止高负载情况发生，从而影响用户体验。

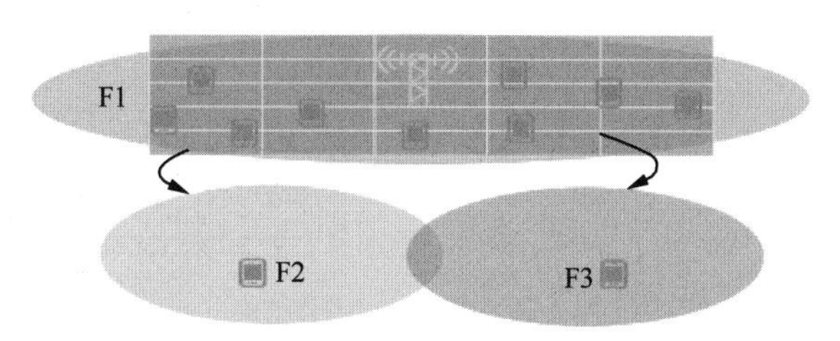

图 3-38　基于智能射频指纹库的负载均衡示意图

3.3　5G无线侧引入AI技术标准化架构分析

无线侧支持基于 AI 的算法需要考虑数据收集、数据传递、数据存储、模型训练、模型传递等一系列过程。这些过程会对标准架构的设计提出一定的要求。根据各个网元所承担的不同功能，开展相应的标准化工作。在实际的设计中，考虑到算力、功耗、数据传输时延等方面的约束，也需要考虑多种架构方式对不同用例的支持，根据实际需要进行灵活选择。

对于不同的用例，涉及的网元不同，标准化实现架构也有所差异。有些用例数据收集和处理在网络侧完成，如基站节能、负载均衡和移动性管理。终端为支撑这类用例，主要配合基站完成测量上报。而对于有些用例，网络和终端均需要进行数据的传输、AI 模型训练、关键参数传递和模型传输，如基于 AI 的调度、CSI 信息反馈、导频设计、波束管理等。

NG-RAN 整体架构如图 3-39 所示。5G 核心网（5GC）通过 NG 接口与基站（gNB）连接，而 gNB 之间通过 Xn-C 接口相连。gNB 进一步支持高层处理单元（Central Unit，CU）和其他部分（Distributed Unit，DU）分离，CU 和 DU 之间通过 F1 接口进行连接。如果支持基于 AI 的数据收集、训练和推理等功能，需要在现有的网络架构基础上引入相应的数据收集和分析（Data Collection and Analysis，DCA）单元。

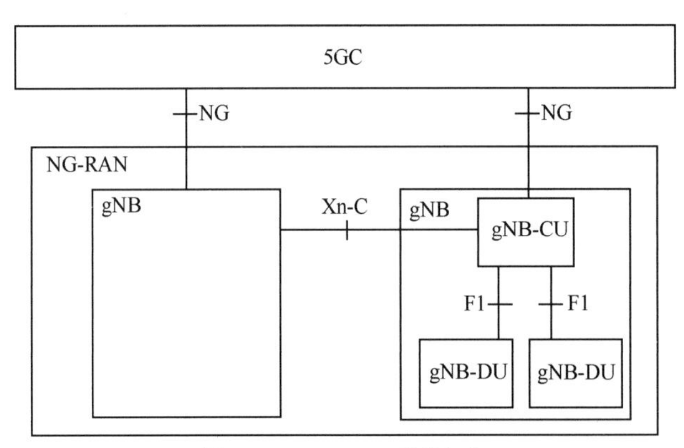

图 3-39 NG-RAN 整体架构

5G DCA 单元在基站侧需要完成数据收集、模型训练、模型的运行等部分或者全部功能。DCA 单元可以部署在基站内部，也可以多个基站共享一个 DCA 单元。图 3-40 给出了两种部署 DCA 的方式。图 3-40（a）给出了 gNB 内部进行 DCA 部署的示意图。gNB 内部的 DCA 完成相关功能时，还需要考虑各个 DCA 间需要进行一定的信息交互，可以通过扩展现有的 Xn 和 F1 接口来实现。在现有架构基础上，也存在多个 gNB 需要通过集中的 DCA 完成模型训练的用例。图 3-40（b）给出了在 gNB 以外存在另外集中的 DCA 单元的架构示意图。除了 gNB 间的 DCA 单元需要交换数据与模型，在 gNB 内部的 DCA 单元和集中的 DCA 单元间也存在数据与模型的交换，相关信息可以通过新的接口定义。

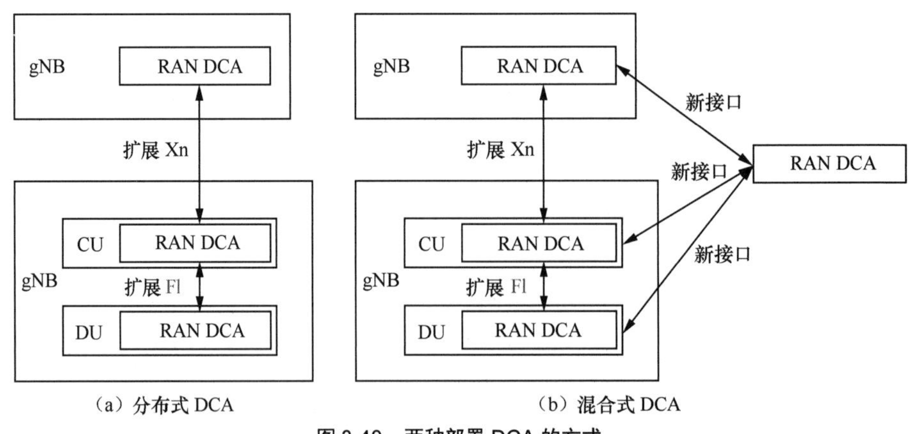

（a）分布式 DCA　　（b）混合式 DCA

图 3-40 两种部署 DCA 的方式

为支持 AI 的各种算法，终端也需要具备一定的数据收集和存储能力、AI 模型训练能力，并支持 AI 模型的运行。基站与终端间利用现有空口进行 AI 算法与模型相关数据传输。传递的数据类型涉及训练数据、模型、推理结果和一些配置参数。对于数据量比较大的传输，需要基于现有的上下行数据信道进行，相关传输的触发和控制需要在控制信令和高层信息中考虑。模型推理的结果有各种形式，如反馈的信道信息、导频的图样、系统的参数配置等，需要根据具体的内容进行对应的标准化增强。

对于需要终端、基站和核心网共同配合完成的用例，如移动性管理、定位等，需要比较仔细地考虑模型训练的位置。模型训练往往对算力要求较高，也会带来比较高的能耗。因此，模型训练在基站和核心网侧是比较好的策略。相应地，需要终端进行一定的数据上报，配合训练所需的数据集构建。当系统端完成模型训练后，终端需要运行 AI 模型的用例，基站向终端发送相关模型信息，完成模型部署，然后终端根据触发信息进行对应的基于 AI 模型的推理工作。

3.4　小结

无线通信与 AI 的融合已经成为无线通信产业发展的重要方向。本章首先对 5G 无线网络基础设计进行了介绍，然后对 5G 无线侧引入基于 AI 算法的一些主要用例进行了详细的分析。这些用例涵盖基础的信号检测、信道信息反馈、导频设计、信道预测等多个传统无线通信领域基础算法与设计。可以看出，5G 无线侧引入基于 AI 的算法对于持续提升 5G 网络和终端性能存在十分广阔的空间。在未来的 5G 演进过程中，基于 AI 的无线持续增强将是非常关键的国际标准化方向。在 5G 持续的演进和国际标准化过程中，相关特性会经历一个不断地研究、标准化与产品化过程，而非一蹴而就。

在 5G 无线侧引入基于 AI 的算法不可避免会涉及性能评估和实际的部署等一系列问题与挑战。为解决这些问题，需要根据不同的用例进行数据集构建，模型探索与评估验证等一系列研究与共识建立的过程。考虑到无线信道变化的复杂性，实际使用基于 AI 模型的算法，也不可避免地会给基站与终端的架构、数据的传输带来额外的要求，在实际的标准化过程中还需要进行更加全面的考虑。

第 4 章　5G 核心网侧引入 AI 技术

核心网络智能化，5G发展新引擎

5G核心网设计是移动通信系统设计的架构基础。随着5G网络的演进，核心网变得越来越复杂化。与此同时，随着机器学习算法的日渐成熟及计算机硬件计算能力的突破，大数据与人工智能技术得到了极大提升。如何利用AI技术进一步提高5G网络的资源利用率，提升5G网络用户业务体验，实现5G网络的自动化和智能化控制和管理，是5G网络智能化过程中亟待研究与解决的问题。

5G核心网侧引入基于AI的设计的进程快于无线侧。在5G的R15版本设计中，为了支持智能化的操作，引入了网络数据分析功能（Network Data Analytics Function，NWDAF）网元。随着标准化版本的不断演进，在R16和R17的版本演进过程中也不断增强了NWDAF网元的功能，增加了相应的部署方式和部署场景。围绕NWDAF，5G核心网可以提供一系列的基于AI的服务，如终端业务体验提升、终端行为监管、核心网网元选择、应用层参数调整等。

本章围绕5G核心网中NWDAF的系列标准化展开。首先对现有的5G核心网架构进行整体性概述，其次对5G核心网侧引入AI技术的高价值场景进行介绍，再次，基于已有核心网架构，围绕高价值场景，对NWDAF的整体架构和提供的各种智能化分析结果进行详细的阐述，最后对5G智能网络架构持续演进进行了系统的展望。核心网智能化聚焦智能框架架构及接口方面的标准化工作，具体AI算法属于NWDAF的实现，因此在标准化过程中并未对AI算法进行仿真验证。但为了方便读者理解，本章对部分用例中NWDAF如何根据输入数据，基于何种AI算法得到相应的数据分析结果进行了说明。

4.1 5G核心网设计简述

5G网络架构是按照控制与转发分离的基本原则设计的，按照网元的基础功能可以分为控制面和用户面（或数据面）两个部分。其中，用户面网元负责对用户报文进行转发和处理，主要包含基站的转发功能和一个或者多个用户面功能（User Plane Function，UPF）。控制面网元则负责对UE执行接入鉴权、移动性管理、会话管理、策略控制等各类控制功能。

5G网络架构的控制面功能是基于服务化原则进行设计的。每个核心网控制面网元对外提供基于 HTTP 的服务化接口，控制面网元之间通过互相调用对方的服务化接口进行通信。这些服务化调用关系通过标准化的顺序和参数组合在一起，最终形成 5G 网络的各种业务控制流程。

非漫游场景下以服务化形式表示的 5G 网络架构如图 4-1 所示。

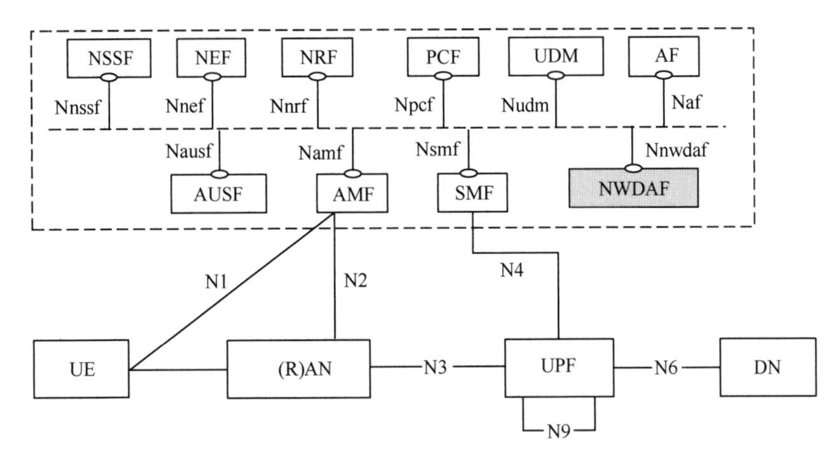

图 4-1　非漫游场景下的 5G 网络架构

5G 系统主要网元与功能如下。

（1）应用功能（Application Function，AF）：代表应用与 5G 网络其他控制网元进行交互，包括提供业务 QoS（Quality of Service，服务质量）策略需求、路由策略需求等。

（2）接入与移动性管理功能（Access and Mobility Management Function，AMF）：负责用户的接入和移动性等的管理。AMF 的功能主要包括非接入层（Non-Access-Stratum，NAS）信令安全的终结，对用户的注册、可达性、移动性管理、N1/N2 接口信令传输、接入鉴权和授权等。

（3）接入网（Access Network，AN）：5G 接入网络，包括下一代无线接入网（Next Generation Radio Access Network，NG-RAN）或连接 5G 核心网的非 3GPP 接入。

（4）鉴权服务器功能（Authentication Server Function，AUSF）：负责对接入 5G 网络的用户鉴权。

（5）数据网络（Data Network，DN）：UE 接入的某个特定的数据网络。DN 在 5G 网络中由数据网络名字（Data Network Name，DNN）进行标识。典型的 DN 如 Internet、IMS 网络等。

（6）网络开放功能（Network Exposure Function，NEF）：对外提供5G网络的能力和事件的开放，以及接收相关的外部信息。

（7）网络存储功能（Network Repository Function，NRF）：提供5G网元的注册和发现能力。

（8）网络切片选择功能（Network Slice Selection Function，NSSF）：提供网络切片的选择能力。

（9）策略控制功能（Policy Control Function，PCF）：负责生成UE接入策略和QoS流控制策略。

（10）会话管理功能（Session Management Function，SMF）：提供对UE会话的会话管理（会话建立、修改、释放）、IP地址分配和管理、UPF的选择和控制等。

（11）统一数据管理（Unified Data Management，UDM）：对用户进行签约管理、接入授权、鉴权信息生成等。

（12）统一数据存储（Unified Data Repository，UDR）：提供签约数据、策略数据及能力开放相关数据的存储能力。

（13）用户面功能（User Plane Function，UPF）：提供用户报文的转发、处理、与DN的连接、会话锚点、QoS策略执行等用户面功能。

（14）网络数据分析功能（Network Data Analytics Function，NWDAF）：数据收集和智能数据分析、分发等功能。

在3GPP R15/16/17标准协议中，UE、AN不支持服务化接口。AMF和SMF分别作为控制面与UE、AN和UPF的接口网元，对外提供传统的点到点接口N1、N2、N4。

与4G相比，5G核心网网元功能发生两个主要变化。

（1）移动性管理与会话管理的分离设计。4G网络中移动性管理实体（Mobility Management Entity，MME）与Serving GW/PDN GW（或其控制面）的移动性管理和会话管理功能，在5G网络架构中被重新分解、分配，并分别由AMF和SMF来实现。

（2）引入NWDAF智能分析网元，支持数据驱动的智能化架构。NWDAF通过与核心网网元以及OAM网元之间的交互，实现数据收集、数据分析、数据分析结果反馈。

- 数据收集：基于事件订阅，NWDAF可以从核心网网元、OAM等收集数据。
- 数据分析：基于收集的数据，执行AI/ML模型训练、数据分析（模型推理）。

- 数据分析结果反馈：NWDAF 可以按需向不同的网元（如 PCF、OAM 等）分发数据分析结果。

4.2　5G核心网侧引入AI技术的主要场景

随着 5G 网络的演进，网络变得越来越复杂，这就要求网络是一个高度智能化、高度自动化的自主网络。机器学习作为网络智能化的基础技术，广泛地分布于 5G 网络中各节点及网络控制系统中。基于 5G 网络生成的丰富的用户和网络数据，并结合移动通信领域的专业知识，可以构建灵活多样的 5G 智能架构以应对更加多样化的业务需求，使 5G 网络更好地服务各行各业。

本节重点介绍 5G 核心网侧引入 AI 技术的主要场景。在统一的框架下，基于 AI 的核心网侧增强有非常广阔的空间。受标准化时间限制，并不是所有用例都能得到讨论。本节主要根据 3GPP 的标准化内容展开介绍，围绕标准化过程中讨论过的用例进行展现。

4.2.1　AI 辅助终端业务体验提升

业务提供方最关心用户在使用业务时的业务体验（Service Experience，SE），比如语音业务的平均意见分（Mean Opinion Score，MOS），因此业务提供方本身有一套业务体验测量机制，当发现业务体验不足时进行应用层参数调整。

但是业务体验的影响往往是端到端的，仅应用层调整还不够，5G 网络侧也需要有对应的基于用户业务体验的调整机制，而该机制亟须网络侧也配备一套业务体验评估机制，可以基于 NWDAF 数据分析来提供。

针对特定的业务，基于网络数据（如 AMF 上终端位置、UPF 上 QoS Flow 的带宽 / 时延、OAM 上来自 RAN 或者 UE 的 MDT 数据）及业务体验数据（从业务提供方获取），NWDAF 可以训练出该业务的体验模型，即业务体验与网络数据的对应关系。由于训练数据中的业务体验来自业务提供方，所以训练出的业务体验模型和真实业务体验模型拟合度较高。

在模型训练阶段，NWDAF 基于关联标识将来自各个网元（如 AMF、UPF、

RAN 或者 AF）的数据关联起来，得到完整的训练数据，训练数据中每个样本数据的格式如下。

<业务体验><网络数据，包括 UE Location、QoS Flow Bit Rate 等>

基于上述训练数据以及合适的机器学习算法，NWDAF 可以训练得到业务体验模型，即 Service MOS 模型。以线性回归为例，Service MOS 模型可以表征为

$$h(x)=w_0x_0+w_1x_1+w_2x_2+w_3x_3+w_4x_4+w_5x_5+\cdots+w_Dx_D$$

其中，$h(x)$表示业务体验，即 Service MOS；$x_i(i=0,1,2,\cdots,D)$表示网络数据，D 为网络数据的维度；$w_i(i=0,1,2,\cdots,D)$为每个网络数据影响业务体验的权重，D 为权重的维度。

在模型推理阶段，即实际业务运行过程中，NWDAF 可以基于网络数据（实时的或者非实时的）以及上述业务体验模型准确测量业务体验，这样网络侧也就具备了业务体验评估的能力，可以辅助网络有效调整、提升用户业务体验。

4.2.1.1 QoS 参数调整

5G QoS 机制引入了非标准的 5QI（5G QoS Identifier），允许运营商根据业务要求来定制 QoS 参数值（如 GFBR、Max PLR 等），从而更好保障业务体验。但是，3GPP 标准并未讨论如何设置非标准 5QI 中的 QoS 参数值来更好匹配第三方业务体验要求及运营商如何测量相关业务体验数据。

基于 NWDAF 的业务体验评估机制，可以实现 QoS 参数调整。

- 一方面，针对某个区域中的业务，NWDAF 可以评估该区域内终端在使用该业务时的平均业务体验，然后反馈给 PCF，然后 PCF 可以调整该业务在该区域中的 QoS 参数，从而保证该区域内终端在使用该业务时的业务体验。
- 另一方面，针对某个特定用户（如某业务的 VIP 用户），NWDAF 可以评估该用户在使用该业务时的业务体验，并反馈给 PCF 或者 SMF，当 PCF 或者 SMF 发现业务体验无法满足业务体验要求时，可以调整该用户在使用该业务时的 QoS 参数（如提高 GFBR）。

4.2.1.2 智能用户面选择

当前，SMF 主要基于终端所在区域上 UPF 负载、DNN、单网络切片选择辅助信息（Single Network Slice Selection Assistance Information，S-NSSAI）等信息为

终端的会话选择相应的 UPF，并没有考虑到在该 UPF 上传递业务数据流时的业务体验信息。比如，基于区域和负载选择确定的 UPF 可能距离应用服务器［Application Server，通过数据网络接入标识符（Data Network Access Identifier，DNAI）标识］很远，导致终端访问业务时延大、体验差。

基于 NWDAF 的业务体验评估机制可以对某个终端将要进行的业务进行针对性优化。NWDAF 可以统计或者预测该终端使用该业务时一个或者多个候选用户面路径（包括 UPF-DNAI 列表）的业务体验信息，用户面路径上的业务体验信息可以辅助 SMF 或者 AF 确定终端的最佳用户面，从而保障终端的业务体验。NWDAF 可以将上述一个或者多个候选用户面路径（包括 UPF-DNAI 列表）的业务体验信息发送给 SMF，辅助 SMF 从中选择一个业务体验最好的用户面路径上的 UPF，并且将该用户面路径对应的 DNAI 进一步通知给 AF，辅助 AF 确定该 DNAI 为该终端的业务服务的应用服务器。NWDAF 也可以将上述一个或者多个候选用户面路径中的 DNAI 列表分别对应的业务体验信息发送给 AF，AF 从中确定一个目标 DNAI 作为应用服务器，然后 AF 将目标 DNAI 反馈给 SMF，SMF 根据 DNAI 确定目标 UPF。

4.2.1.3　智能选网

当前，5G 部署工作已经逐渐开展，但尚无法在短期内达到完全覆盖，可以预见到 4G LTE、5G NR 等几种无线接入技术将会长期共存，并且 5G NR 为满足多种业务需求，也会存在多种高、低频率联合部署的情况，多种接入如何协同工作的问题也引起了广泛的思考。如何充分发挥 5G 的技术优势、合理利用已有投资，在保证业务能力和用户感知的基础上实现网络投资与价值最大化，对运营商来说是个极其关键的问题。

不同的接入资源有着不同的性能。一般而言，4G LTE 网络频率较低，时延较高，覆盖范围较大；5G NR 多数频率较高，时延较低，覆盖范围受限。随着移动互联网的蓬勃发展，越来越多的应用被开发和使用，如何有效地管理并分配网络资源给应用成为亟待解决的关键问题。多样化的应用对于网络关键指标的要求不同，例如 AR/VR 等对速率和时延要求高的业务使用高频大带宽资源更加适合，而对移动性要求高且希望避免频繁切换的业务就可以选择覆盖范围大的无线连接。由此可知，针对不同的应用或场景，存在根据业务类型选择适合的网络资源的实际需求。

利用 AI 提供大数据分析，NWDAF 可以统计或者预测出终端在使用何种业务、在哪个小区、使用什么制式网络、在哪个频段上传送业务体验信息。得到这些信息后，NWDAF 可以将其发送给 PCF，PCF 利用这些辅助信息推导出合适的 RAT/ 频率选择优先级（RAT/Frequency Selection Priority，RFSP），并做出更为有效和智能的决策。根据 NWDAF 提供的 UE 行为 / 业务分析数据，至少可以支持以下两种场景。

- 场景一：支持 NR 和 LTE 之间的异系统选择功能。
- 场景二：支持 NR 高频和 NR 低频之间的系统间选择功能。

4.2.2 AI 辅助终端行为监管

网络侧终端行为主要包括移动性管理（Mobility Management，MM）及会话类管理（Session Management，SM）两大类。其中，终端移动性管理的典型应用场景包括寻呼区域分配、注册区域分配、服务区域 / 限制服务区域管理、移动模式分配、切换判决等，终端的会话类管理包括业务流创建与释放、QoS 参数下发与执行、用户面激活与去激活等。

基于 AI 技术，结合用户历史移动性数据（终端驻留位置与时间信息），NWDAF 可以训练用户个性化移动轨迹模型，将其发送给 AMF 可以针对单用户提供更加准确和个性化的移动性管理服务。此外，结合用户历史的会话类数据（如业务时长、业务包大小、业务发起时间等信息），NWDAF 可以训练用户个性化与网络交互类模型，获取终端与网络交互的交互周期、交互时长、交互发起时间、交互期间包个数 / 包大小等常规信息，辅助 SMF 针对单用户提供更加准确和个性化的会话类管理服务。

4.2.2.1 寻呼区域优化

传统的寻呼区域都是跟踪区列表粒度的，AMF 需要在几十乃至几百个基站范围内寻呼 UE，寻呼范围大、寻呼周期长并且寻呼信令多。借助 NWDAF 的移动性管理分析，可以针对特定终端统计或者预测其大概率可能驻留的小区列表或者 gNB 列表以及相应的时间信息，如针对上班族，大概率的移动轨迹信息如下。

- 7:00—8:00，18:00—19:00：上下班路径。
- 9:00—12:00，13:00—18:00：公司上班。
- 8:00—9:00，12:00—13:00，19:00—20:00：公司内或者公司附近餐厅就餐。
- 20:00—22:00：购物中心、健身房等。

- 22:00—次日 7:00：居家。

NWDAF 基于 AMF 上的终端驻留小区信息和时间信息，可以统计或者预测终端的移动轨迹，将其作为终端的移动性分析结果发给 AMF，使得 AMF 可以在小区列表范围或者 gNB 列表范围内寻呼终端，相对跟踪区列表范围，可以大大降低寻呼时长，避免寻呼信令风暴。

4.2.2.2　疫情防控

2020 年新冠肺炎疫情的爆发，提高了社会对高效精确的疫情防控系统的需求程度。作为疫情防控的重点之一，确诊人员轨迹分析以及高危地区密切接触人员的排查是重点。目前相关信息采集主要通过政府公告及地毯式的人员摸排进行。5G 与 AI 技术结合，可以提供更多的手段。

疫情防控的首要工作是及早确诊并尽快隔离密切接触者，切断病毒的传播。运营商作为通信运营媒介，可高效地利用通信行业优势，基于手机位置结合确诊患者的行程来梳理、统计密切接触者，并结合大数据技术与人工智能技术，为医学排查确定较为精确的人群，为社会提供高效的疫情防控平台。

借助于 NWDAF 的移动性管理数据分析，NWDAF 可以获取新冠肺炎确诊人群的移动小区轨迹（包括小区信息以及时间信息），然后基于移动小区轨迹获得与该新冠肺炎确诊人群密切接触的人群列表，将相关信息发送给疫情监控部门，及时对密切接触人员进行隔离、核酸检测等。

实现方案示例如下。

1. 步骤一：基于用户历史位置建立全网用户位置序列模型

用户位置序列模型如图 4-2 所示。

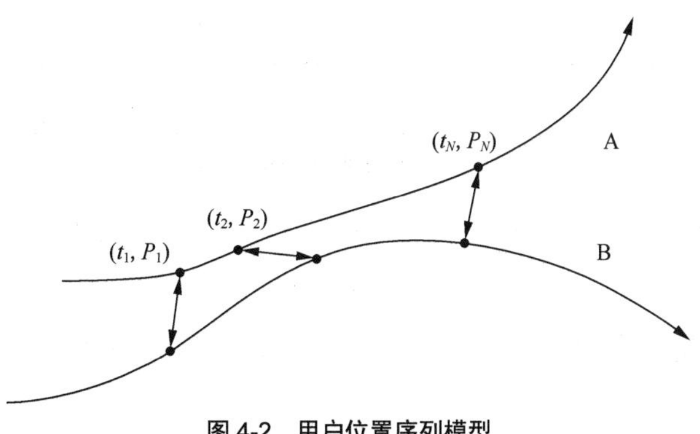

图 4-2　用户位置序列模型

（1）获取过去 14 天原始位置序列（假设防疫要求的追溯期为 14 天）。

（2）位置序列时间维度量化（时间片）。

（3）位置序列经纬度表示。

（4）位置序列区间合并。

用户位置序列：$\left[\left(<t_1,t_1'>,P_1\right),\left(<t_2,t_2'>,P_2\right),\cdots,\left(<t_N,t_N'>,P_N\right)\right]$，$\left(<t_i,t_i'>,P_i\right)$记为$x_i$，为位置序列中的第 i 项，表示时间段t_i和t_i'内用户处在同一个位置P_i。

（5）剔除异常位置数据。

（6）位置序列属性填充。

① 速度估计。

② 方向估计。

③ 时空单元风险系数计算。

④ 其他属性信息，如商场、地铁、公交站、人流密度等。

（7）位置序列插值。

① 对区间$\left[t_1',t_2\right],\left[t_2',t_3\right],\cdots,\left[t_{N-1}',t_N\right]$做插值处理。

② 对区间$\left[t_1,t_1'\right],\left[t_2,t_2'\right],\cdots,\left[t_N,t_N'\right]$做插值处理。

2. 步骤二：基于类位图的多轮匹配算法匹配 B 类用户

（1）由用户完整的位置序列得到用户轨迹的不同属性的类位图，如图 4-3 所示。基于类位图，执行如下多轮筛选算法。

有效单元标识 ⇨	0	0	1	0	0	1	0	1	1	0
移动速度标识 ⇨	1	1	0	0	1	1	0	1	1	0
运动方向标识 ⇨	0	0	1	1	0	1	0	1	0	1
其他属性信息 ⇨										

图 4-3　用户轨迹的不同属性的类位图

① 第一轮筛选，将所有目标用户分别与所有确诊用户的“有效单元标识”位图进行与运算，得到位图 B1，统计其中 1 的个数。

② 第二轮筛选，将所有目标用户分别与所有确诊用户的“移动速度标识”位图

进行与运算，得到位图 B2，将 B2 与 B1 进行与运算，将结果更新给 B2，统计其中 1 的个数。

③ 第三轮筛选，将所有目标用户分别与所有确诊用户的“运动方向标识”位图进行异或运算，得到位图 B3，将 B3 与 B2 进行与运算，将结果更新给 B3，统计其中 1 的个数。

（2）执行完上述三轮筛选之后，统计所有关联出来的可能疑似用户的累计风险系数。

（3）按累计风险系数对步骤（2）的结果排序，即可得到所有疑似级别从大到小的疑似用户列表。

4.2.2.3　终端异常检测

万物互联是未来 5G 网络的重要特征，未来会有海量 UE 接入 5G 网络。针对一些特定类型的 IoT UE（如智能电表、环境监测终端等），它们的行为（如移动轨迹）及交互行为（如交互周期、交互时长）等，都存在一定的规律。

NWDAF 可以分析终端的正常行为规律信息（Expected UE Behaviour Information，包括 UE 移动性以及 UE 交互性）发送给不同的网元，如下。

- NWDAF 可以将 UE 移动性分析结果分发给 AMF，辅助 AMF 预判实时的终端移动性数据是否与 UE 移动性匹配，如果不匹配，AMF 认为该终端可能在非法位置，于是将实时的终端移动性数据上报给 NWDAF，辅助 NWDAF 确定该终端的异常类型。
- NWDAF 可以将 UE 交互性分析结果分发给 SMF，辅助 SMF 预判实时的终端会话类数据是否与 UE 交互性匹配，如果不匹配，SMF 认为该终端可能与网络侧非法交互，于是将实时的终端会话类数据上报给 NWDAF，辅助 NWDAF 确定该终端的异常类型。

NWDAF 可以基于本地异常终端类型判别模型以及来自 AMF 和 SMF 的终端行为数据最终判定终端的异常类型（如分布式拒绝服务攻击、意外唤醒），发送给策略网元，如 PCF 或者 AMF 对终端做异常处理（如释放 PDU 会话、扩大终端的注册区域等）。

基于 NWDAF 的 UE 异常行为分析如图 4-4 所示，包括 4 个基本步骤。

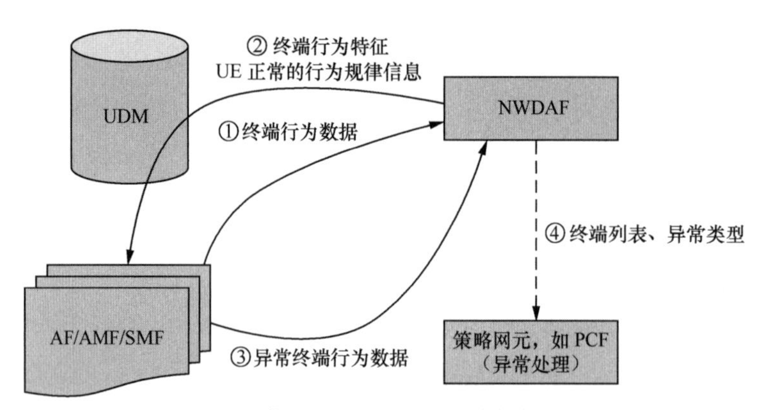

图 4-4　基于 NWDAF 的 UE 异常行为分析

（1）步骤 1：数据收集与预处理。NWDAF 从网络侧收集海量 UE 的行为数据，包括如下两种。

- UE 移动性数据、UE 交互性数据，这部分数据包括正常类型的 UE，也包括异常类型的 UE。
- 异常 UE 信息，这部分数据仅包括异常类型的 UE。

基于 IP 五元组（IP 地址、源端口、目的 IP 地址、目的端口和传输层协议），NWDAF 将从 AF 收集到的异常 UE 信息与网络侧收集到的交互性数据进行关联，可以将训练数据集分为两部分：一部分是正常类型的 UE 行为数据，另一部分是异常类型的 UE 行为数据。

（2）步骤 2：网络侧期待的 UE 行为信息分发。NWDAF 基于正常类型的 UE 行为数据进行聚类，比如采用 *K*-Means 聚类算法。聚类结果中，每个类别质心即为该类别中的一组 UE 的网络侧期待的 UE 行为信息。网络侧期待的 UE 行为信息，包括 UE 移动性与 UE 交互性两类，前者会分发给 AMF 用于 UE 移动性行为监控，后者会分发给 SMF 用于 UE 交互性行为监控。

（3）步骤 3：UE 异常行为数据上报。NWDAF 如果要实时检测 UE 是否异常，需要进一步从 AMF 以及 SMF 收集 UE 行为数据。

（4）步骤 4：NWDAF 分析 UE 异常并通知策略网元，如 PCF。

为了便于读者理解 NWDAF 如何根据输入数据，基于一定算法得到相应的业务体验数据分析结果的全过程，举例如下。

基于步骤 1 所得训练数据（包括正常类型的 UE 行为数据和异常类型的 UE 行为

数据），NWDAF 采用有监督的机器学习算法，比如逻辑回归（Logistic Regression，LR）、支持向量机（Support Vector Machine，SVM）等训练分类器。以逻辑回归为例，该分类器（以二分类为例，正常类型以及异常类型）可以表示为

$$y_i = \begin{cases} 0, z_i < 0 \\ 1, z_i \geqslant 0 \end{cases}$$

其中

$$z_i = w_0 x_{i0} + w_1 x_{i1} + w_2 x_{i2} + w_3 x_{i3} + \cdots + w_D x_{iD}$$

上述公式中，

- y_i为第 i 个 UE 的行为数据的分类结果，如果$y_i = 1$，则 UE 行为数据异常，如果 $y_i = 0$，则 UE 行为数据正常。
- z_i为x_i经过线性回归所得中间数据值。
- $\boldsymbol{x}_i = \{x_{i0}, x_{i1}, x_{i2}, x_{i3}, \cdots, x_{iD}\}$ 是由第 i 个 UE 行为数据转换成的向量，其中 $x_{i0}, x_{i1}, x_{i2}, x_{i3}, \cdots, x_{iD}$为通信或交互的起始时间、上行或下行包时延、频繁移动重注册次数等。
- $w = \{w_0, w_1, w_2, w_3, \cdots, w_D\}$为权重。

在实时检测中，NWDAF 首先将实时的 UE 行为数据转换成一个向量，然后将其输入该分类器中。如果分类器输出数值 0，则判定 UE 为正常类型，如果输出数值 1，则判定 UE 为异常类型。NWDAF 将 UE 标识及对应的 UE 的异常类型发给 PCF，PCF 制定异常 UE 处理策略并执行。

4.2.3　AI 辅助核心网网元选择

在 R15 阶段，5G 网络主要借助于 NRF 网元进行网元的选择，比如网元类型、网元实例标识、公共陆地移动网（Public Land Mobile Network，PLMN）标识、网元的全限定域名（Fully Qualified Domain Name，FQDN）或者 IP 地址等信息，但并没有考虑网元负载信息。比如在多接入边缘计算（MEC）场景下，业务提供方对业务的时延、带宽要求都非常高，SMF 在选择 UPF 时需要参考 UPF 的负载信息。在 PDU 会话建立过程中，AMF 根据切片内 SMF 的负载信息确定可以为该会话服务的 SMF。NWDAF 可以从网管或者 NRF 收集各个网元的负载信息以及时间信息等网

络数据，根据网络数据生成网元负载分析结果并将其反馈给包括 NRF、SMF、AMF 在内的任意网元，辅助网元选择。

4.2.4 AI 辅助 V2X 应用层参数调整

V2X 对 QoS 预测的需求如图 4-5 所示，V2X 中远程驾驶或者自动驾驶对网络要求很高，比如端到端时延 5ms、可靠性 99.999% 等。在 5G 部署初期，存在 V2X 业务弱覆盖区，需要运营商网络能够将车辆行驶路径中网络 QoS 质量改变及时通知 AF。NWDAF 可以辅助分析用户路径上潜在的 V2X 业务 QoS 质量变化，并及时通知 V2X 服务器根据网络变化调整应用层决策，如网络驾驶等级、车间距大小、车载视频编码类型等。

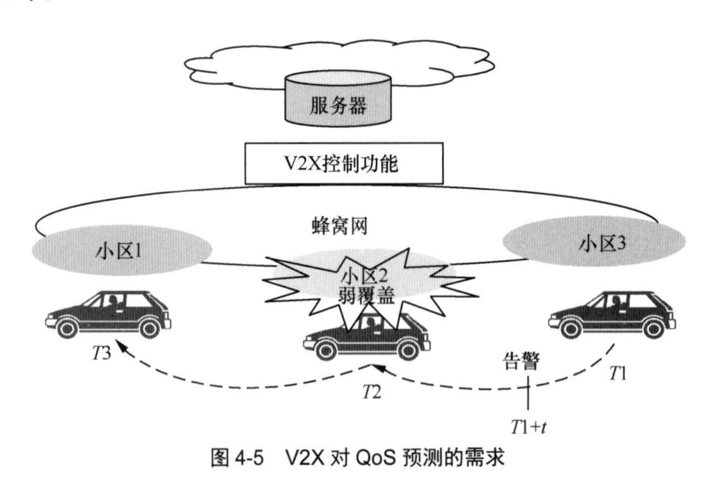

图 4-5　V2X 对 QoS 预测的需求

4.2.5 AI 辅助网管切片 SLA 保障

网络切片是 5G 网络的重要特性之一，网络切片的愿景是运营商基于网络功能虚拟化，为特定应用服务提供商提供独立的网络资源，用于实现业务的特殊保障。由于网络切片涉及接入网、核心网、传输网，只有接入网、核心网、传输网多域借助 AI 智能协作才能保证切片服务水平协议（Service Level Agreement，SLA）。5G 国际标准中利用 AI 技术提升切片业务能力主要聚焦在网管系统如何利用核心网 NWDAF 智能统计切片中容纳的最大 UE 数、切片中容纳的最大会话数和 / 或切片的平均用户业务体验等数据分析来智能调整接入网切片资源和核心网切片资源。

如图 4-6 所示，基于业务体验评估机制，NWDAF 计算切片 QoE，即基于业务 MOS 和网络数据，训练业务 MOS 模型，统计过去一段时间或者预测未来一段时间切片中的 UE 数、切片中的会话数和 / 或切片中平均用户业务体验，这些切片级数据分析结果可以被发给网管系统辅助切片 SLA 保障。比如 NWDAF 将上述切片级数据分析结果发送给网管系统，协助网管系统根据上述切片级数据分析结果以及网络系统本身数据，智能评估切片 SLA 是否得到满足，相应调整 RAN 切片资源配置和核心网切片资源配置。同时，NWDAF 也可以将上述切片级数据分析结果发送给核心网的 NSSF 或者 AMF，协助 NSSF 或者 AMF 确定切片中是否还可以准入新的 UE 或者切片中是否还可以创建新的会话。

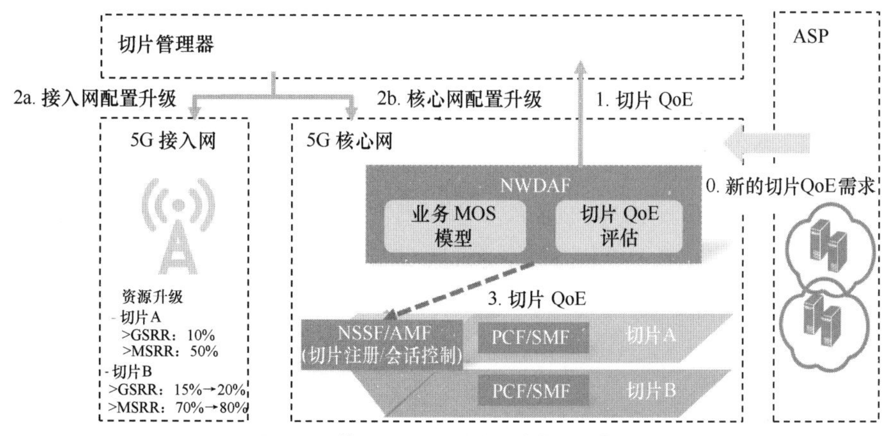

图 4-6 基于 QoS 预测的切片增强示意图

4.3 网络智能化的整体框架

本节将主要聚焦通用的基于 NWDAF 的 5G 智能网络架构，包括数据收集、数据分析结果。3GPP 在讨论智能框架架构以及接口方面的标准化工作时，对人工智能具体算法和模型训练及数据分析过程不进行讨论。3GPP 启动网络智能化的研究及标准化已有如下几个版本。

（1）在R15阶段，3GPP在5G网络架构中引入了NWDAF。NWDAF用于网络数据采集、网络数据分析，以及向其他的网络功能网元提供网络切片实例负载等分析信息。

（2）在R16阶段，3GPP专门成立了使能5G网络自动化（enabler of Network Automation for 5G，eNA）的立项，对R15 NWDAF功能进行了补充和增强，定义了基于单实例集中式的智能网络架构和能力，同时，也梳理了业务体验、网元负载、网络性能、UE移动性、UE交互性、终端异常行为等应用场景以及涉及的关键技术[1]。

（3）在R17阶段，3GPP进一步完成了eNA第二阶段的立项[2]，继续研究网络架构的进一步增强，包括NWDAF功能分解、数据收集效率提升、UE数据收集，定义了基于多实例分布式的智能网络架构和能力，同时进一步梳理了业务分布情况分析、WLAN性能、会话管理拥塞控制体验、DN性能等典型应用场景以及涉及的关键技术。

有关网络智能架构的3GPP标准协议TS 23.288[3]已于2019年6月正式发布，截至目前已经完成了R16和R17两个版本的标准化工作，其内容主要包括基于NWDAF的整体框架、关键流程以及NWDAF可提供的数据分析结果。具体的分析结果以及消费者如何基于这些分析结果做决策，分别在TS 23.501[4]、TS 23.502[5]、TS 23.503[6]以及TS 23.287[7]中定义。

后续，3GPP将继续研究网络智能架构增强，比如如何缓解数据孤岛、漫游场景、网络优化策略推荐、网络部署建议等。

4.3.1 网络智能化的基本框架

基于NWDAF的5G网络智能化架构如图4-7所示。从逻辑架构看，作为5G网络架构的一部分，NWDAF通过与核心网网元以及OAM网元之间的交互，可以实现的功能如下。

（1）数据收集：基于事件订阅，NWDAF可以从核心网网元以及OAM网元等收集数据。

（2）数据分析结果反馈：NWDAF可以按需向不同的网元（比如PCF、OAM等）分发数据分析结果。

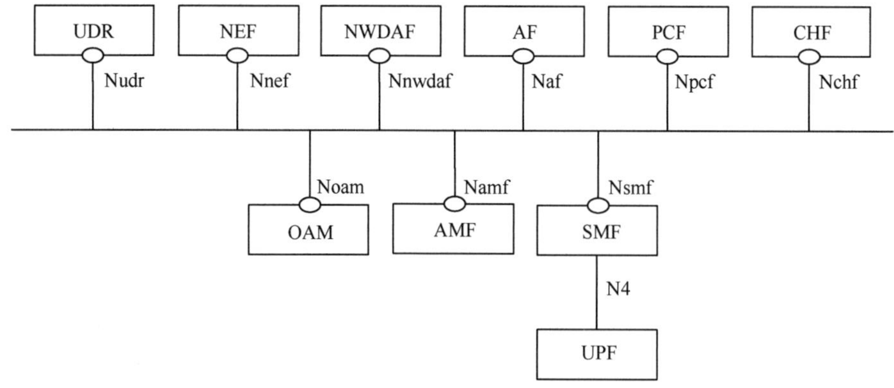

图 4-7　基于 NWDAF 的 5G 网络智能化架构

5G 网络架构可以支持将 NWDAF 作为中心功能网元部署，也支持将 NWDAF 作为分布式功能网元部署，或者将两种方式相结合。NWDAF 实例可以作为某个网元的子功能实现。NWDAF 相关的数据收集框架如图 4-8 所示。基于事件订阅，NWDAF 可以通过 Nnf 服务化接口从 5G 核心网网元收集数据，此外，NWDAF 还可以通过调用 OAM 服务从 OAM 收集数据。

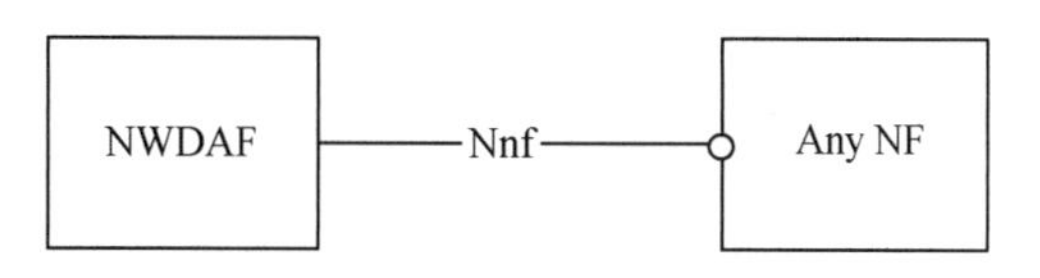

图 4-8　NWDAF 相关的数据收集框架

4.3.2　网络智能化的框架增强

4.3.2.1　基于数据收集协调网元的数据收集

针对数据收集，5G 网络引入了数据收集协调网元（Data Collection Coordination Function，DCCF），用于协调 NF 消费者所请求数据的收集和分发。通过 DCCF 网元，可以防止数据源（如 AMF、SMF 等）由于数据使用者的不协调请求而不得不处理同一数据的多个订阅，并发送包含相同信息的多个通知。这是因为将除 NWDAF 之外的 5GC NF（例如 SMF、AMF）作为通信网络的主体网元，其主要功能不在于提供数据，而在于提供通信服务。而一般 NWDAF 为了进行大数据分析所需获取的数据量又很大，所以重复上报大量相同数据会导致 5GC NF 的主体性能降低。

基于 DCCF 的数据收集架构如图 4-9 所示。为了请求收集数据，NWDAF 可以通过 Ndccf 接口向 DCCF 订阅数据或者取消订阅数据。如果 NWDAF 要请求的数据还没有被 DCCF 收集，DCCF 可以调用 NF 的 Nnf 接口收集数据，然后 DCCF 可以直接将数据传送给 NWDAF，或者，DCCF 借助于消息框架从 NF 收集数据然后传送给 NWDAF。

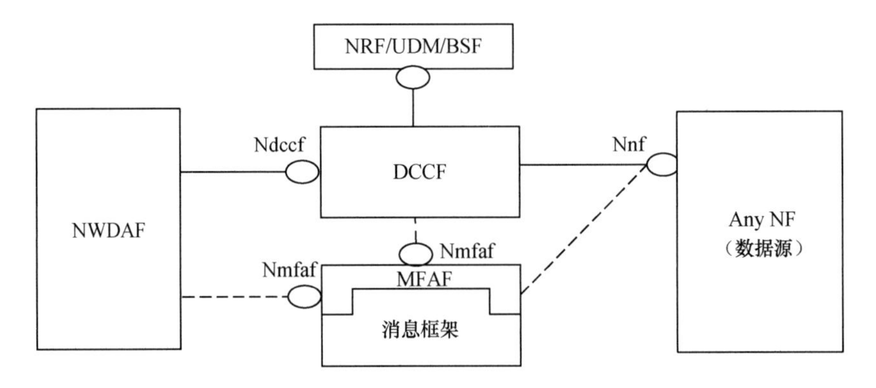

图 4-9　基于 DCCF 的数据收集架构

4.3.2.2　基于数据收集协调网元的分析结果反馈

针对分析结果反馈，也可以借助 DCCF 机制，在多个消费者 NF 向 NWDAF 请求同一份数据分析结果时，避免对 NWDAF 产生多次影响。基于 DCCF 的网络数据分析结果开放架构如图 4-10 所示。

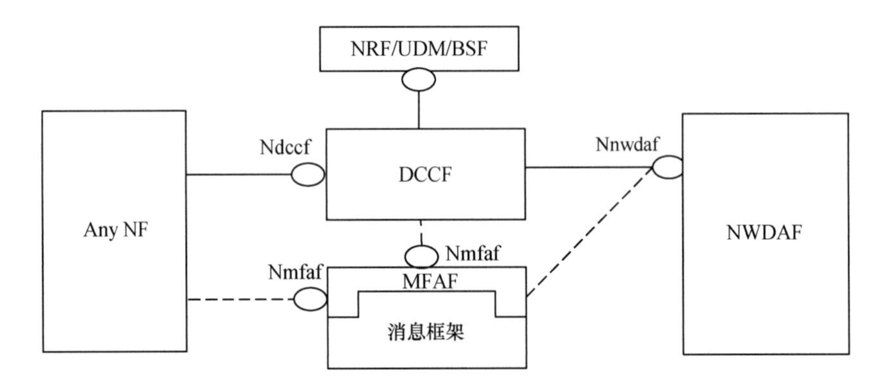

图 4-10　基于 DCCF 的网络数据分析结果开放架构

为了请求数据分析结果，消费者 NF 可以通过 Ndccf 接口向 DCCF 订阅分析结果或者取消订阅分析结果。如果消费者 NF 要请求的分析结果还没有被 DCCF 获取到，DCCF 可以调用 NWDAF 的 Nnwdaf 接口收集分析结果，然后 DCCF 可以直接将分析结果传送给消费者 NF，或者，DCCF 借助于消息框架从 NWDAF 收集分析结果然后将其传送给消费者 NF。

4.3.2.3　NWDAF 训练与推理功能切分以及机器学习模型分发架构

如图 4-11 所示，从逻辑上看，R16 NWDAF 可以分为 3 个模块，即数据存储、训练平台以及推理平台。多个逻辑网元叠加在一起，导致 R16 NWDAF 功能复杂，难以部署。在 R17 阶段，3GPP 将 NWDAF 的训练功能与推理功能进行拆分，同一个 NWDAF 可以拥有训练和推理功能中的一个或者全部，分别称为支持推理的 NWDAF [NWDAF(AnLF)]、支持训练的 NWDAF [NWDAF(MTLF)] 以及支持训练和推理的 NWDAF [NWDAF(AnLF+MTLF)]。

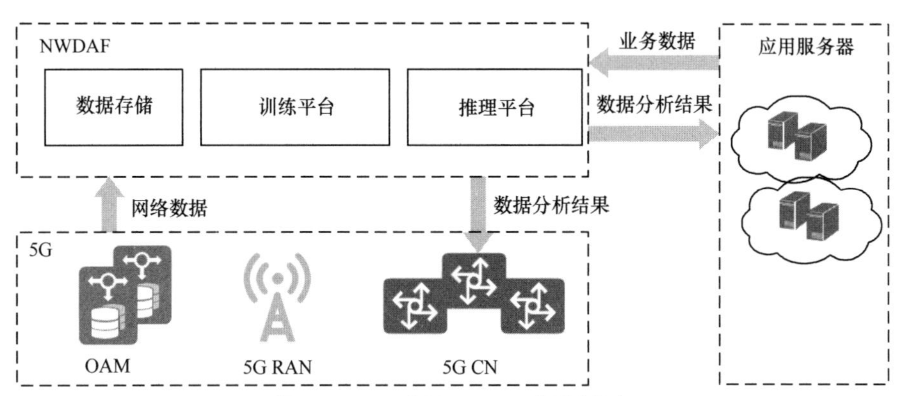

图 4-11　R16 基于 NWDAF 的网络框架

图 4-12 定义了 NWDAF 的 ML 模型分发架构。基于数据分析标识订阅，支持训练的 NWDAF 可以通过 Nnwdaf 服务化接口向支持推理的NWDAF提供ML模型。

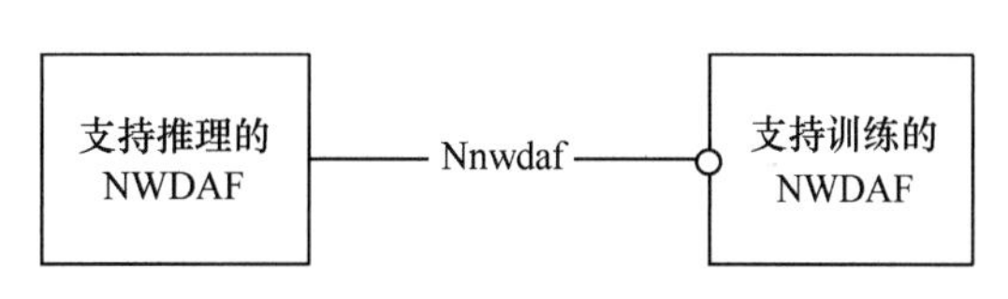

图 4-12　ML 模型分发架构

4.3.2.4　分析结果和数据存储架构

在 R17 阶段，5G 网络架构还引入了分析结果和数据存储网元（Analytics and Data Repository Function，ADRF），用于存储数据分析结果以及数据。如图 4-13 所示，5G 系统架构允许 ADRF 存储、检索数据和分析结果。该架构支持以下选项。

- ADRF 提供 Nadrf 服务，以便由其他 5GC NF（例如 NWDAF）通过该服务存储和检索数据。
- 根据 NF 请求或 DCCF 上的配置，DCCF 可以确定 ADRF，并直接或间接与 ADRF 交互，请求或存储数据。
- 消费者 NF 可以在对 DCCF 的请求中指定数据源（NF Type 或者 NF Set ID）提

供的数据需要存储在 ADRF 中。

- ADRF 检查 Data 消费者是否有权访问 ADRF 服务。

值得注意的是，消息框架的内部逻辑不在 3GPP 的讨论范围内，标准化过程中只关注 MFAF 和其他 3GPP 定义的 NF 之间的接口。

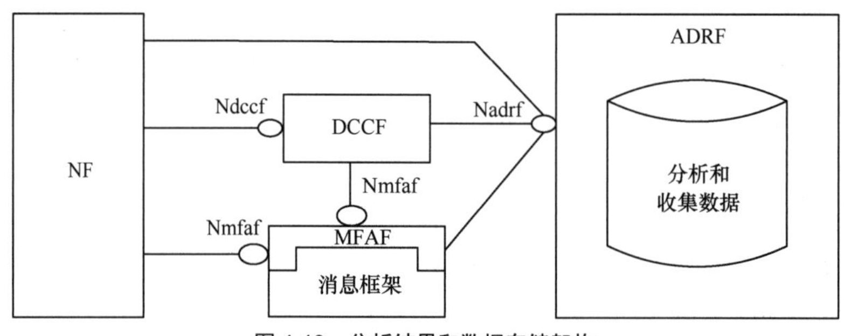

图 4-13　分析结果和数据存储架构

4.3.3　网络智能化的关键流程

本节主要关注通用的数据收集流程以及分析结果反馈流程。NWDAF 可以从控制面、网管、第三方 AF、RAN 等收集数据。由于同一个用户的数据分布在不同的网元上，为了进行数据分析，需要进一步考虑关联不同网元上的数据。通用数据分析结果反馈流程可以从 5G 网元以及第三方 AF 两个维度进行考虑。

4.3.3.1　数据收集流程

1. 从网络收集数据

NWDAF 从 NFs/AF 收集数据的流程如图 4-14 所示。NWDAF 基于事件订阅从 NFs/AF 收集数据，NFs/AF 收到相关订阅信息后，进行相应的确认，然后开始相关的数据发送。

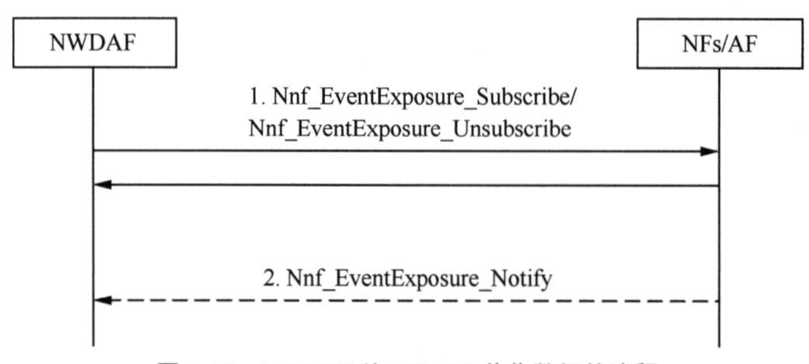

图 4-14　NWDAF 从 NFs/AF 收集数据的流程

NWDAF 从第三方 AF 收集数据的流程如图 4-15 所示。具体步骤如下。

步骤 1a：AF 将每个业务支持的数据类型配置在 NEF 上，NEF 可以生成相应 NEF 参数（Event ID，AF ID，Application ID），并注册到 NRF。

步骤 1b：当 NWDAF 需要从第三方 AF 收集数据时，首先查询 NRF 获取合适的 NEF 地址。

步骤 2 至步骤 5：NWDAF 订阅所述 NEF 或者第三方 AF 上的数据。基于 NWDAF 请求，NEF 进一步向 AF 订阅数据。

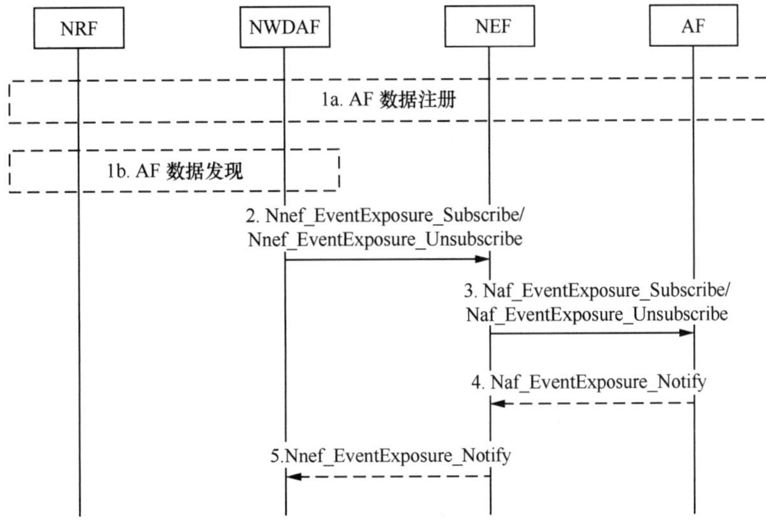

图 4-15　NWDAF 从第三方 AF 收集数据的流程

NWDAF 从 OAM 收集数据的流程如图 4-16 所示。NWDAF 向 OAM 发起订阅消息，OAM 回复 NWDAF 订阅消息，并进行数据处理。数据准备完成后，通知 NWDAF 相关数据准备完毕并进行后续数据发送。

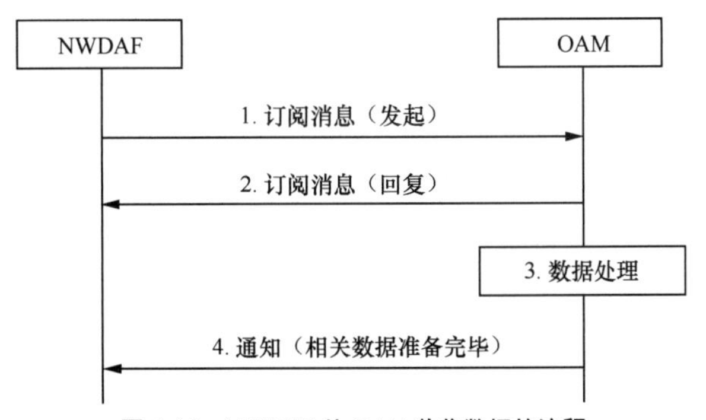

图 4-16　NWDAF 从 OAM 收集数据的流程

2. 从 UE 收集数据

网络架构智能化中除了考虑网络设备产生的数据，UE 数据也是重要的数据输入来源。基于网络数据和 UE 数据，NWDAF 可以训练出更好的模型，从而提升推理的效果，为用户提供更好的服务。

NWDAF 和 AF 交互收集 UE 应用层数据，用于训练 AI 模型和输出分析结果。AF 可以归属于运营商网络或者第三方。当前协议中并没有定义 NWDAF 和 UE 之间的直接接口，当 NWDAF 触发 UE 数据收集时，会进一步触发 AF 从 UE 收集数据。

基于 UE 和 5G 网络之间 PDU 会话，UE 应用程序会和 AF 建立基于用户面的连接，UE 端数据收集过程如图 4-17 所示。具体如下。

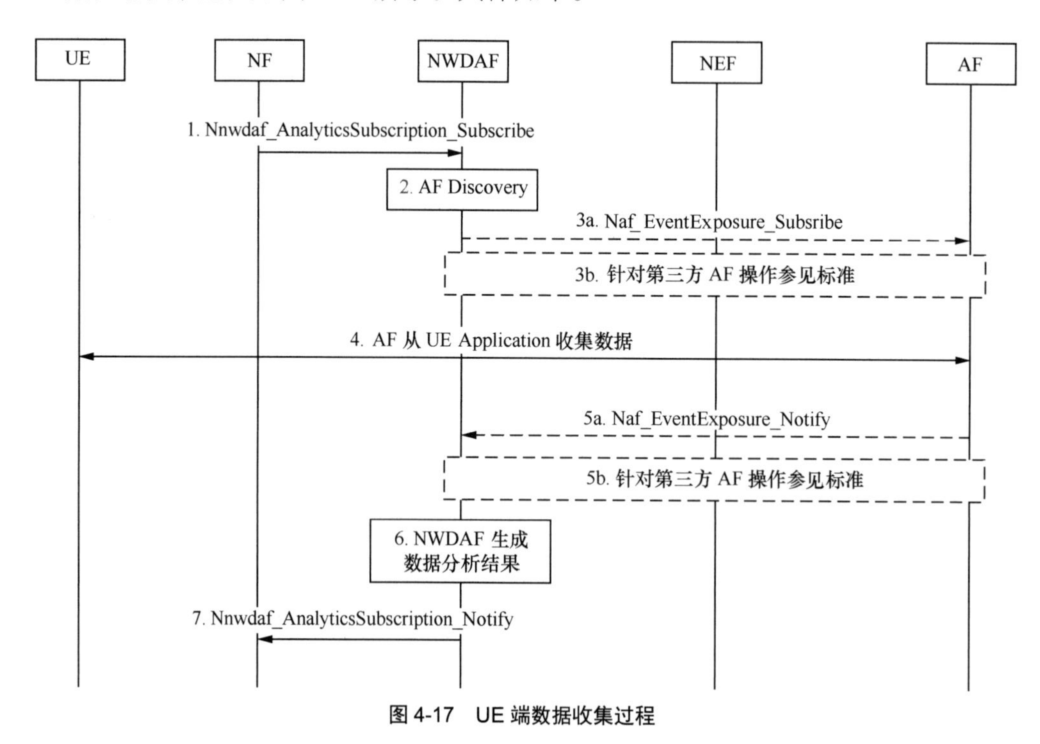

图 4-17　UE 端数据收集过程

（1）步骤 1 ～ 2：NF 从 NWDAF 订阅数据分析结果。NWDAF 查询 NRF 获取能够提供对应数据的 AF。在 NWDAF 查询 NRF 之前，AF 已将其 NF 参数注册到 AF，告诉 NRF 该 AF 能提供哪些数据。

（2）步骤 3：NWDAF 调用数据收集请求服务，从 AF 收集数据，AF 基于 Application ID 将 NWDAF 发送的数据请求消息和 UE 的数据收集过程绑定起来。

- NWDAF 发送的数据请求消息包含 Application ID。
- 当 AF 从 UE 收集数据时，UE 也将配置在 UE 的 Application ID 告知 AF。

步骤 3a 是针对运营商的 AF，步骤 3b 是针对第三方的 AF。

（3）步骤 4：AF 从 UE Application 收集数据。注意：UE 和 AF 之间的连接在数据收集之前已提前建立。

（4）步骤 5：AF 向 NWDAF 发送数据响应消息，将 NWDAF 请求的相关的数据发送给 NWDAF。步骤 5a 是针对运营商的 AF，步骤 5b 是针对第三方的 AF。

（5）步骤 6 ～ 7：NWDAF 生成数据分析结果并将其反馈给消费者 NF。

由于同一个用户的数据分布在不同的网元上，比如位置信息分布在 AMF 上、会话信息分布在 SMF 上、策略信息分布在 PCF 上、无线信道信息分布在 RAN 上、流信息分布在 UPF 上、业务信息分布在 AF 上等，NWDAF 需要分析整个用户端到端的数据，将同一个用户分布在不同网元上的数据关联起来。NWDAF 通过不同的关联标识两两关联不同网元上的数据，如图 4-18 所示。

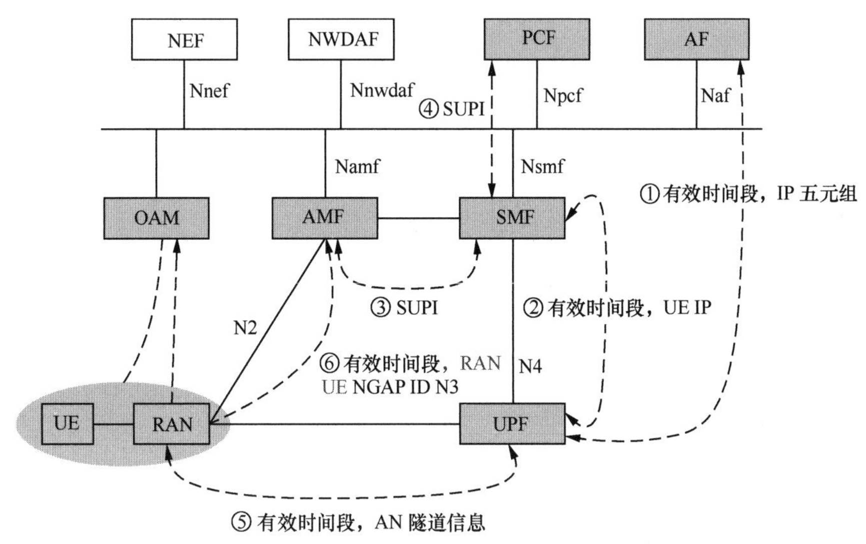

图 4-18　NWDAF 两两关联不同网元上的数据示意图

NWDAF 从各个网元收集数据后，需要将各个网元上的数据关联在一起才可以进行数据模型训练。NWDAF 收集的数据可以是 UE 级别的、会话级别的、QoS 流级别的或者是业务流级别的。在实际数据收集时，需要明确定义各个网元在上报不同粒度的数据如何关联，以及使用什么关联标识来关联，具体的标识过程如表 4-1 所示。

表 4-1　各个网元上的数据关联标识

关联标识	用途
IP五元组以及有效时间段	用于关联AF数据以及UPF数据
AN隧道信息以及有效时间段	用于关联UPF数据以及来自RAN的OAM数据（如RSRP、RSRQ、SINR数据）
UE IP地址以及有效时间段	用于关联UPF数据和SMF数据
SUPI	用于关联SMF数据和AMF数据
SUPI，DNN，S-NSSAI或者UE IP地址	用于关联SMF数据和PCF数据
RAN UE NGAP ID以及有效时间段	用于关联AMF数据以及来自RAN的OAM数据（如RSRP、RSRQ、SINR数据）

4.3.3.2　数据分析结果反馈流程

数据分析结果反馈如图 4-19 所示，NWDAF 可以通过 Nnwdaf 服务化接口向 5G 核心网网元以及 OAM 提供数据分析结果。数据分析结果反馈有订阅 / 通知模式和请求 / 响应模式两种主要方式。

Any NF　Nnwdaf　NWDAF

图 4-19　数据分析结果反馈

1. 订阅 / 通知模式

订阅 / 通知模式下，NWDAF 可以把数据分析结果反馈给网络网元，或者通过 NEF 反馈给第三方的 AF。

（1）数据分析结果反馈给网络网元。

网元发起的数据分析结果订阅和通知如图 4-20 所示。基于订阅 / 通知模式，NWDAF 服务消费者（比如核心网网元、OAM），通过 Nnwdaf_AnalyticsSubscription 服务操作向 NWDAF 订阅数据分析结果。

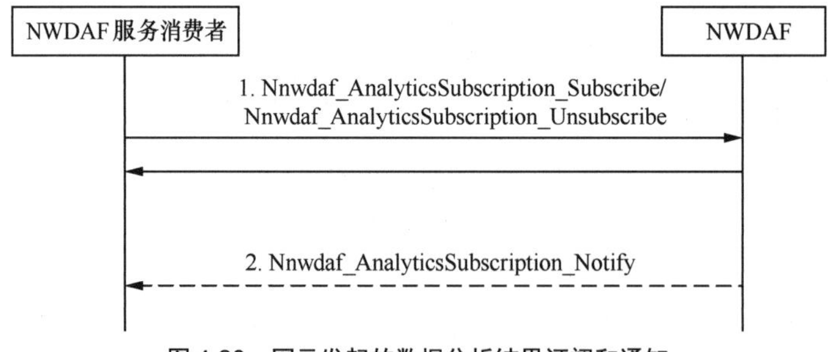

图 4-20　网元发起的数据分析结果订阅和通知

（2）数据分析结果通过 NEF 反馈给第三方 AF。

第三方 AF 发起的数据分析结果订阅和通知如图 4-21 所示。第三方 AF 通过

NEF 向 NWDAF 订阅数据分析结果，NWDAF 在收到订阅通知后，进行相应的确认和信息发送。NEF 首先会对订阅请求服务操作进行授权，只有授权通过时，才允许执行后续步骤。同时，NEF 会基于运营商的策略检查 AF 请求中的 Analytics ID，只有符合运营商策略的才会进一步触发 NWDAF 的数据分析结果订阅请求。

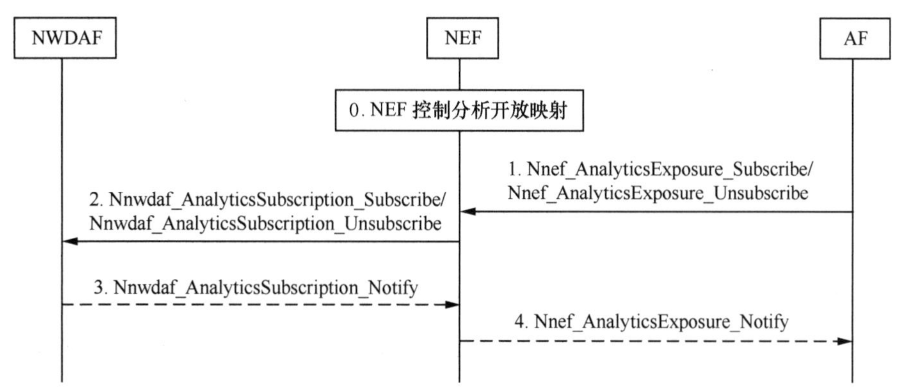

图 4-21　第三方 AF 发起的数据分析结果订阅和通知

2. 请求 / 响应模式

请求 / 响应模式下，NWDAF 有三种方式进行数据反馈：数据分析结果反馈给网络网元、数据分析结果反馈给第三方 AF 和通过消息框架进行分析结果转发。

（1）数据分析结果反馈给网络网元。

网元发起的数据分析结果请求和响应如图 4-22 所示。基于请求 / 响应模式，NWDAF 服务消费者通过 Nnwdaf_AnalyticsInfo 服务操作向 NWDAF 请求数据分析结果。

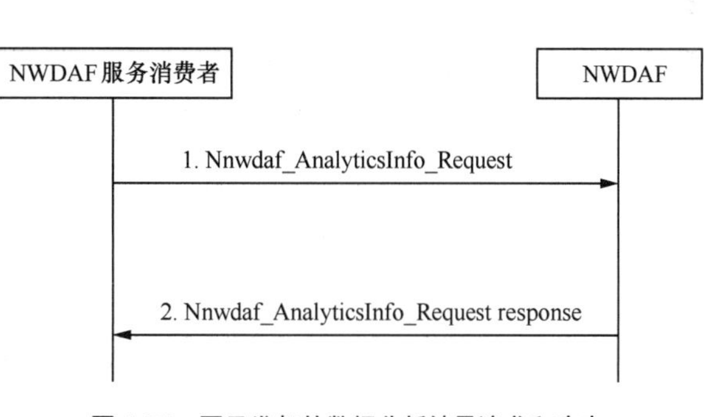

图 4-22　网元发起的数据分析结果请求和响应

（2）数据分析结果反馈给第三方 AF。

第三方 AF 发起的数据分析结果请求和响应如图 4-23 所示。第三方 AF 通过 NEF 向 NWDAF 请求数据分析结果。对比 NWDAF 通过 NEF 向第三方 AF 反馈数据分析结果的订阅和通知流程可以看出，请求 / 响应模式下 NWDAF 需要对请求消息做出快速的反应。

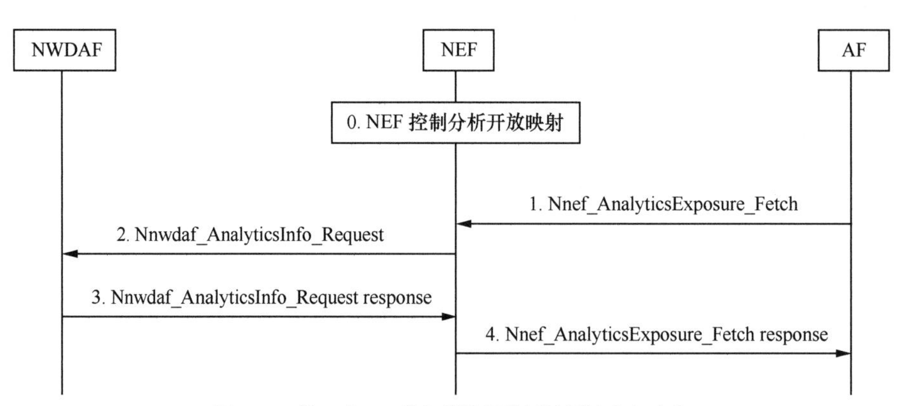

图 4-23　第三方 AF 发起的数据分析结果请求和响应

（3）通过消息框架进行分析结果转发。

通过消息框架进行分析结果转发的流程如图 4-24 所示，分析结果用户（Analytics Consumer，如 NF/OAM）使用 Ndccf_DataManagement_Subscribe 从 NWDAF 订阅分析结果。消息框架适配器（Messaging Framework Adaptor Function，MFAF）作为消息总线（Message Bus）适配器。DCCF 通过 MFAF 和消息总线交互，指示消息总线如何转发从 NWDAF 接收的数据分析结果。分析结果用户是直接联系 NWDAF 还是通过 DCCF 来连接，取决于分析结果用户本地配置。需要注意的是，消息总线不属于 3GPP 讨论范畴，3GPP 目前只定义 DCCF 通过 MFAF 和消息总线交互信息。

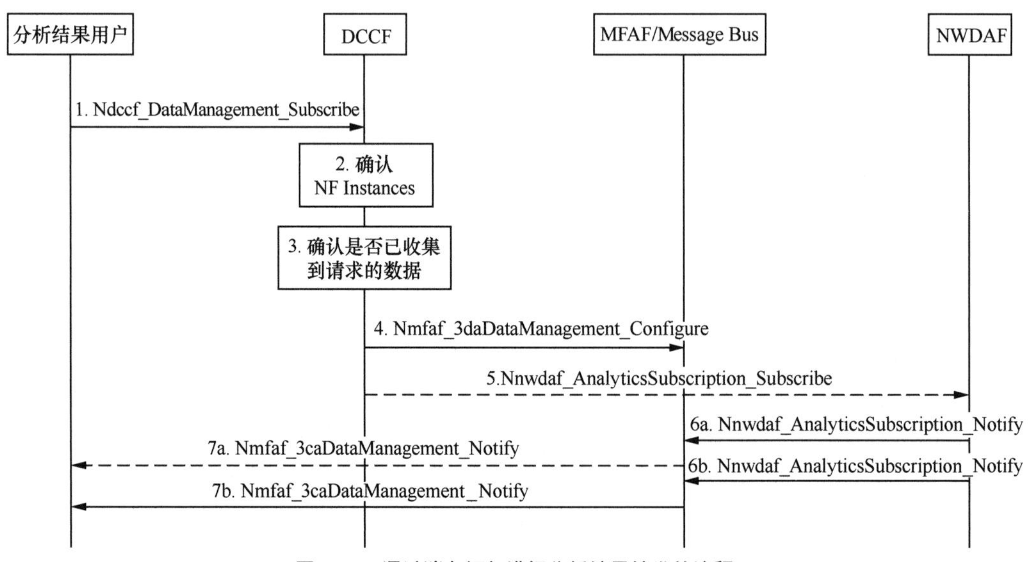

图 4-24　通过消息框架进行分析结果转发的流程

4.3.3.3　机器学习模型分发流程

1. 综述

为了获取机器学习模型（ML 模型），支持推理功能的 NWDAF［NWDAF（AnLF）］在本地可以配置一个或者多个支持训练功能的 NWDAF［NWDAF（MTLF）］的标识，NWDAF（AnLF）可以借助 NRF 从本地配置的一个或者多个 NWDAF（MTLF）中寻址到目标 NWDAF（MTLF），然后从目标 NWDAF（MTLF）获取机器学习模型。

NWDAF（AnLF）向 NWDAF（MTLF）订阅或者请求机器学习模型时，需要携带的输入参数如下。

- Analytics ID：标识 ML 模型推理所得分析结果对应的分析类型。
- Analytics Filter：ML 模型的适配范围，如 S-NSSAI、区域。
- Target of Analytics Reporting：指示请求分析 ML 模型的对象，如特定 UE、一组 UE 或任何 UE（所有 UE）。
- ML Model target period：指示请求分析 ML 模型的时间间隔（开始时间，结束时间）。

NWDAF（MTLF）向 NWDAF（AnLF）提供的模型信息如下所示。

- ML 模型信息：包括 ML 模型文件地址（如 URL 或 FQDN），或存储 ML 模型的 ADRF ID。
- Validity period：ML 模型信息应用的时间段。
- Spatial validity：ML 模型信息应用的区域。

2. ML 模型订阅 / 去订阅

图 4-25 给出 NWDAF（AnLF）向 NWDAF (MTLF) 订阅或者去订阅 ML 模型过程。注意，同时支持训练和推理的 NWDAF［NWDAF（MTLF+AnLF）］既可以作为模型的消费者，也可以作为模型的提供者。

3. ML 模型请求与响应

图 4-26 给出 NWDAF（AnLF）向 NWDAF（MTLF）发送 Nnwdaf_MLMoldelInfo_Request 消息，请求 ML 模型的流程图。NWDAF（MTLF）向 NWDAF（AnLF）提供 ML 模型信息。

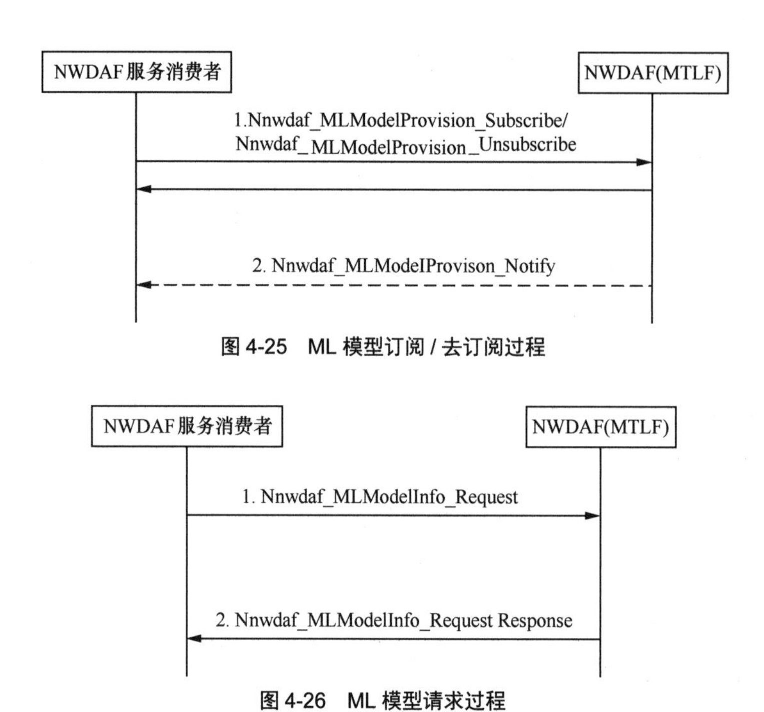

图 4-25　ML 模型订阅 / 去订阅过程

图 4-26　ML 模型请求过程

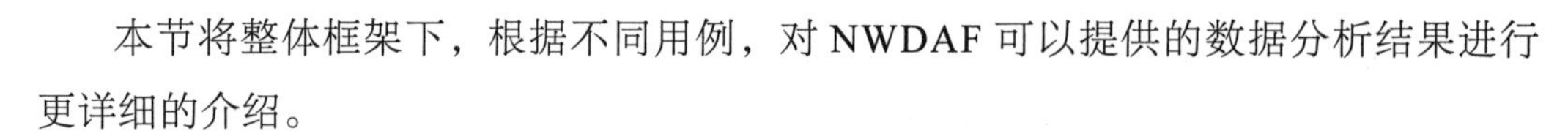

4.4　NWDAF可提供的数据分析结果

本节将整体框架下，根据不同用例，对 NWDAF 可以提供的数据分析结果进行更详细的介绍。

值得说明的是，本节每个用例给出的输入数据都与场景强相关，在具体实现时 AI/ML 模型的输入不限定于这些输入数据。大数据本身往往具有不可解释性，而模型的泛化能力也会随数据变化而变化。本节重点介绍国际标准化过程中给出的潜在的输入数据、业务流程。在具体实现时，可以根据业务变化适时调整这些输入数据。

4.4.1　业务体验数据分析结果

4.4.1.1　场景描述

业务体验数据分析主要关注 NWDAF 如何根据已有业务体验数据和网络数据训练业务体验模型，从而测量业务体验并产生业务体验数据分析结果。

4.4.1.2　输入数据

NWDAF 需要从不同网元收集数据以便训练得到业务体验模型，其中，从 AF 收集所得业务数据如表 4-2 所示，从 5G 核心网网元收集所得网络数据如表 4-3 所示，从网管收集所得网络数据如表 4-4 所示。

表 4-2　来自 AF 的业务数据

数据类型（Event ID）	数据源	描述
业务标识（Application ID）	AF	用于标识一个业务
业务位置（Location of Application）	AF/NEF	通过一个或者多个DNAI标识的业务能够服务的区域。NEF可以通过AF-Service-Identifier映射到这些DNAI
业务体验（Service Experience）	AF	业务体验信息，比如语音业务的MOS分、视频业务的Video MOS或者业务提供方的业务MOS
时间戳（Timestamp）	AF	对应AF打点业务体验的时间

表 4-3　来自 5G 核心网网元的 QoS flow 级别网络数据

数据类型（Event ID）	数据源	描述
时间戳（Timestamp）	5GC NF	标识网元收集到下面数据时的时间
位置信息（Location Info）	AMF	UE位置
DNN	SMF	标识业务所在QoS流的PDU会话的DNN
S-NSSAI	SMF	标识业务所在切片
业务标识（Application ID）	PCF/SMF	AF提供的业务标识以便运营商网络标识QoS流的业务类型
IP过滤信息（IP Filter Information）	PCF/SMF/UPF	AF提供的IP过滤信息，帮助NWDAF识别业务流
QoS流标识（QFI）	PCF/SMF	QoS流的标识
QoS流比特率（QoS Flow Bit Rate）	UPF	UPF观测到的QoS流的上行或者下行带宽
QoS流包时延（QoS Flow Packet Delay）	UPF	UPF观测到的QoS流的上行或者下行包时延
包重传个数（Packet Retransmission）	UPF	UPF观测到的包重传个数

表 4-4　来自 OAM 的 UE 级别网络数据

数据类型（OAM Service）	数据源	描述
参考信号接收功率（Reference Signal Received Power，RSRP）	OAM	RSRP（包括SS-RSRP，CSI-RSRP，E-UTRA RSRP等）UE测量所得，然后上报给RAN，RAN进一步上报给OAM
参考信号接收质量（Reference Signal Received Quality，RSRQ）	OAM	RSRQ（包括SS-RSRQ，CSI-RSRQ，E-UTRA RSRQ等）UE测量所得，然后上报给RAN，RAN进一步上报给OAM
信噪比（Signal-to-noise and interference ratio，SINR）	OAM	SINR（包括SS-SINR，CSI-SINR，E-UTRA SINR等）UE测量所得，然后上报给RAN，RAN进一步上报给OAM

4.4.1.3 输出数据分析结果

基于业务体验模型以及网络数据，NWDAF 可以评估当前业务的业务体验，具体的业务体验信息可以从以下的维度来描述。

（1）网络数据分析结果标识：Analytics ID=Service Experience。

（2）业务标识：Application ID。

（3）分析结果的有效网络区域：Network Area。

（4）分析结果的有效时间窗：Time Window。

（5）业务所在切片标识：S-NSSAI。

（6）业务所在数据网络名称：DNN。

4.4.1.4 流程

NWDAF 分析和提供业务体验数据分析结果的流程如图 4-27 所示。具体步骤如下。

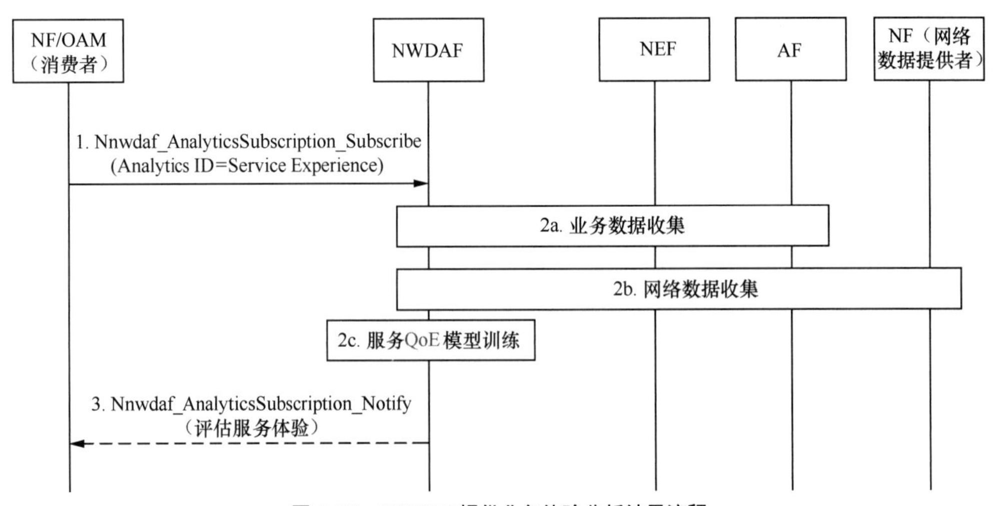

图 4-27 NWDAF 提供业务体验分析结果流程

步骤 1：NF 触发到 NWDAF 的 Nnwdaf_AnalyticsSubscription_Subscribe(Analytics ID = Service Experience) 服务操作，用于订阅业务体验数据。

步骤 2a.：NWDAF 收集 AF 上的业务数据。

步骤 2b：NWDAF 收集网元上的网络数据。

步骤 2c：NWDAF 基于业务数据和网络数据，训练得到业务体验模型。

步骤 3：NWDAF 通过向 NF 提供业务体验数据分析结果，指示业务运行质量的好坏。

当 NF 是 PCF 时，PCF 基于业务体验信息，判定当前业务的业务体验要求能否满足。如果不满足，则 PCF 调整业务 QoS 参数。

另外，NWDAF 也可以将业务体验信息发给 OAM，辅助 OAM 更新网络切片资源，以保障切片租户的 SLA 要求。

4.4.2 网元负载数据分析结果

4.4.2.1 场景描述

NWDAF 根据网络数据生成网元负载并将其反馈给包括 NRF、SMF、AMF 在内的任意网元和辅助网元。

4.4.2.2 输入数据

NWDAF 需要收集的基础网元负载信息如表 4-5 所示。除了负载量外，还需要综合考虑网元的状态和资源情况。

表 4-5 用于网元负载信息分析的数据

数据类型（Event ID）	数据源	描述
网元负载（NF Load）	NRF	网元实例的负载信息
网元状态（NF Status）	NRF	网元实例的状态
网元资源使用（NF Resource Usage）	OAM	网元虚拟资源（CPU、内存、硬盘）分配情况

如果要分析 UPF 网元的负载信息，NWDAF 还需要进一步收集的信息如表 4-6 所示。

表 4-6 用于 UPF 负载信息分析的数据

数据类型（Event ID）	数据源	描述
流量使用报告（Traffic Usage Report）	UPF	UPF上用户流量报告

4.4.2.3 输出数据分析结果

基于上述数据，NWDAF 可以通过数据分析得到两种类型的网元负载信息。

（1）网元负载信息统计如表 4-7 所示。

表 4-7 网元负载信息统计

分析结果类型	描述
资源状态列表	每个网元实例所观测到的负载信息列表
• 网元实例标识（Instance ID）	标识一个网元实例
• 网元状态（NF Status）	在特定时间内的网元状态
• 网元资源使用（NF Resource Usage）	平均网元资源（CPU、内存、硬盘）分配
• 网元负载（NF Load）	在特定时间内网元的平均负载
• （可选）网元高峰负载（NF Peak Load）	在特定时间内网元的最大负载

（2）网元负载信息预测，如表 4-8 所示。

表 4-8 网元负载信息预测

分析结果类型	描述
资源状态列表（1…n）	每个网元实例所预测到的负载信息列表
• 网元实例标识（Instance ID）	标识一个网元实例
• 网元状态（NF Status）	在特定时间内的网元状态
• 网元资源使用（NF Resource Usage）	平均网元资源（CPU、内存、硬盘）分配
• 网元负载（NF Load）	在特定时间内网元的平均负载
• （可选）网元高峰负载（NF Peak Load）	在特定时间内网元的最大负载
• 置信度（Confidence）	NWDAF预测得到上述信息的可信度

4.4.2.4 流程

NWDAF 提供网元负载信息流程如图 4-28 所示。

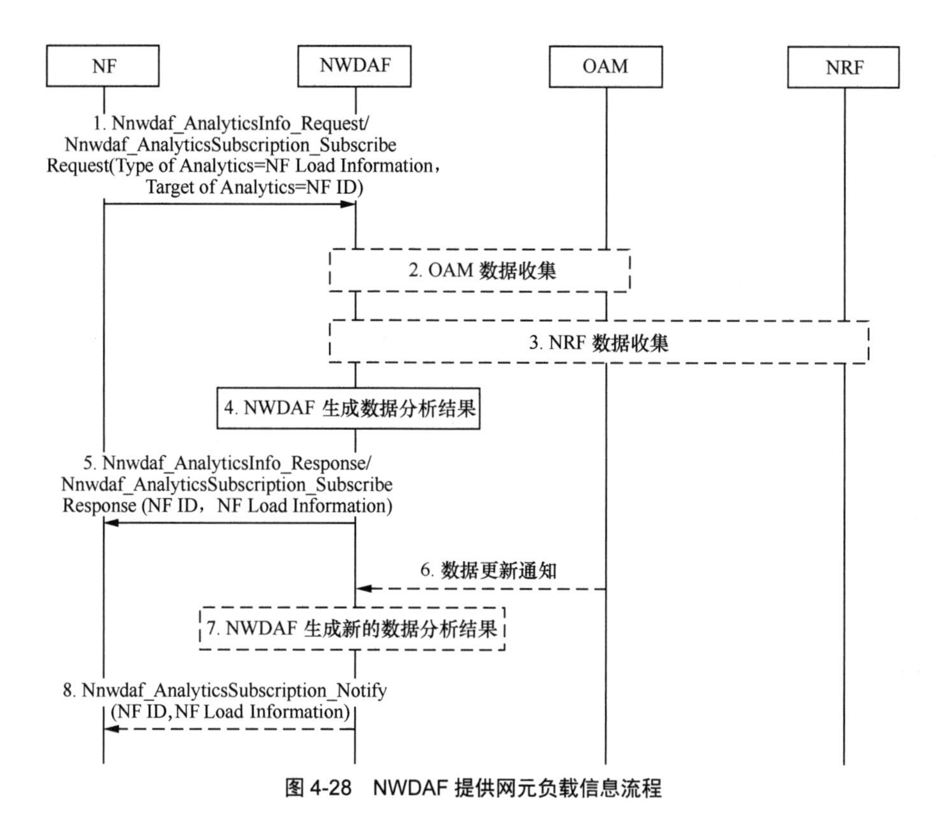

图 4-28 NWDAF 提供网元负载信息流程

步骤 1：NF 触发到 NWDAF 的 Nnwdaf_AnalyticsInfo_Request 或者 Nnwdaf_AnalyticsSubscription_Subscribe Request 服务操作，用于订阅网元负载信息。

步骤 2 和步骤 3：NWDAF 会向 OAM、NRF 收集数据。

步骤 4 至步骤 8：NWDAF 生成该网元实例的数据分析结果并将其反馈给 NF。

4.4.3 UE 移动性数据分析结果

4.4.3.1 场景描述

引入 NWDAF 后，可以考虑使用数据分析挖掘海量的 UE 位置信息。基于这些信息，可以更加准确地预测 UE 的移动模式，例如可以基于某类人群的活动规律预测结果并将其反馈给网络侧，这样 AMF 能够在小区列表范围内寻呼 UE，从而减轻寻呼负担、节省寻呼资源。

4.4.3.2 输入数据

为了通过数据分析得到终端移动性数据分析结果，NWDAF 可以从 OAM、5G

核心网网元以及 AF 收集 UE 移动性信息。

（1）从 OAM 收集 UE 位置信息，其中 UE 位置信息主要为 MDT（Minimization of Drive-Test，最小化路测）数据。

（2）从 AMF 收集的 UE 移动性数据，如表 4-9 所示。

表 4-9　从 AMF 收集的 UE 移动性数据

数据类型	描述
UE标识	SUPI
UE位置列表（1…max）	
• UE位置	UE进入的TA或者小区
• 时间戳	AMF检测到的UE进入该TA或者小区的时间
类型分配码（Type Allocation Code，TAC）	UE类型标识，指示终端的厂商。通常情况下，具有相同TAC的UE具有类似的UE移动性行为，如果其中部分UE不符合该UE移动性行为，这些UE可能存在异常
频繁移动性重注册（Frequent Mobility Re-registration）	由于无线信道质量差异，一个静止的UE可能在两个邻居小区之间重选，这样就导致UE可能在不同的注册区域之间来回注册。因此，频繁移动性重注册次数可以指示一个UE是否异常

（3）从 AF 收集的 UE 移动性数据，如表 4-10 所示。

表 4-10　从 AF 收集的 UE 移动性数据

数据类型	描述
UE ID	GPSI或者外部UE标识
业务标识	提供该UE移动性信息的业务标识
UE移动轨迹（1…max）	
• UE位置	UE的位置信息
• 时间戳	UE进入该TA或者小区的时间

4.4.3.3　输出数据分析结果

基于上述数据，NWDAF 可以通过数据分析得到两种类型的 UE 移动性数据分析结果。

（1）UE 移动性统计数据分析结果，如表 4-11 所示。

表 4-11　UE 移动性统计数据分析结果

分析结果类型	描述
UE群组标识或者UE标识	标识一组UE（如TS 23.501中定义的Internal Group ID）或者一个UE（如SUPI）
时间槽信息（1…max）	
① 时间槽的开始时间	开始时间
② 时长	时间槽的时长
③ UE位置列表（1…max）	观测到的位置统计
• UE位置	UE的位置信息
• UE占比	位于该位置的UE在终端群组中所占的比率

（2）UE 移动性预测数据分析结果，如表 4-12 所示。

表 4-12　UE 移动性预测数据分析结果

分析结果类型	描述
UE群组标识或者UE标识	标识一组UE（如TS 23.501中定义的Internal Group ID）或者一个UE（如SUPI）
时间槽信息（1…max）	
① 时间槽的开始时间	开始时间
② 时长	时间槽的时长
③ UE位置列表（1…max）	观测到的位置统计
• UE位置	UE的位置信息
• UE占比	位于该位置的UE在终端群组中所占的比率
• 置信度（Confidence）	NWDAF预测得到上述信息的可信度

4.4.3.4　流程

NWDAF 可以以统计的形式或者预测的形式向任意 NF 提供 UE 移动性数据分析结果，如图 4-29 所示。

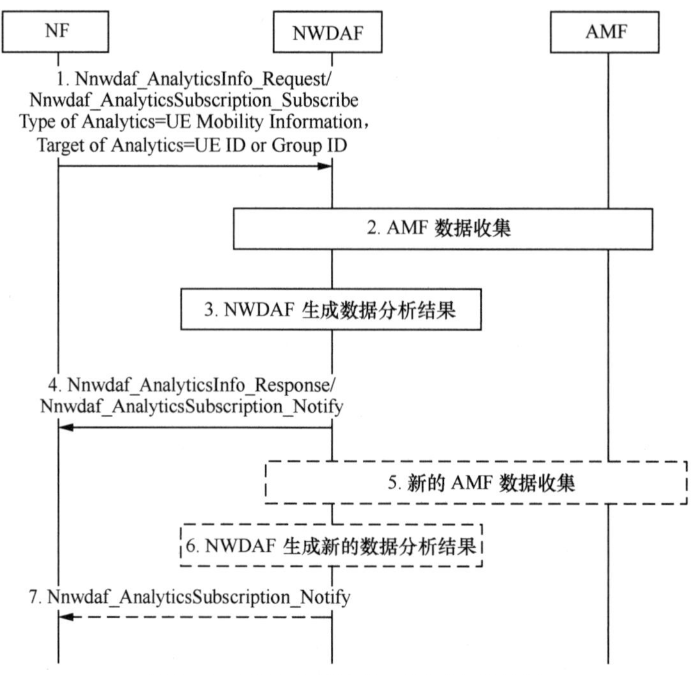

图 4-29 NWDAF 提供 UE 移动性信息流程

步骤 1：NF 通过 Nnwdaf_AnalyticsInfo_Request 或者 Nnwdaf_AnalyticsSubscription_Subscribe 服务向 NWDAF 请求 UE 行为数据分析结果。

步骤 2：NWDAF 向 AMF 请求数据。

步骤 3：NWDAF 生成数据分析结果。

步骤 4：NWDAF 向 NF 发送数据分析结果。

步骤 5 至步骤 7：当数据分析结果改变时，NWDAF 通知 NF 更新后的数据分析结果。

4.4.4 UE 交互性分析结果

4.4.4.1 场景描述

第三方 AF 可以提供 UE 的交互模式（Communication Pattern，CP）数据给网络侧，如表 4-13 所示，网络侧可以根据该信息对 UE 的网络行为进行一定程度的监管。比如，某个地区的电表仅在每个月第一周的周一上午九点上报用户电量使用信息，如果该电表在其他时间发包或者电表频繁发包，则电表可能存在异常。

表 4-13　交互模式参数

交互模式参数	描述
周期性交互指示	指示终端业务数据传输是否是周期性
交互时长	终端业务数据传输时长，比如，5分钟
交互周期	终端业务数据传输周期，比如，每个小时
计划通信时间	终端业务数据传输时区，每个星期的周几等，比如Time：13:00—20:00，Day：星期一
静止指示	指示终端是静止的还是移动的

第三方 AF 提供的上述信息可能不可信或者第三方 AF 不能提供 UE 的交互模式数据，所以运营商可能需要基于网络数据直接生成 UE 移动性管理相关的数据分析结果。此时，需要考虑 NWDAF 生成 UE 移动性管理相关的数据分析结果，即 UE 交互性信息（UE Communication）。

4.4.4.2　输入数据

为了生成 UE 交互性数据分析结果，NWDAF 需要收集的数据如表 4-14 所示。

表 4-14　UE 交互类数据

数据类型	数据源	描述
UE标识	AF	GPSI或者外部UE标识
UE群组标识		Internal Group ID
关联信息	AF	标识一个流量的业务
业务标识	AF	业务ID
交互模式参数	AF	同TS 23.502定义的交互模式
UE交互信息（1…max）	AF	
• 交互开始时间		
• 交互结束时间		
• 上行数率		业务期待的UE交互上行数率（单位时间内上行包个数）
• 下行数率		业务期待的UE交互下行数率（单位时间内下行包个数）
类型分配码（Type Allocation Code）	AMF	UE类型标识，指示UE的厂商

依赖于请求的精细程度或者为了避免信令开销给网络带来的压力，在收集数据时，NWDAF 可以从海量 UE 中抽样收集。

4.4.4.3　输出数据分析结果

基于上述数据，NWDAF 可以通过数据分析得到两种类型的 UE 交互性数据分析结果。

（1）UE 交互性统计数据分析结果，如表 4-15 所示。

表 4-15　UE 交互性统计数据分析结果

分析结果类型	描述
UE群组标识或者UE标识	标识一组UE（如TS 23.501中定义的Internal Group ID）或者一个UE（比如SUPI）
UE交互信息（1…max）	
• 周期性交互指示	指示UE业务数据传输是否是周期性
• 周期	UE业务数据传输周期，比如，每个小时
• 计划通信时间	UE业务数据传输时区，每个星期的周几等，比如，Time：13:00-20:00，Day：星期一
• 开始时间	交互开始时间
• 时长	交互时长
• 流量特征	DNN、端口等
• 流量特征	上行或者下行流量（均值或者方差）
• UE占比	处于该交互信息下的终端在UE群组中所占比率

（2）UE 移动性统计信息，如表 4-16 所示。

表 4-16　UE 移动性预测数据分析结果

分析结果类型	描述
UE群组标识或者终端标识	标识一组UE（如TS 23.501中定义的Internal Group ID）或者一个UE（比如SUPI）
UE交互信息（1…max）	
• 周期性交互指示	指示UE业务数据传输是否是周期性
• 周期	UE业务数据传输周期，比如，每个小时
• 计划通信时间	UE业务数据传输时区，每个星期的周几等，比如，Time：13:00-20:00，Day：星期一
• 开始时间	交互开始时间
• 时长	交互时长
• 流量特征	DNN、端口等
• 流量特征	上行或者下行流量（均值或者方差）
• 终端占比	处于该交互信息下的终端在UE群组中所占比率
• 置信度（Confidence）	NWDAF预测得到上述信息的可信度

4.4.4.4　流程

NWDAF 提供 UE 交互类数据分析结果的流程如图 4-30 所示。

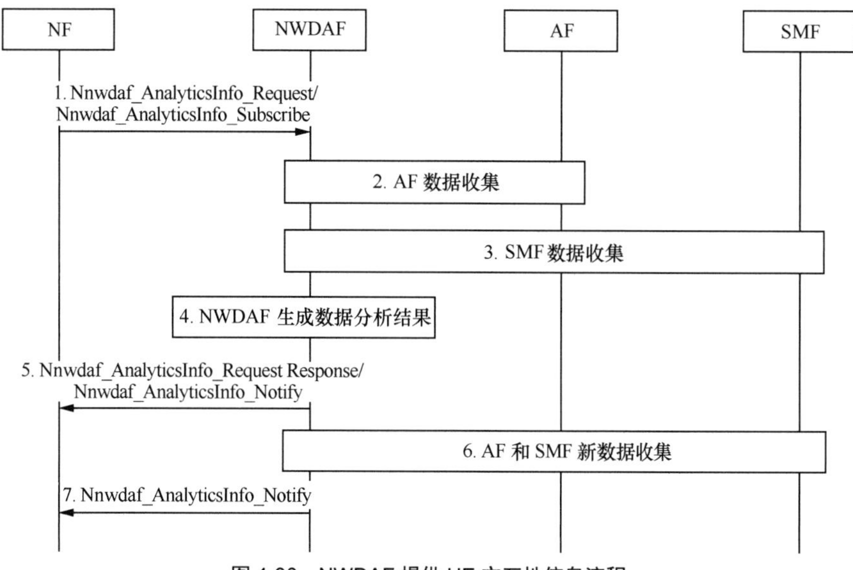

图 4-30　NWDAF 提供 UE 交互性信息流程

步骤 1：NF 触发 Nnwdaf_AnalyticsInfo_Request 或者 Nnwdaf_ AnalyticsInfo_Subscribe 向 NWDAF 请求或订阅数据分析结果。

步骤 2 至步骤 3：NWDAF 从 AF、SMF 进行数据收集。

步骤 4：NWDAF 生成数据分析结果，可以是统计类的 UE 交互数据分析结果，也可以是预测类的 UE 交互数据分析结果。

步骤 5：NWDAF 向 NF 提供数据分析结果。

步骤 6 至步骤 7：NWDAF 发现数据分析结果改变时，通知 NF 更新后的数据分析结果。

4.4.5　终端异常分析结果

4.4.5.1　场景描述

万物互联是未来 5G 网络的重要特征，未来会有海量 UE 接入 5G 网络。针对一些特定类型的 IoT UE（如智能电表），它们的 UE 移动性行为（如 UE 移动轨迹）以及 UE 交互行为（如交互周期、交互时长等）等，都存在一定的规律。

海量的 IoT UE 可能会被错误使用或者恶意劫持用于攻击网络，会导致严重的网络安全、网络拥塞等问题。例如，UE 由于恶意攻击进而频繁发起到网络的注册流程，导致 UDM（Unified Data Management，统一数据管理）功能瘫痪。此外，不仅仅是 IoT UE，普通的 UE 也存在被攻击或者劫持的可能性。因此 5G 网络需要一种机制来实现对 UE 异常行为的监测。借助大数据分析技术，NWDAF 可以进行相关行为的监测和管理。

4.4.5.2 输入数据

NWDAF 为了实现 UE 异常行为检测，需要收集的输入信息如下。

（1）实时的 UE 行为数据，如 4.4.3 节描述的 UE 移动性数据以及 4.4.4 节描述的 UE 交互性数据。

（2）网络侧期待的 UE 行为信息，如 4.4.3 节描述的 UE 移动性数据分析结果以及 4.4.4 节描述的 UE 交互性数据分析结果。

（3）从安全设计人员的角度来看，防火墙或者威胁共享情报中心（视作第三方 AF）可以提供某个业务流（通过 IP 五元组标识）的异常类型，如表 4-17 所示。

表 4-17 从 AF 收集的 UE 异常行为信息

数据类型	描述
IP五元组	标识一个业务流
异常信息（1…max）	
• 异常标识	标识一个异常类型，比如超长流量、超大流量、分布式拒绝服务（Distributed Denial of Service，DDoS）攻击、高级持续性威胁（Advanced Persistent Threat，APT）攻击等
• 异常等级	指示异常类型的严重程度
• 异常趋势	指示异常类型的趋势（上、下、平稳、未知）

4.4.5.3 输出数据分析结果

NWDAF 输出的 UE 异常行为分析结果如表 4-18 所示。

表 4-18 异常行为数据分析结果

分析结果类型	描述
UE标识	可以是SUPI、内部UE群组标识、外部UE标识、类型分配码（TAC）等
异常信息（1…max）	
• 异常标识	标识一个异常类型（比如超长流量、超大流量、DDoS攻击、APT攻击等）
• 异常等级	指示异常类型的严重程度
• 异常趋势	指示异常类型的趋势（上、下、平稳、未知）

不同的异常类型所对应的策略如表 4-19 所示。

表 4-19　UE 异常行为类型以及处理策略

异常类型（Exception ID）	策略网元	异常处理策略
超大流量或者超长流量（Unexpected long-live/large rate flows）	SMF	如果不是动态PCC，SMF更新PCC规则，降低流带宽
	PCF	如果是动态PCC，PCF更新PCC规则，降低流带宽
疑似DDoS攻击（Suspicion of DDoS attack）	SMF	如果不是动态PCC，SMF更新包过滤器，阻止DDoS对应的目的地址发包
	PCF	如果是动态PCC，PCF更新包过滤器，阻止DDoS对应的目的地址发包
错误目的地址（Wrong Destination Address）	PCF	PCF更新PCC规则，通过SMF通知UPF丢弃该地址的上下行包
异常UE位置（Unexpected UE Location）	AMF	更新移动限制区域
	PCF	更新移动限制区域
频繁业务接入或者异常流量	AF	AF在应用层阻断业务接入或者异常流量
异常苏醒（Unexpected Wakeup）	AMF	AMF更新MM退避定时器
乒乓静止UE（Ping-Pong Stationary UE）	AMF	更新移动限制区域

4.4.5.4　流程

NWDAF 提供 UE 异常行为数据分析结果的流程如图 4-31 所示。

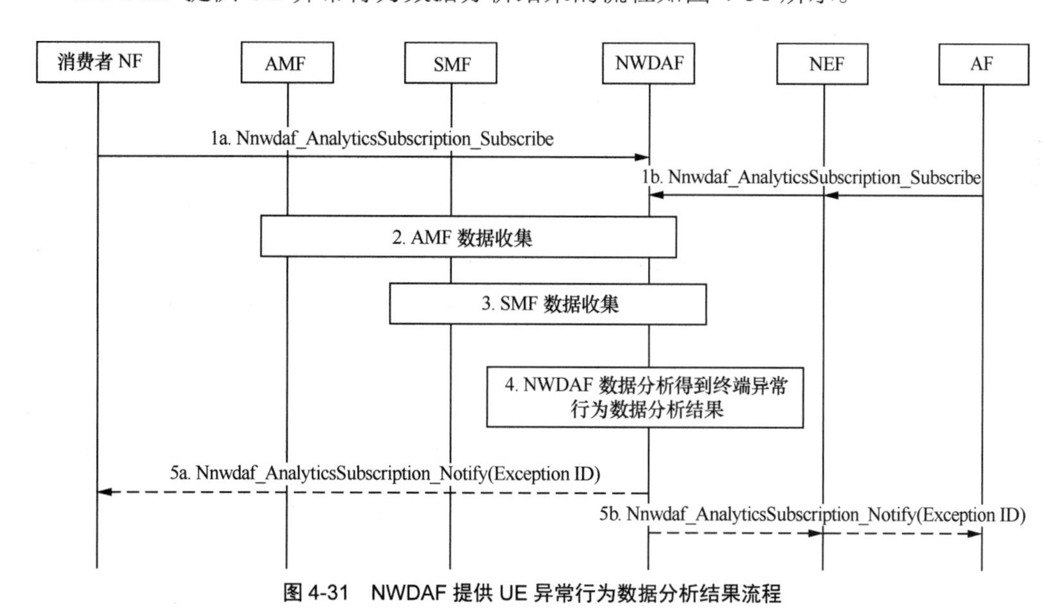

图 4-31　NWDAF 提供 UE 异常行为数据分析结果流程

步骤 1：NF 或者 AF 触发到 NWDAF 的 Nnwdaf_AnalyticsSubscription_Subscribe

服务，订阅 UE 异常数据分析结果。

步骤 2 至步骤 3：NWDAF 收集 UE 行为数据。AMF 或者 SMF 需要本地检测 UE 是否异常后，才会上报 UE 行为数据。

步骤 4：NWDAF 进行数据分析，识别被劫持或者错误使用的 UE，并进一步得到该 UE 的具体的异常类型。

步骤 5：NWDAF 通知 NF 或者 AF 相应的 UE 标识以及异常类型，NF 以及 AF 的行为参见 4.4.5.3 节。

4.5 5G智能网络架构持续演进展望

在 5G 网络架构中引入数据分析和智能化是个全新的课题，R16、R17 成功定义了基本的智能网络框架，但还需要进一步完善和增强。这些增强的方向包括如何缓解数据孤岛问题，对漫游场景的支持，网络优化策略增强，ML 模型跨厂商共享和 NWDAF 的更灵活部署等。

4.5.1 如何缓解数据孤岛

5G 智能化目前主要基于数据驱动，数据是 5G 智能化的基础。5G 数据由终端侧数据、无线基站数据、核心网数据、网管数据、应用服务器数据等组成。NWDAF 需要从不同的域收集数据，但每个域（如终端 / 基站 / 核心网 / 网管 / 应用服务器）可能是隔离的。即使在同一域中，来自不同供应商的网元可能也是隔离的，尤其供应商有许多私有实现，不希望暴露私有实现相关的数据，从而导致数据孤岛。大量的数据孤岛的存在无疑会妨碍网络的智能化发展。

为缓解数据孤岛问题，不仅要考虑规范化数据传输接口，还需要考虑采用更多的技术辅助手段，典型的方法如基于联邦的机器学习。如第 2 章所述，联邦学习是一个机器学习框架，能有效帮助多个机构在满足用户隐私保护、数据安全和政府法规的要求下，进行数据使用和机器学习建模。其本质是在不暴露隐私的情况下，实现汇聚数据训练模型的效果，即联邦学习不要求数据拥有者上报其数据，只要求数据拥有者上报模型变化量（针对横向联邦）或者数据中间结果（纵向联邦）。也就是说，联邦学习解决的不是数据有无的问题，而是数据隐私的问题。

4.5.2　对漫游场景的支持

由于时间问题，R16 和 R17 版本都没有考虑智能化网络的漫游场景。在实际的网络中，不论是跨国的国际漫游还是跨区域的国内漫游都非常普遍。通常来说，归属运营商希望收集用户在拜访地产生的数据，以便了解用户在拜访地的行为，从而帮助归属运营商制定相应的漫游地驻留选网策略。但是受制于一系列因素，归属运营商可能无法收集用户在拜访地产生的数据，尤其是原始数据。

为推动漫游场景下的有价值数据交换，需要研究在漫游场景下归属运营商如何和漫游运营商交互信息，包括如下几点。

- 是否以及如何交互漫游用户在拜访地产生的数据。
- 如果可以交互数据，以何种数据格式交互，比如原始数据、处理后的数据、数据分析结果。
- 如果不可以交互原始数据，归属运营商和漫游运营商如何实现信息交换，比如利用横向联邦学习。

4.5.3　网络优化策略推荐

R16 和 R17 的 NWDAF 网元只支持基于统计的数据分析或者基于预测的数据分析，作为用户的 5GC NF 基于 NWDAF 提供的数据分析（统计或预测类型）自主决定优化措施。随着数字孪生技术的发展，5G 网络可以借助数字孪生技术实现从 5G 物理网络到 5G 虚拟网络的映射，即生成虚拟的 5G 网络。在虚拟的 5G 数字网络中，NWDAF 可以和孪生的 5GC 虚拟网元进行测试验证，验证智能化操作的效果，从而使得 NWDAF 有能力向 5GC NF 推荐网络优化策略。为支持相关功能，需要进一步研究 NWDAF 如何基于收集的数据构建数字孪生网络并执行仿真验证，从而使得 NWDAF 有能力向 5GC NF 推荐网络优化策略等更多信息。

4.5.4　ML 模型跨厂商共享

R17 引入了支持推理的 NWDAF[NWDAF(AnLF)]、支持训练的 NWDAF[NWDAF（MTLF)]、支持训练和推理的 NWDAF ［NWDAF(AnLF+MTLF)］等逻辑功能实

体。同时，如 4.3.3.3 节所示，R17 进一步定义了支持推理的 NWDAF 和支持训练的 NWDAF 之间的 ML 模型交互，但 R17 将 ML 模型作为一个文件，只能在同厂商或者同一 AI 框架下使用，并没有充分讨论 ML 模型是否以及如何标准化，具备一定局限性。后续需要研究在跨厂商部署场景下，是否以及如何实现跨厂商 ML 模型互操作。

4.5.5 NWDAF 部署建议

R16 标准化的 NWDAF 包含数据存储、训练平台以及推理平台等逻辑功能实体，功能复杂。R17 中进一步研究了 R16 NWDAF 的功能划分，引入了支持推理的 NWDAF［NWDAF(AnLF)］、支持训练的 NWDAF［NWDAF(MTLF)］、支持训练和推理的 NWDAF［NWDAF(AnLF+MTLF)］，之后还进一步引入了分析结果和数据存储网元（ADRF）等逻辑功能实体。同时，为了提升数据收集效率，避免数据重复传输，引入数据收集协调网元（DCCF）和信息帧。引入多个逻辑功能实体后，受标准化时间等因素所限，并未对实际的部署场景进行讨论和评估，后续需要对 NWDAF 部署场景进行一定的研究，并给出实际的部署和增强建议。

4.5.6 其他

除了上述问题，5G 核心网的智能化演进还会继续做以下几个方向的研究。

- 数据收集效率提升：R17 引入 DCCF 机制避免数据重复发送，但在某些大型运营商网络中会存在多个 DCCF，需要进一步研究多个 DCCF 如何协作，实现数据跨 DCCF 高效共享。
- UPF 数据上报：R16、R17 只定义了 UPF 能提供哪些数据，但并没有对 UPF 如何将所述的数据上报给 NWDAF 进行标准化，需要进一步研究 UPF 如何基于服务化接口上报 UPF 数据给 NWDAF。
- 4G/5G/Wi-Fi 智能选网策略：R17 版本只支持 NWDAF 从 5G 收集数据，不支持从 4G 或者 Wi-Fi 收集数据，所以 R17 只支持 NR 高频和 NR 低频之间的系统间选择功能，无法支持 NR 和 LTE、NR 和 Wi-Fi 之间的智能选网，在后续演进中需要进一步考虑。
- UE 如何从 NWDAF 获取数据分析结果：R17 版本只支持 5G 核心网设备或者第

三方应用服务器从 NWDAF 获取数据分析结果以及基于上述数据分析结果执行相应的智能调度策略，但并没有讨论 UE 如何从 NWDAF 获取数据分析结果以便实现更加智能的调度。这一部分在后续演进中需要进一步考虑。

4.6 小结

本章主要就 3GPP 关于 NWDAF 的 R15、R16、R17 工作进行介绍，并展望未来可能的标准演进研究方向。R15 5G 网络架构引入了 NWDAF 并定义了网元负载数据分析结果。R16 eNA 课题进一步定义了 5G 网络智能架构框架，并打通控制面、管理面以及应用服务器，实现数据收集，定义了基于单实例集中式的智能网络架构和能力。同时定义了业务体验数据分析结果、终端移动性数据分析结果、UE 异常分析结果等相关数据分析结果。R17 eNA 课题，进一步研究网络架构增强，包括 NWDAF 功能分解、数据收集效率提升、UE 数据收集，定义了基于多实例分布式的智能网络架构和能力。

以标准化工作为基础，本章对 5G 核心网中智能化整体框架、数据分析结果进行了详细阐述。在整体框架下，NWDAF 网元可以和不同网元完成交互，提供业务体验数据分析结果、终端移动性数据分析结果、UE 异常分析结果等多种分析结果，支撑不同的用例。随着标准不断演进，5G 的核心网也会持续支持各种新的用例，提升网络的智能化水平。

第 5 章　5G 支持 AI 算法及应用

> *助力AI泛在化，5G为AI打造信息高速路*

移动通信技术是为了满足世界上的信息交互而产生的。

- 在1G到4G时代，重点是实现人与人之间的信息交互，满足信息互通、情感交流和感官享受的需要，部分或全部地将书信交谈、书报阅读、艺术欣赏、购物支付、旅游观光、体育游戏等传统生活方式转移到了手机上，相当程度上实现了“生活娱乐的移动化”，因此我们可以将4G称为“移动互联网”。
- 5G除了继续提升移动生活的体验之外，将重点转移到“生产工作的移动化”上来，基于5G的物联网、车联网、工业互联网技术正试图将千行百业的生产工作方式用“移动物联网”来替代。
- 在十年前我们规划5G的目标和需求的时候，始料未及的，是人工智能技术的快速普及。因此现在的5G-Advanced技术上需要补的一个短板是“思考学习的移动化”，我们可以称其为“移动智联网”（Mobile Internet of Intelligence），这一演进趋势势必一直延伸到6G。

信息流动的模式，是在世界和人类漫长的历史中逐渐形成的，自有其合理性和科学性。回顾移动通信乃至信息技术的发展历史，成功的业务均是将生产生活中合理的信息流动模式转移到移动网络中来。在日常生产生活过程中，数据的交互、感官的互动不能替代智能的传递。这就像现实生活中，如果我们要让一个人去完成一项工作，不会始终站在他身边，像操控“提线木偶”一样指挥他的一举一动，而是会将完成此项工作所需的知识、方法和技能教授给他，然后放手让他用这些学到的本领去自己完成工作。目前我们在4G、5G系统中实现的仍然是“提线木偶”式的物联网——将终端的每一个传感数据都收集到云端，终端的每一个动作都由云端远程控制，只有云端掌握推理（Inference）和决策的智能，终端只是机械地“上报与执行”，这种工作方式是和真实世界的工作方式相悖的。虽然5G在低时延、高可靠、广连接等方面做了大量突破性的创新，但也需消耗大量的系统资源，仅靠有限的无线频谱资源想要满足不断增长的物联网终端数量和业务需求，未必是“可持续”的发展模式。

AI技术的快速发展为以更合理的方式实现物与物之间的信息交流提供了可能。越来越多的移动终端开始或多或少地具备智能推理的算力和架构，可以支持“学而后做”式的工作模式，但现有的移动通信网络还不能很好支持“智能”这一新型业务流的传输。数据信息（包括人的数据和机器的数据）和感官信息（各类音视频信息）

的交互均已在 4G、5G 系统中得以实现，唯有智能信息（知识、方法、策略等）的交互尚未被充分考虑。人和人之间的智能交互（学习、教授、借鉴）自然可以通过数据和感官信息交互来完成，但其他类型的智能体（Intelligent Agent）之间的智能交互则需要更高效、更直接的通信方式来实现，这应该是 5G-Advanced/6G 技术的核心目标之一。因此“智能流”（Intelligence Stream）可能是继数据流、媒体流之后的一种在移动通信系统中流动的新业务流，是新增的核心业务形式。

随着 AI 技术的快速普及，预计不远的未来，世界上其他类型的智能体（如智能手机、智能机器、智能汽车、无人机、机器人等）的数量将远远超过人的数量，5G-Advanced/6G 等新一代通信系统应该是服务所有智能体，而不仅仅是服务人和无智能机器的，因此我们也应该设计一代能够用于所有智能体（尤其是非人智能体）之间“智能协作、互学互智”的移动通信系统。

在当前的 AI 发展阶段，非人智能体之间的智能交互的具体形式，主要是 AI 模型（Model）的交互和 AI 推理过程中的中间数据交互。2019 年年底，3GPP SA1 工作组（系统架构第一工作组，负责业务需求研究）启动了“在 5G 系统中传输 AI/ML 模型传输”研究项目，用于研究 AI/ML 相关业务流在 5G 网络上传输所需的功能和性能指标 [1]。项目定位了如下三个典型的应用场景。

- 分割式 AI/ML 操作（Split AI/ML Operation）。
- AI/ML 模型数据的分发与共享。
- 联邦学习与分布式学习。

5.1 基于5G的分割AI/ML与协作AI/ML

5.1.1 基本特征

近年来，基于 AI/ML 的移动应用程序的计算量、内存消耗量和功耗越来越大。同时，终端设备通常具有严格的能耗、计算和内存成本限制，无法在终端上离线运行重量级的 AI/ML 模型。因此目前的一种趋势是将许多 AI/ML 应用程序的推理从移动设备转移到云端的数据中心（IDC）上。例如，由智能手机拍摄的照片，也常常在云 AI/ML 服务器中进行美化处理，然后再显示给用户。但是，基于云的 AI/ML 推理也面临如下几个挑战。

（1）IDC 的计算量压力。

根据估计[21]，到 2021 年，终端设备每年将产生近 850ZB 数据，而全球 IDC 流量只能达到 20.6ZB。这意味着大部分数据只能留在网络边缘（包括终端和 MEC 服务器）进行 AI/ML 处理。

（2）网络数据传输速率与时延压力。

越来越多的 AI/ML 应用要求设备和网络之间具有高数据传输速率和低时延的通信连接，如 VR/AR、自动驾驶、遥控机器人等。根据参考文献 [21] 中的估计，将所有数据卸载到云服务器进行 AI/ML 推断将消耗过多的上行链路带宽，这对移动通信系统容量提出了挑战性的要求。

（3）隐私保护问题。

用于 AI/ML 推理的传感（Sensing）数据或感知（Perception）数据往往带有一些终端用户的隐私信息。在终端上处理这些数据或在云端 /MEC 服务器上处理这些数据，均需要考虑终端用户数据的隐私保护问题。在终端上处理用户数据要考虑终端信息的防窃取问题，在云端 /MEC 服务器上处理这些数据也要考虑相关的安全和合规问题。与在云端 /MEC 服务器上处理用户数据相比，将原始数据保留在终端上，可以减轻网络侧隐私保护的压力。

因此，在许多情况下，相对完全在终端侧或网络侧进行 AI/ML 推理，将一项 AI/ML 推理任务分割在终端和网络两侧进行联合推理，可以更好地平衡终端和网络的算力、存储、功率、通信带宽等 AI/ML 计算资源，并根据需要灵活地选择最优的隐私保护方法。许多文献[10-11, 23, 37-38]已经表明，利用设备 / 网络协同处理 AI/ML 推理可以减轻设备的算力、存储、功耗和网络传输的压力，减少端到端的 AI/ML 推理时延和能耗，提高端到端的 AI/ML 推理准确性和效率。

图 5-1 描述了分割 AI/ML 推理的方案。根据当前 AI/ML 任务和工作环境，将 AI/ML 操作或 AI/ML 模型分为多个部分。其目的是将算力、能耗消耗较多的计算资源转移到网络侧节点，而将对时延敏感和在某些隐私保护规则下要求保留在终端上的计算资源保留在终端上。终端将执行 AI/ML 操作到某个特定部分，或执行 AI/ML 模型（如神经网络）到某个特定的层，并将生成的中间数据（Intermediate Data）发

送到网络。网络侧节点负责执行 AI/ML 操作的剩余部分或 AI/ML 模型的剩余各层，并将推理结果反馈给终端。需要注意的是，在图 5-1 的例子中，最终的推理结果是由网络侧 AI/ML 节点 2 输出的。根据实际用例，推理结果也可以由其他端点输出，例如网络侧 AI/ML 节点 1。

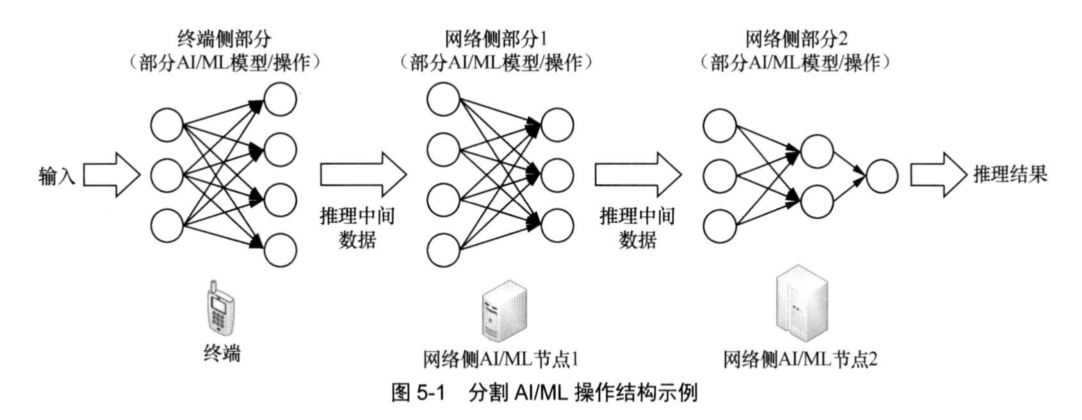

图 5-1　分割 AI/ML 操作结构示例

可能的分割 AI/ML 操作模式如图 5-2 所示。这些模式通常既适用于 AI/ML 推理，也适用于 AI/ML 模型训练，在这里，我们将重点讨论分割 AI/ML 推理的过程。模式（a）和（b）是传统的模式，只在一个节点（终端或一个网络节点）上完成 AI/ML 推理操作。模式（c）～（g）则根据当前 AI/ML 任务和工作环境将 AI/ML 推理过程或 AI/ML 模型拆分为多个部分，以减轻终端和网络节点的算力、内存 / 存储、功耗和数据传输速率的压力，并获得更好的推理时延、更好的推理准确性和隐私保护性能。

（1）模式（a）：基于云 / 边缘的 AI/ML 推理。

在这种模式下，如图 5-2（a）所示，AI/ML 模型推理只在云服务器或边缘服务器上进行，即终端只向服务器上报传感 / 感知数据，完全由网络侧完成推理操作，终端自己不需要支持 AI/ML 推理能力。在完成 AI/ML 推理后，网络服务器将推理结果返回给终端。这种模式的优点是可以降低终端的复杂度，缺点是推理的性能取决于设备和服务器之间的通信数据传输速率和时延。实时上传一些感知数据（如高分辨率视频流）需要稳定的高数据传输速率，一些 AI/ML 服务（如遥控机器人）需要稳定的低时延，这在 5G 毫米波系统的网络覆盖中难以保证。由于隐私敏感数据向网络公开，需要在网络侧采取相应的隐私保护措施。

（2）模式（b）：基于终端的 AI/ML 推理。

在这种模式下，如图 5-2（b）所示，AI/ML 模型推理在本地移动终端上执行。其优点是在推理过程中，设备不需要与云 / 边缘服务器通信。这种模式的另一个优点是可以将原始数据留在终端本地，尽管在设备端也需要考虑隐私保护问题。缺点是要求终端具有较强的计算 / 内存 / 存储资源。而且参考文献 [5-10] 也指出，我们不能假设设备总是将所有可能需要的 AI/ML 模型都保存在终端上。在某些情况下，移动终端可能需要从云 / 边缘服务器获得 AI/ML 模型，这需要消耗 5G 系统的带宽资源。

（3）模式（c）：终端—云 / 边缘分割推理。

在这种模式下，如图 5-2（c）所示，首先根据当前系统资源情况（如通信数据传输速率、设备资源、服务器负载等），将 AI/ML 推理操作或 AI/ML 模型分割为终端和云 / 边缘服务器两个部分。然后，终端将执行 AI/ML 推理到特定部分或执行 DNN 模型到某个特定的层，并将中间数据发送到云 / 边缘服务器。服务器将执行剩余的部分 / 层，并将推理结果发送到设备。与模式（a）和（b）相比，这种模式更灵活，可以适配不断变化的计算资源和通信条件，使 AI/ML 推理具有更高的鲁棒性。该模式的一个关键环节是要根据实际情况的变化，适当选择终端侧和网络侧的最佳分割点。

（4）模式（d）：边缘与云之间的分割推理。

该模式，如图 5-2（d）所示，可视为模式（a）的延伸。区别在于 DNN 模型是通过边缘和云之间协同执行的，而不是只在云或边缘服务器两者之一上执行。AI/ML 推理操作中对时延敏感的部分或层可以在边缘服务器上执行。边缘服务器无法执行的算力压力较大的部分 / 层可以卸载到云服务器。在这种模式中，终端只向服务器报告传感 / 感知数据，不需要支持 AI/ML 推理操作。中间数据从边缘服务器发送到云服务器。边缘服务器和云服务器之间的高效协作也需要选择合适的分割点。

（5）模式（e）：终端—边缘—云之间的分割推理。

该模式，如图 5-2（e）所示，是模式（c）和模式（d）的组合。AI/ML 推理操作或 AI/ML 模型被分割到移动终端、边缘服务器和云服务器上。AI/ML 操作 / 模型的算力压力较大的部分 / 层可以在云和 / 或边缘服务器上执行，对时延敏感的部件 / 层可以在终端或边缘服务器上执行，隐私敏感数据可以留在终端上。终端将其计算的中间数据结果发送到边缘服务器。边缘服务器将计算的中间数据结果发送到云服务器。为了在设备、边缘服务器和云服务器之间进行有效的协作，需要选择两个拆分点。

（6）模式（f）：终端—终端之间的分割推理。

这种模式，如图 5-2（f）所示，提供了一种分布式的分割推理模式。AI/ML 推理操作或模型可以拆分到不同的移动终端上。一组移动终端可以执行 AI/ML 操作的不同部分或不同的 DNN 层，并且在彼此之间交换中间数据。计算负载可以分散到多个终端上，同时每个终端在本地保留其私有信息。

（7）模式（g）：终端—终端—边缘 / 云之间的分割推理。

模式（g）可进一步将模式（c）与模式（e）结合。如图 5-2（g）所示，首先将 AI/ML 推理操作或模型分为终端部分和网络部分。然后，可以分布式地在多个终端执行终端部分的 AI/ML 推理操作或模型，即在不同的移动终端上进一步分割。中间数据可以通过单个设备发送到云 / 边缘服务器，或者通过多个设备向云 / 边缘服务器发送中间数据。

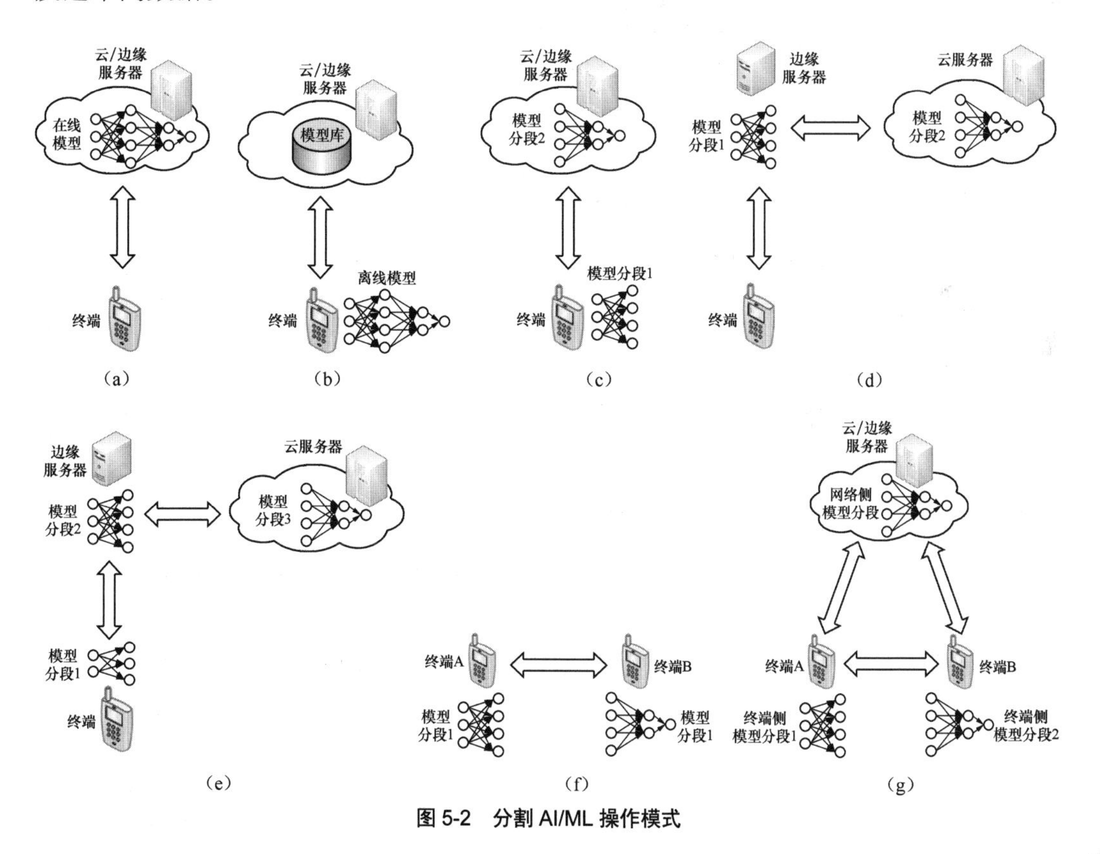

图 5-2　分割 AI/ML 操作模式

分割 AI/ML 操作的关键是选择最佳分割模式和分割点（Split Point），以保证所需资源低于移动终端上的可用资源上限，并优化计算、存储 / 内存、功耗资源的消耗，以及终端和网络之间的通信资源。如图 5-3 所示，一个 DNN 模型可以在不同的分割点进行拆分，从而产生不同的 AI/ML 性能和资源消耗。针对不同的 AI/ML 性能目标，应采用不同的分割点，例如，优化时延、优化功耗、优化所需数据传输速率 [37, 38]。由于不同的 AI/ML 应用可能采用不同的 AI/ML 模型，它们也可能需要不同的分割解决方案（包括模式和分割点）。例如，如文献 [37] 指出，与用于图像识别的卷积层的 CNN 相比，仅由完全连通层组成的用于语音识别的 DNN 需要不同的分割方法。

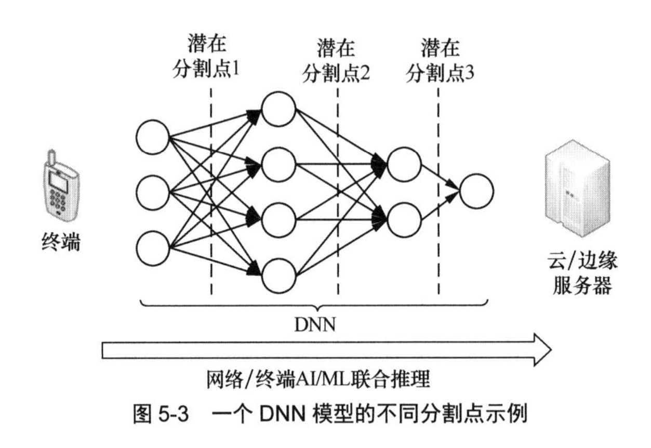

图 5-3　一个 DNN 模型的不同分割点示例

DNN 推理的性能要求如下所述。5G 通信链路的要求（如数据速率、时延、可靠性）可从以下要求中得出。

（1）推理精度。

推理精度是指得到正确推理结果的输入样本数与输入样本总数的比值，这反映了 AI/ML 推理任务的性能 [10]。对于一些对可靠性要求很高的移动应用，如自主驾驶和人脸认证，需要极高的推理精度。对于图 5-2 中的模式（a），推理精度取决于网络服务器的推理能力，以及上传的传感 / 感知数据的通信链路是否支持所需的数据速率、时延和可靠性。对于模式（b），推理精度取决于终端的推理能力（如计算、内存 / 存储资源），以及终端是否拥有合适的 AI/ML 模型（如果模型未保存在终端中，则需要通过通信链路下载模型）。对于图 5-2 中的分割推理模式［模式（c）、(d)、(e)、(f) 和（g）]，推理精度不仅取决于所涉及的节点（如终端、边缘服务器、云服务器）的推理能力，还取决于通信链路是否满足传输中间数据的要求，同时也取决于是否选择和采用了最佳的分割点。

（2）推理时延。

推理时延是指在整个推理过程中所花费的时间，包括每个节点的模型推理和数据传输的时延。对于一些实时智能移动应用（如 AR/VR 移动游戏和智能机器人），需要很低的时延。推理时延受许多因素的影响，包括相关节点上的计算资源、通信数据的速率、时延、可靠性和分割点的选择。正如在文献 [37-38] 中所介绍的，分割点的选择实质上会影响整个推理过程的时延。需要注意的是，推理时延也会影响某些 AI/ML 推理任务的准确性。例如，对于视频分析（Video Analytic）应用，由于需要识别的图像连续快速输入，如果每幅图像的识别时延都较大，就不得不跳过一些输入样本。样本的减少会降低推理精度 [10]。

（3）推理功耗。

由于依赖容量有限的电池供电，与网络侧服务器相比，终端设备对 AI/ML 操作的功耗更为敏感。AI/ML 推理的功耗很大程度受 DNN 大小的影响。基于终端的 DNN 模型推断［图 5-2 中的模式（b）］通常会导致终端在复杂的 AI/ML 操作中耗电过高。如果将 AI/ML 计算的一部分从终端卸载到网络侧，则可以显著降低终端的计算功耗。虽然分割式推理可能会带来通信收发功耗的提升，但 AI/ML 推理过程的总体功耗仍有望降低。

（4）内存消耗。

如何优化移动终端上的内存占用，更高效地执行 DNN 模型推断，也是一个重要的资源优化问题。一个高精度的 DNN 模型含有数百万个参数，运行这样一个模型对终端的硬件资源要求很高。而且，与互联网数据中心（Internet Data Center，IDC）采用大量的高性能 GPU 不同，移动终端上的移动 GPU 没有专用的高带宽内存 [41]。此外，移动 CPU 和 GPU 通常会共享稀缺的内存带宽 [10]。内存占用主要受 DNN 模型大小和加载 DNN 参数的方式的影响。分割式推理可以使终端仅在内存中加载一部分 DNN 模型，从而减少终端的内存占用。

（5）数据隐私。

移动终端和物联网收集的大量数据，可能涉及隐私。因此，在 AI/ML 推理过程中保护数据的隐私和安全也很重要 [10]。分割推理是隐私保护的一种可能的方案，它既可以将大部分计算量转移到网络侧，又可以将敏感的隐私数据保留在终端上。中间数据带来的隐私泄露风险比原始数据小得多，从而减轻了网络侧隐私保护的压力。

由于移动终端面临的AI/ML任务和工作环境不同，因此需要根据DNN各个层的特性来分析、确定和设置最佳的分割模式与分割点，如图5-4所示。[10, 37]

- 步骤1：评估DNN的各层的运算所需的资源，包括执行该层的算力资源和从该层输出到下一层的中间数据量。
- 步骤2：确定几个候选分割点。对于每个分割点，可以通过终端侧执行的各层的计算量求和来计算终端所需的总计算量。根据层间的中间数据量，可以预估将中间数据上传到网络所需的通信资源。以图5-4为例，对于候选分割点2，终端侧计算量为分割点2之前的各层计算量之和。中间数据通信传输量取决于从分割点2输出的中间数据量。
- 步骤3：在开始运行DNN模型后，可以根据终端可用的计算和通信资源量，选择、调整分割模式和分割点。例如，分割模式/分割点所需的计算量和数据传输速率必须控制在终端当前的可用计算量和可实现的上行传输速率之下。
- 步骤4：在确定分割模式和分割点后，需要将这些分割方案通知相关的节点（如终端、边缘和云服务器），即哪个节点执行AI/ML操作/模型的哪个部分/层。各个节点按照分割模式/分割点，各自执行负责的AI/ML部分/DNN层，共同完成AI/ML任务。

如果条件（例如可用的算力和通信资源）发生变化，可以重复步骤3重新选择分割模式/分割点，步骤4将执行重新分配的AI/ML操作部分/层。

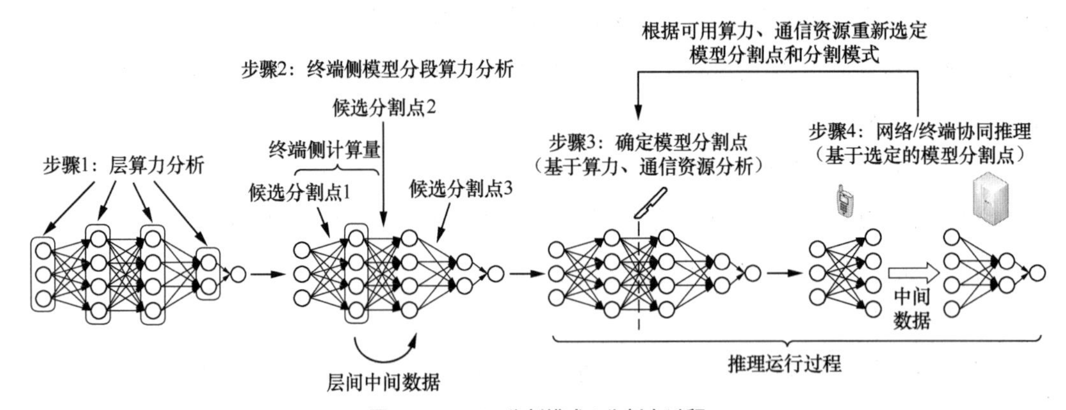

图5-4　AI/ML分割模式/分割点过程

5.1.2　分割式图像识别业务

图像和视频数据量较大，视频流量占每日互联网流量的 70% 以上 [19]。卷积神经网络（CNN）模型已广泛应用于图像 / 视频识别任务，如图像分类、图像分割、对象定位和检测、人脸认证、动作识别、增强摄影、VR/AR、视频游戏等。同时，CNN 模型推理需要消耗大量的计算和存储资源。AlexNet[13] 需要 6 100 万个权重和 7.24 亿次乘加计算（Multiplication and Accumulation，MACs）来对 227×227 分辨率的图像进行分类。VGG-16[15] 可以实现更高的识别精度，它采用更多的层，包括 13 个卷积层和 3 个全连接层，需要 1.38 亿个权重和 15.5G 次 MACs 来实现 224×224 的图像分类。GoogleNet[18] 比 VGG-16 具有更高的识别精度，但只需要 700 万个参数和 1.43G 次 MACs 就能处理相同大小的图像。

用于图像 / 视频处理的 AI/ML 推理通常是算力密集型和功耗密集型的。分割式 AI/ML 推理是一种很有吸引力的图像 / 视频识别方法。在文献 [37-38] 中，针对图像分类任务引入了基于层的 DNN 分割方法。可以根据 CNN 的结构、终端可用的算力 / 功率资源及通信链路中可实现的数据速率、时延，自动识别并动态调度最佳分割点，从而实现终端和网络侧之间的算力分配。

对于用于图像分类的 CNN 推理，可以看到 [37]，用于云端推理的原始数据上传时延明显高于在终端上的计算时延（假设 CNN 为 AlexNet[13]）。文献 [37]（论文发表于 2017 年 4 月）只考虑了 LTE 的上行数据速率（假设 180ms 上传 152KB 大小的图像，传输速率约为 6.75Mbit/s），得出了 2016 年的移动计算能力（移动 GPU 可以在 81ms 内对 152KB 图像进行分类）。在 5G 时代，上行链路数据速率和移动 GPU/NPU 能力将同时得到提高。根据观察，虽然云 GPU 具有强大的计算能力（可以在 6ms 对 152KB 的图像内进行分类），但由于通信时延占主导地位，并不能实现往返时延的大幅降低。结论是，基于终端的推理［图 5-2 中的模式（b）］比基于云的推理［图 5-2 中的模式（a）］的往返时延要低得多。

分割式推理［如模式（c）或（d）］的性能可以根据 DNN 中各层的计算量和数据传输量进行分析。如图 5-5 所示，根据层的类型和位置分析，每个层都有不同的计算量和数据传输量。可以看出，GPU 的计算复杂度（图 5-5 中用层的计算时延表示）集中分布在全连接层（图中用“fc”表示），尤其是“fc6”。输出数据量（如果 DNN

在该层之后被拆分，则会影响所需的上行链路数据传输速率）集中分布在卷积层（图中表示为“conv”）和激活层（图中表示为“relu”），并沿 DNN 各层从前向后逐渐减小，后部各层的输出数据大小明显小于头部各层。根据上述层的特征，可以设定几个潜在的分割点。为了限制所需的上行数据传输速率，可以在输出数据量相对较小的池化层之后设置潜在分割点，如图 5-5 所示。一般来说，分割点越靠前，终端所承担的计算量就越小。分割点越靠后（例如分割点 3），所需的数据传输速率就越小。

以视频分析应用为例，所需的上行数据传输速率与模型分割点及图像识别的帧率有关。假设需要对每秒 30 帧（FPS）的视频流中的图像进行分类，则不同分割点所需的上行数据传输速率为 4.8 ～ 65Mbit/s（如表 5-1 所示）。这个结果是基于 227×227 分辨率的输入图像计算的，如果图像分辨率更高，则需要更高的数据传输速率。分割点 0（完全基于云的推理）可将终端上的计算减少到零，但需要将对隐私敏感的原始数据发送到网络侧。从文献 [37-38] 的研究看，最佳 DNN 分割点与可实现的上行数据传输速率是有关联性的。

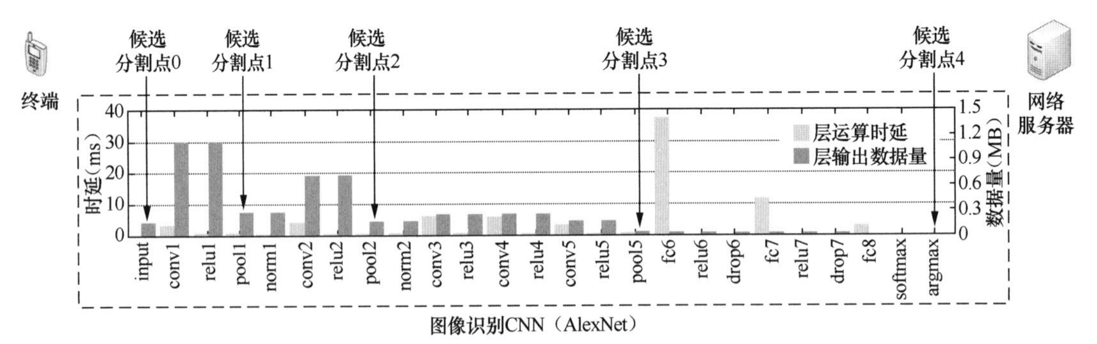

图 5-5　AlexNet 模型各层的计算 / 通信资源分析（图片引自文献 [37]）

表 5-1　各分割点所需的上行数据传输速率（AlexNet 模型，30FPS）

候选分割点	输出数据尺寸（MB）	所需数据传输速率（Mbit/s）
分割点0（基于云的推理）	0.15	36
分割点1（在池化层1之后）	0.27	65
分割点2（在池化层2之后）	0.17	41
分割点3（在池化层5之后）	0.02	4.8
分割点4(基于终端的推理)	N/A	N/A

VGG-16 是另一种广泛应用于图像识别的 CNN 模型（如图 5-6 所示），仍然假

设需要对 30 FPS 视频流进行识别，不同分割点所需的上行数据率为 24 ～ 720Mbit/s（如表 5-2 所示）。这个结果是基于 227 × 227 分辨率的输入图像计算的，如果图像分辨率更高，则需要更高的数据传输速率。

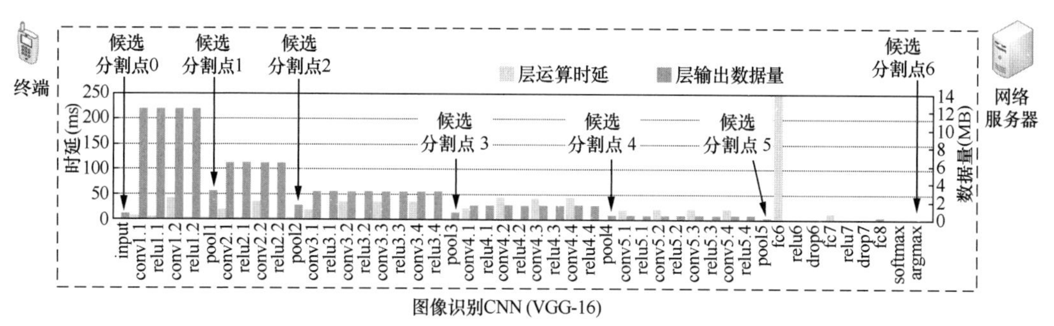

图 5-6　VGG-16 模型各层的计算 / 通信资源分析　（图片引自文献 [37]）

表 5-2　各分割点所需的上行数据传输速率（VGG-16 模型，30FPS）

候选分割点	输出数据尺寸（MB）	所需数据传输速率（Mbit/s）
分割点0（基于云的推理）	0.6	145
分割点1（在池化层1之后）	3	720
分割点2（在池化层2之后）	1.5	360
分割点3（在池化层3之后）	0.8	192
分割点4（在池化层4之后）	0.5	120
分割点5（在池化层5之后）	0.1	24
分割点6（基于终端的推理）	N/A	N/A

如 5.1.1 节所述，分割 AI/ML 操作需要正确选择分割模式和分割点。对于用于图像识别的 AI/ML 模型，即使对于不变的 DNN 架构，5G 网络的信道状态、终端计算资源、数据中心的计算负载等因素，都可能会影响最佳分割点的选择，如文献 [37] 和 [38] 中所述。移动终端上的计算资源需要在各种多媒体 /IoT 应用程序之间动态共享，数据中心的计算负载也会产生波动 [37, 39]。为了有效地进行 CNN 分割，可以由一个"DNN 分割节点"（Splitting Engine）根据外部条件的变化确定最佳分割点，如文献 [37] 的介绍。因此，图 5-4 所示的分割点选择方法可以用于图像识别 DNN 的分割点选择。

- 第 1 步：确定适用于图像识别任务的 CNN 类型和配置。评估 CNN 每层的计算量和输出数据量大小，以及从该层到下一层的中间数据量（示例如图 5-5 和图 5-6 所示）。

- 第 2 步：确定候选分割点。对于每个候选分割点，将分割点之前各层的计算量相加，获得设备所需的计算资源。将中间数据上传到网络所需的通信资源是根据分割点前最后一层的输出数据负载估算的（示例如表 5-1 和表 5-2 所示）。
- 第 3 步：DNN 分割节点[37]收集选择分割点所需的输入信息（如可用的终端计算量、可实现的上行数据速率），并根据输入信息设定当前优化目标（如时延优化，算力优化或功耗优化）。
- 第 4 步：在终端和网络节点执行 DNN 分割，并利用终端和网络节点之间传输的中间数据进行协同推理。

当检测到条件（如可用算力和通信资源）发生变化时，DNN 分割节点将重复步骤 3，重新选择分割点，并通知终端和相关网络节点按更新后的分割点执行。

为实现上述过程，除了对中间数据传输的性能要求，如数据传输速率（如表 5-1 和表 5-2 所示），向 DNN 分割节点发送的消息（用于收集输入信息）和来自 DNN 分割节点的消息（用于将分割点信息通知给终端和网络节点）也需要识别。

图 5-4 描述了 AI/ML 应用运行过程中对分割点重新选择 / 切换的过程。步骤 1 和步骤 2 仅在确定 CNN 类型和配置时执行一次，并且在 CNN 类型 / 配置更改之前不再重复。对于分离点的重选与切换，只需重复步骤 3 和步骤 4。一般情况下，分割节点可能是参与 AI/ML 分割操作的一个节点，也可能不是。因此在图中，分割节点是单独显示的。

在终端执行了部分 CNN 后，将分割点前最后一层输出的中间数据上传到云 / 边缘服务器，然后在服务器端进行剩余的模型推理。当分割节点检测到条件（如可用算力和通信资源）发生变化时，它将重新选择的分割点通知给相关的节点（如终端、边缘 / 云服务器）。由于终端首先进行模型推理，因此需要尽早获知新的分割点。为了保持视频源的图像识别流程不受影响，设备需要在下一帧识别开始之前完成分割点的切换。相对而言，通知网络节点的时间更充裕一些，因为服务器在负责完成后一部分的推理操作，如图 5-7 所示。

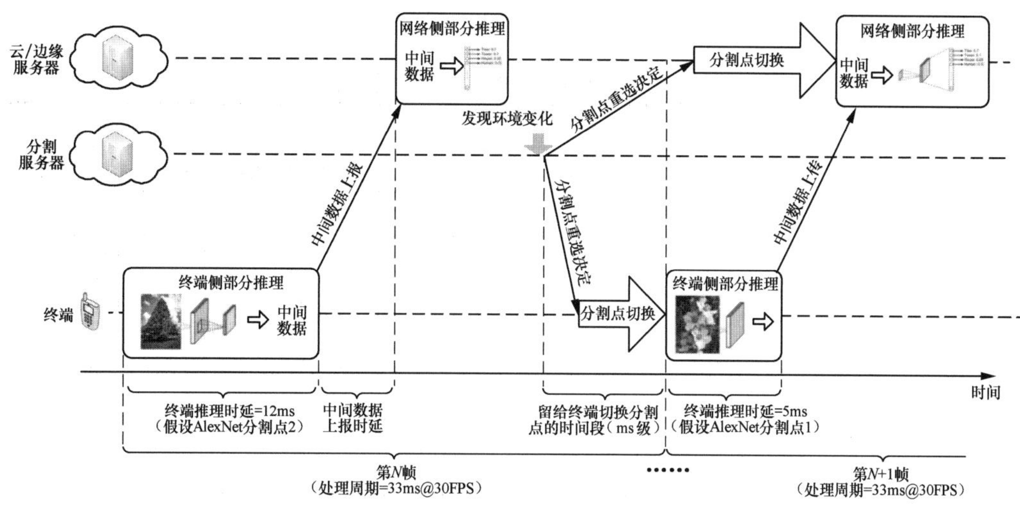

图 5-7　重配 AI/ML 模型分割点的时延预算分析

1. 中间数据传输的时延要求

“图像识别时延”可以定义为从获取图像到将对图像的识别结果输出到用户应用之间的时延。前文介绍了图像识别的时延和数据传输速率需求的分析方法，该分析是以视频识别应用为案例的，这种情况下图像识别时延取决于视频的帧率。根据更全面的分析，图像识别时延与使用这个识别结果的应用程序的类型有关。

计算机视觉和图像识别已经广泛应用于许多重要的移动业务领域，如未知物体识别、照片增强、智能视频监控、移动 AR、遥控汽车、工业控制和机器人等。图像识别通常是应用程序处理流水线中的一个步骤，图像识别时延是整个业务端到端时延的一部分，如图 5-8 所示。

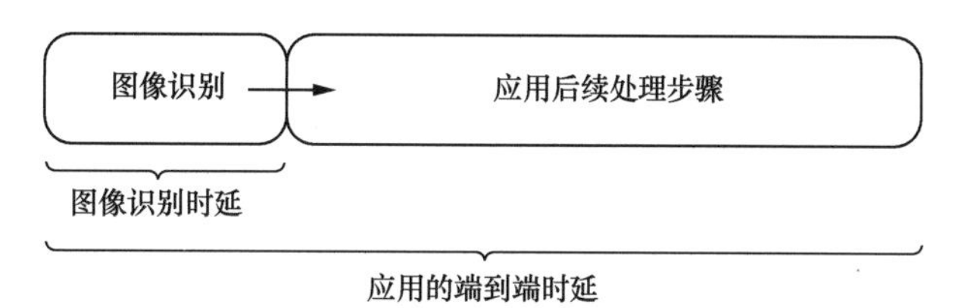

图 5-8　图像识别时延是整体应用时延的一个组成部分

例如，如果图像识别结果仅用于智能手机用户的未知物体识别或在安防监控系统中进行身份识别，则在几秒钟内完成图像识别即可。如果要将图像识别结果用作另一个对时间敏感的应用程序（例如 AR 显示 / 游戏、远程驾驶、工业控制和机器人）的输入数据，则需要将图像识别的时延控制得更低。根据文献 [4-5] 中介绍的各种应用的端到端时延要求，可以推导出相应的图像识别时延要求，如表 5-3 所示。

表 5-3　各种应用的图像识别时延要求

业务应用	时延需求		
	应用整体时延	图像识别时延	中间数据上传时延
智能手机用户的未知物体识别	几秒	约1s	约100ms
安防监控系统的身份识别	几秒	约1s	约100ms
智能手机图像增强	几秒	约1s	约100ms
视频识别	几秒	33ms@30FPS	约10ms
AR显示/游戏	5～15ms（从用户运动开始到相应画面显示到屏幕上所花的时间[4-5]）	<10ms	约1ms
远程驾驶	5ms[6]	<3ms	<1ms
远程机器人控制	10～100ms（视频远程遥控[5]）	<10ms	约1ms

具体的应用时延分析如下。

（1）智能手机用户的未知物体识别。

对于一次性的未知物体识别（如图 5-9 所示），智能手机用户会拍摄一张未知物体的照片，并询问该物体的名称或相关知识，例如，一朵未知花朵的名称。为了满足一般的用户体验，需要在几秒钟内给出答案。考虑到识别完成后，服务器需要一段时间在数据库中搜索对象的背景知识并将答案返回给用户，对象识别最好在 1 秒的级别上完成。作为识别过程的一个步骤，中间数据的上传需要在 100ms 的级别上完成。

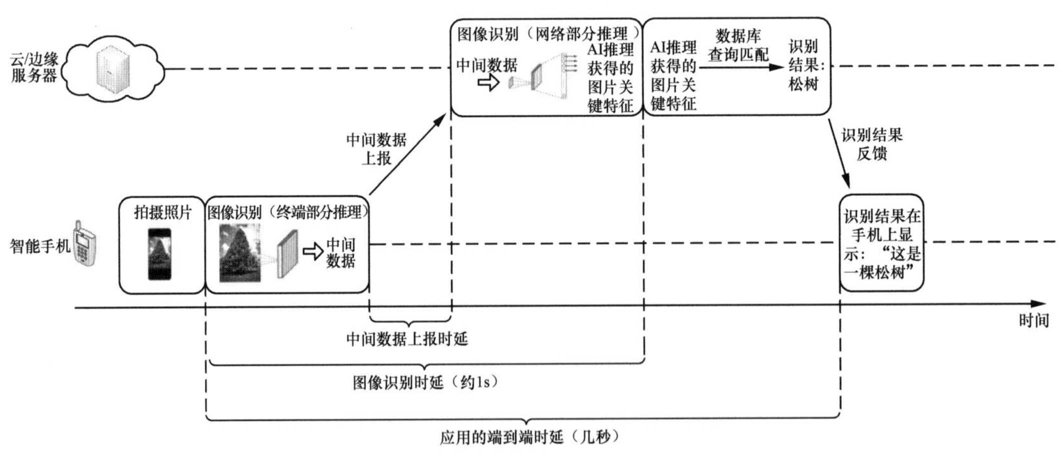

图 5-9　分割式未知物体识别时延分析

（2）安防监控系统的身份识别。

类似的用例是安防监控系统中的未知身份识别，如图 5-10 所示。这个应用与上一个应用的不同之处在于，识别结果是在服务器上使用，而不需要发送回终端。当监控摄像头捕捉到一个不明身份的人脸时，希望能在几秒内得到识别结果。考虑到识别完成后，服务器搜索对象的背景信息（如匹配犯罪数据库中的人脸信息）所花费的时间，目标识别最好在 1 秒级别完成。作为识别过程的一个步骤，中间数据的上传需要在 100ms 的级别上完成。

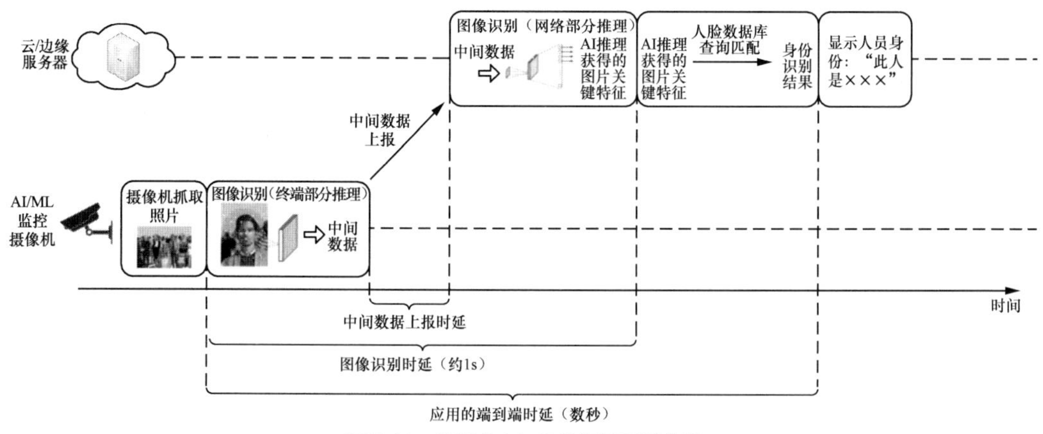

图 5-10　分割式未知身份识别时延分析

（3）智能手机的照片图像增强。

另一个相关的用例是手机照片的图像增强，如图 5-11 所示。在智能手机用户拍摄照片后，用户希望在几秒钟内在智能手机屏幕上查看增强照片的效果（更清晰或更漂亮）。在进行照片图像增强之前，首先需要识别照片中的对象，例如识别对象的边缘及其类型（如对象是人眼还是嘴）。考虑到增强操作所花费的时间（如修饰、颜色校正、去除不需要的对象），目标识别最好在 1 秒级别完成。作为识别过程的一个步骤，中间数据的上传需要在 100ms 的级别上完成。

（4）视频识别。

视频识别用于识别视频中的目标并分析视频内容。为了进行实时视频识别和分析，需要对视频中的帧进行识别。基于 CNN 的每帧识别仍然是视频分析中广泛使用的方法。如果帧率为 30FPS，每帧的识别需要在 33.3ms 内完成。作为识别过程的一个步骤，中间数据上传需要在 10ms 级别完成。

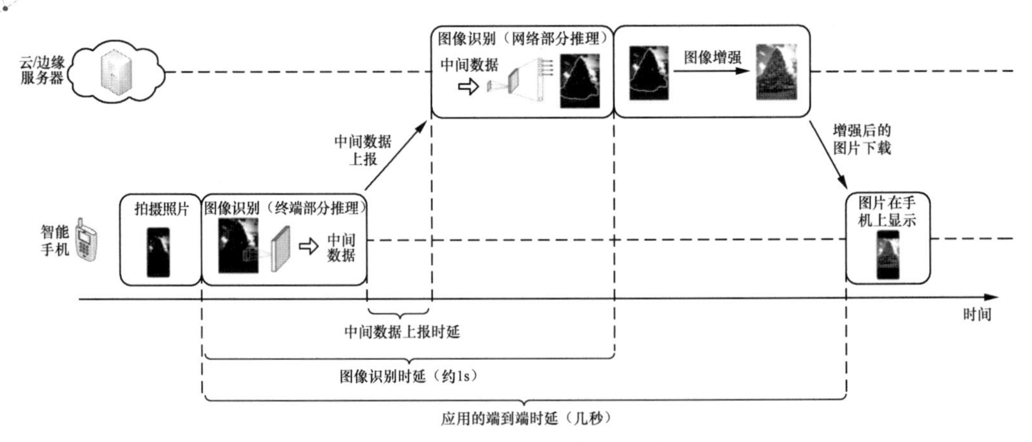

图 5-11　分割式照片图像增强时延分析

（5）AR 显示 / 游戏。

与虚拟现实（VR）不同，在增强现实（AR）渲染系统中，需要将虚拟的视觉对象叠加在真实的背景上，这需要对背景图像进行精确的识别，如光线、阴影、天空颜色对虚拟物体的光影关系等，如图 5-12 所示。因此，AR 渲染的基础是正确地对背景中的对象、边缘和光照条件进行重新编码。根据文献 [4-5]，VR 的从用户运动开始到相应画面显示到屏幕上所花的时间应控制在 5 ～ 15ms。可以假设 AR 显示或游戏需要类似的端到端时延，即从通过 AR 头盔 / 眼镜的视像头拍摄到背景视频到在眼镜屏幕上显示渲染后的 AR 视频流之间的时延。考虑到 AR 渲染所需的时间（如虚拟物体的三维渲染、叠加渲染增强等），背景视频的识别应在 10ms 内完成，作为识别过程的一个步骤，中间数据上传需要在 1ms 级别完成。

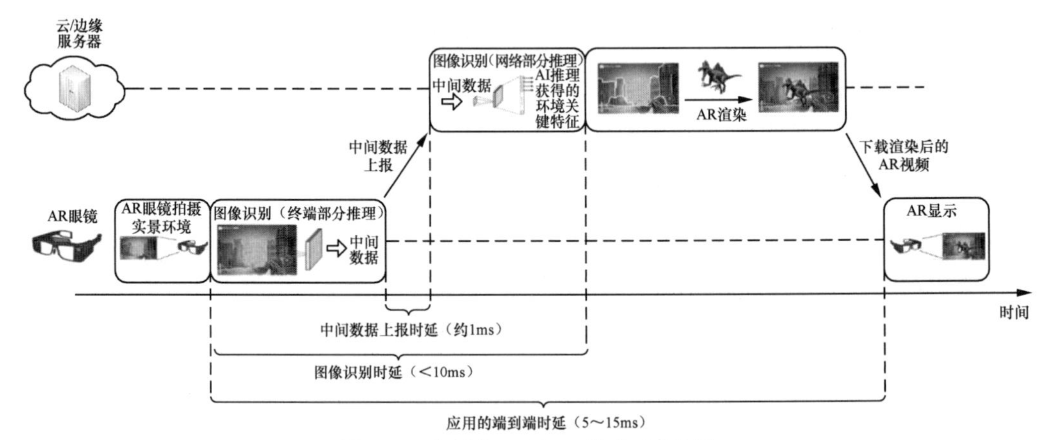

图 5-12　分割式 AR 显示 / 游戏时延分析

（6）远程驾驶。

基于 AI/ML 的图像识别可用于远程驾驶，如图 5-13 所示。自动驾驶汽车拍摄交通场景的视频，执行终端部分的 AI/ML 图像识别，然后将中间数据发送到边缘或云服务器。服务器端完成网络部分的 AI/ML 模型推理，识别交通场景中的视觉对象，利用交通目标识别结果来推理驾驶决策，然后将驾驶控制命令下载到汽车上执行。根据文献 [6] 所述，远程驾驶所需的端到端时延为 5ms，考虑到基于视觉的驾驶推理在服务器端所花费的时间，交通对象识别的时延预算小于 3ms，作为识别过程的一个步骤，中间数据上传需要在 1ms 级别完成。

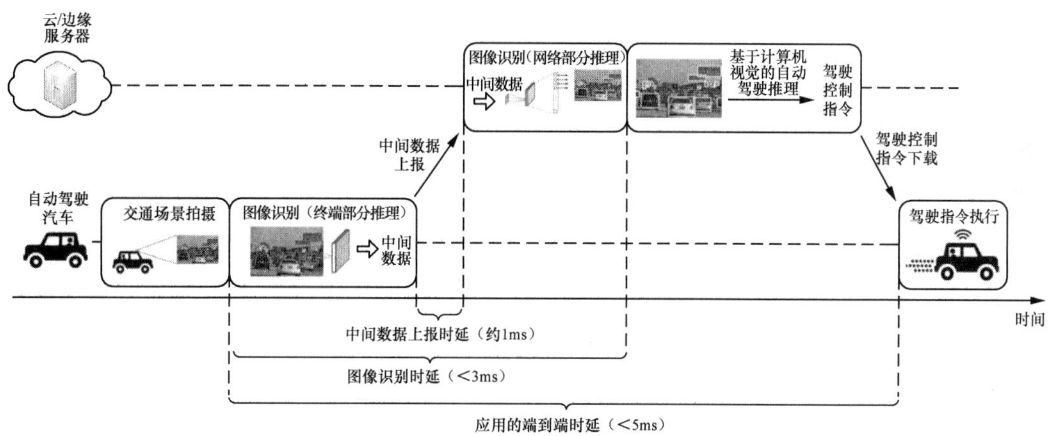

图 5-13　分割式远程驾驶时延分析

（7）远程机器人控制。

基于 AI/ML 的图像识别也可用于视频遥控机器人，如图 5-14 所示。机器人上的摄像机拍摄工作场景的视频，机器人执行终端部分的 AI/ML 图像识别，然后将中间数据发送到边缘服务器或云服务器。服务器端完成网络部分的 AI/ML 模型推理，识别机器人工作场景中的视觉对象，利用机器人的视觉识别结果来推理机器人的动作，然后将机器人控制命令下载到机器人，控制机器人的动作。根据文献 [5] 所述，视频遥控机器人所需的端到端时延为 10 ～ 100ms，考虑到机器人在服务器端的控制推理所花费的时间，机器人视觉识别需要在 10ms 内完成，作为识别过程的一个步骤，中间数据上传需要在 1ms 级别完成。

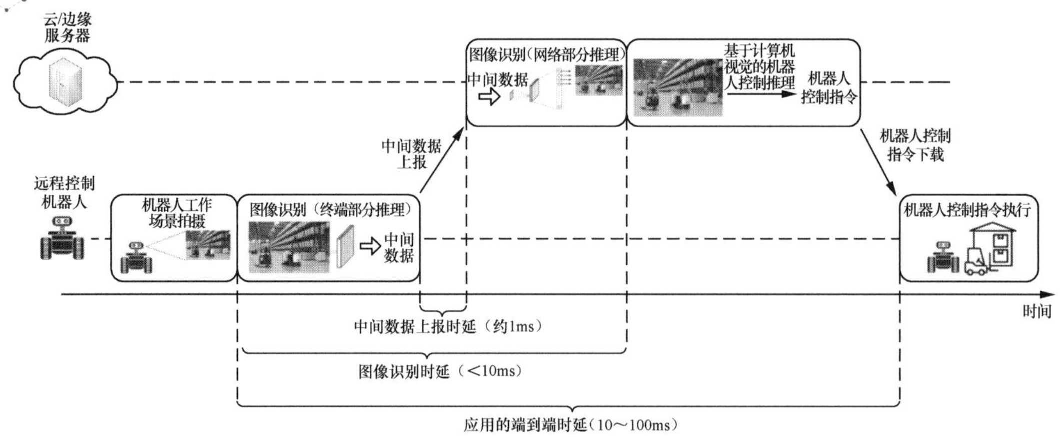

图 5-14　分割式远程机器人控制时延分析

综上所述，图像识别所需的时延在 3ms ～ 1s，分割图像识别的中间数据上传所需的时延在 1 ～ 100ms。

2. 中间数据传输的数据传输速率要求

根据 5.1.1 节中介绍的原理，表 5-4 列出了中间数据上传所需的上行数据传输速率。对于图 5-5 和图 5-6 中所示的两个 CNN 模型，所需的上行数据速率为 1.6Mbit/s ～ 24Gbit/s。结果表明，所需的上行数据传输速率与 CNN 模型的选择、分割点的选择、业务应用类型等密切相关。

表 5-4　用于分割式图像识别的中间数据上传的上行数据传输速率要求

分割点	输出数据尺寸（MB）		所需数据传输速率（Mbit/s）	
	AlexNet	VGG-16	AlexNet	VGG-16
分割点0	0.15	0.6	12Mbit/s～1.2Gbit/s	48Mbit/s～4.8Gbit/s
分割点1	0.27	3	21.6Mbit/s～2.16Gbit/s	240Mbit/s～24Gbit/s
分割点2	0.17	1.5	13.6Mbit/s～1.36Gbit/s	120Mbit/s～12Gbit/s
分割点3	0.02	0.8	1.6Mbit/s～0.16Gbit/s	64Mbit/s～6.4Gbit/s
分割点4	N/A	0.5	N/A	40Mbit/s～4Gbit/s
分割点5	N/A	0.1	N/A	8Mbit/s～0.8Gbit/s

需要注意的是，所需的上行数据传输速率是用户体验的数据传输速率，而不是峰值数据传输速率（传统 5G NR 支持 10Gbit/s UL 峰值数据传输速率）。根据文献 [6] 中的 5G NR 自我评估结果，5G NR 可提供高达 73.15Mbit/s UL 用户体验数据传输速率。传统 5G NR 系统的数据传输速率性能无法满足本用例的高端需求。

3. 分割点重选时延要求

分割点的重新选择和切换所需的时延与模型分割点、GPU/NPU 计算能力、图像识别的帧率以及检测到的条件变化（如可用数据传输速率或设备上计算资源的下降）有关。表 5-5 列出了图 5-5 和图 5-6 中示例的分割点的终端侧推理时延。对于 AlexNet 的候选分割点 1、2 和 3（图 5-5），终端的推理时延可支持 30FPS 的图像识别。对于 AlexNet 的候选分割点 4 和 VGG16 的所有候选分割点（图 5-6），终端 GPU/NPU 甚至不能支持 30FPS 的图像识别。必须降低图像识别的帧率，即跳过一些帧（在某些情况下，这是允许的）。但在某些情况下（如视频是在昏暗的光线条件下拍摄的，还是需要逐帧识别）。因此，分割点切换时延应尽可能小，以支持尽可能高的图像识别帧率。应该避免的是，额外引入分割点切换时延，导致图像识别帧率进一步降低。

表 5-5　各分割点的终端侧推理时延（针对图 5-5 和图 5-6）

分割点	终端侧推理时延（ms）	
	AlexNet	VGG-16
分割点0	N/A	N/A
分割点1	5	55
分割点2	12	115
分割点3	33	240
分割点4	85	390
分割点5	N/A	470
分割点6	N/A	730

此外，如果在接近某帧的推理开始时间的某一时刻（如图 5-7 所示）检测到条件变化（如可用数据传输速率或设备上计算资源的下降）并做出分割点切换决策，必须尽快将该分割点切换决策通知给相关节点（尤其是终端），以采用新的分割点对下一帧进行推理。

如图 5-7 所示，以每秒 30 帧为例，每帧图像识别需要在 33ms 内完成，每个处理周期的第一部分将用于终端侧的模型推理。以 AlexNet 中的分割点 2（如图 5-5 所示）为例，终端侧的模型推理时间为 12ms，在下一帧图像识别之前，设备可以在剩余的 21ms 内切换到新的分割点。然而，如图 5-6 所示，如果条件改变（如可用数据传输速率或设备上计算资源的下降）的时刻接近下一帧的开始，则留给分割点切换的间隔可能只有几毫秒。考虑到终端中处理单元的配置切换的时延，需要尽可能缩小向终端通知分割模式 / 分割点切换决策的时延，例如小于 1ms。

综上所述，基于 AI 的分割式图像识别要求的 KPI 指标如表 5-6 所示。另外，5G 系统应能够支持在 1ms 内将用于分割式 AI/ML 图像识别的分割模式 / 分割点通知给终端。

表 5-6　分割式图像识别 KPI 指标

业务应用	中间数据上传时延	中间数据上传数据传输速率	可靠性
智能手机用户的未知物体识别	约100ms	1.6～240Mbit/s	[99.999 %]
安防监控系统的身份识别	约100ms	1.6～240Mbit/s	[99.999 %]
智能手机图像增强	约100ms	1.6～240Mbit/s	[99.999 %]
视频识别	约10ms	16Mbit/s～2.4Gbit/s	[99.999 %]
AR显示/游戏	约1ms	160Mbit/s～24Gbit/s	[99.999 %]
远程驾驶	<1ms	160Mbit/s～24Gbit/s	[99.999 %]
远程机器人控制	约1ms	160Mbit/s～24Gbit/s	[99.999 %]

5.1.3　网络与机器人之间的分割式控制

移动机器人由于其高度的机动性，在一些场景中，如物流运输、灾难救援和智能工厂等扮演着越来越重要的角色[5]。移动机器人需要在不断变化的环境中工作，因此需要进行快速可靠的环境感知、路径规划和动作控制。如果完全在机器人上进行相应的计算，将带来很大计算量，从而要求机器人具有很高的计算能力和功耗。在现实环境中工作的移动机器人往往需要具有轻量化的外形尺寸，无法配备大量的 CPU/GPU 单元和大容量电池。如文献 [44] 中提供的例子，ANYmal 是目前市场上最先进的四足机器人之一，它携带 3kg 的电池，电池容量约为 650Wh，而高端 GPU Nvidia Titan X 的耗电量则超过 250W，使用这种算力，会显著影响机器人的电池寿命。

一些参考文献[45]研究了将计算量从机器人卸载到云端的方法。但是，完全依赖云端的远程控制，将在很大程度上受网络通信能力的制约。当网络接入质量变差时，机器人必须具有低时延响应的本地处理能力，以保障机器人的持续、安全运行。该系统不同于文献 [5] 中介绍的全远程控制机器人系统，全远程控制机器人系统的路径规划和动作控制是通过云计算进行的，机器人只负责报告传感数据（包括视频），并接收控制命令。由于完全依赖云计算很难满足某些类型的移动机器人（如有腿机器人）反馈控制回路毫秒级的时延要求，在这种情况下，移动机器人的分割控制（Split Control）是一个不错的解决方案。

文献 [44] 介绍了一个 5G 分割控制的全身平衡机器人系统。负责控制机器人的 AI 推理操作可以分割在机器人和云服务器两端实现。如图 5-15 所示，复杂度高但对时延不敏感的部分可以被卸载到云端或 MEC 服务器中，而对时延要求很高的低复杂度计算可以留在机器人侧。机器人的本地算力可以有效地支撑误差反馈项的计算，当发生通信延迟或数据包丢失时，机器人无法从云端 /MEC 控制服务器及时接收“远程控制部分”，它仍可以使用先前接收到的预先计算的反馈矩阵来生成近似的“远程控制部分”，在一定的时间内，该近似模型仍能支撑机器人进行近似的反馈控制，保证机器人继续正常工作。

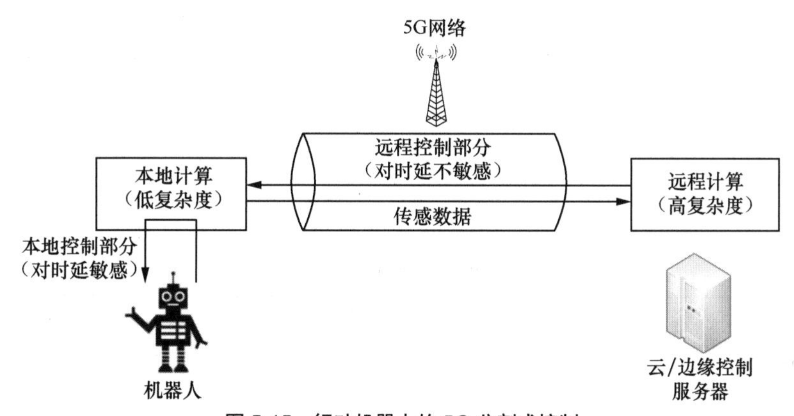

图 5-15　行动机器人的 5G 分割式控制

文献 [44] 的研究结果表明，在机器人完全由云服务器控制的情况下，如果环回时延（从发送传感数据到接收控制命令的时延，包括在云端 /MEC 的处理时延）大于 3ms，机器人就无法完成行走任务。由于控制命令延迟，机器人会摔倒，如图 5-16（a）所示。但是，如果采用分割式控制，机器人则在 25ms 环回时延内仍然可以执行行走任务，如图 5-16（b）所示。

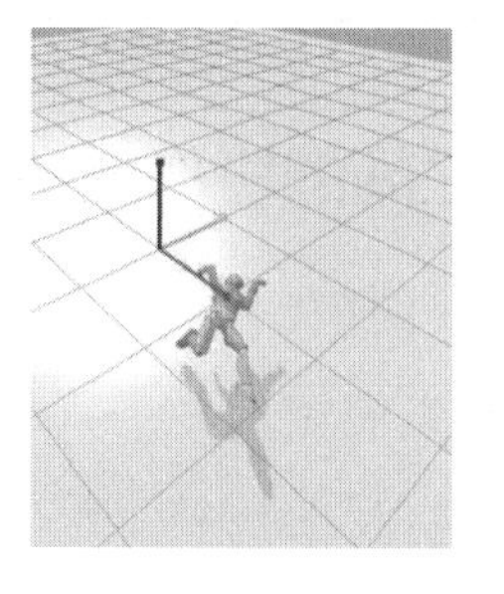

（a）5G 远程控制

（b）5G 远程控制 + 本地控制

图 5-16　行动机器人的 5G 分割式控制

如果一切都在云端或MEC服务器上完成，机器人需要在每个控制周期（1ms）上传592B的传感数据，并在每个控制周期从网络侧的“遥控器”接收200B的数据，相应的上行数据传输速率为4.7Mbit/s，下行数据传输速率为1.6Mbit/s。但同时，要求通信时延控制在3ms以内，而单向传输时延需控制在1ms以内。如果采用分割式控制，从云/边缘控制服务器下载“远程控制部分”需要在每个控制周期（1ms）下载40KB的数据，因为需要更多信息来确保本地控制器能够在发生超长时延的情况下能够转而进行本地控制，所需下行数据传输速率为320Mbit/s。在这种情况下，系统可以容忍最大25ms的时延。

网络与机器人之间分割式控制所需的通信KPI指标如表5-7所示。这意味着，对于机器人控制问题，可以在下行数据传输速率和时延之间进行互换：与云/MEC服务器上的完全控制相比，分割控制模式要求更高的下行数据传输速率，但放宽了对时延的要求。与传统的网络远程控制机器人系统要求5G网络连续覆盖的URLLC业务不同，对于具有FR2频谱的5G运营商来说，分割控制的机器人系统可以把大部分计算量卸载到非连续覆盖的5G毫米波网络上，从而充分利用高频频谱资源，实现机器人计算能力的轻量化。

表5-7　分割式机器人控制的KPI指标

控制模式	上传传感数据要求的上行数据传输速率	“远程控制部分”的数据包大小	“远程控制部分”要求的下行数据传输速率	“远程控制部分”要求的时延
完全在云端/MEC服务器上的控制	4.7Mbit/s	200Byte	1.6Mbit/s	1ms
分割式控制	4.7Mbit/s	40kByte	320Mbit/s	25ms

5.1.4　机器人之间的协作式AI操作

在工业4.0的背景下，现代化的工厂由人和机器人协作，从而高效地完成任务。每个机器人都有自己预先规定的任务。机器人通过流畅而精确的方式协助人类操作员完成繁重、枯燥、重复的任务。机器人还监视工厂环境从而保证操作员的安全。由于无法确保足够的可靠性和机密性，因此无法利用处在云端的远程服务器执行机器人控制。此外，总的端到端时延不能得到保证，可能导致生产损失。机器人之间的通信可以依赖工厂中的专用无线网络，这些无线网络可以在保证隐私的基础上，实现预期的 QoS（可靠性，吞吐量和时延）。新型的机器人是具备自主性的机器人，可以对人的声音做出反应或实时了解操作员的行为。它们可以感知自己的环境并将信息传输给其他机器人。它们可以交流，互相学习，互相帮助并进行自我监控。

例如，在现代化的工厂中，一个工作站包括两个人工操作员，两个移动机器人和一个固定机器人。机器人的能力依赖于自身运行的几种 AI/ML 模型，模型会加剧移动机器人的电池耗电。为了克服这个问题，当电池电量低到一定值时，可以按照 AI/ML 模型分割的方式，将一部分 AI/ML 模型转移到某个具备服务托管能力的节点（如边缘服务器）和 / 或其他机器人。因此，AI/ML 模型 M 在两个机器人（被辅助机器人和辅助机器人）之间被分割和共享。被辅助机器人生成的中间数据通过 D2D（Device to Device，设备到设备）通信传输到辅助机器人，辅助机器人进行模型推断并将结果发送回被辅助机器人。

为了让机器人具有更高的自治性、移动性和智能性，给它们嵌入了各种各样的传感器，这些传感器会生成大量要处理的原始数据。处理每种类型的传感数据都需要不同的 AI/ML 模型。因此，作为一种卸载策略，可以考虑将一个时延敏感的模型在 2 个机器人之间进行分割，因为与常规 5G 通信相比，D2D 通信的时延更小。同时，考虑到辅助机器人的能源问题，将其他时延不敏感的 AI/ML 模型在机器人和服务托管设备之间进行分割。

如前所述，时延是模型推断的一个至关重要的要求。整体时延即为被辅助机器人从开始进行模型推断到得到最终结果所经历的时间。图 5-17 总结了对整体时延产生影响的三种情况。

（1）模型 M 的推断是在本地完成的，时延为 L_{LI}。

（2）模型完全卸载给第二个设备，即推断过程全部在第二个设备（如机器人）上进行。时延为 L_{FO}。

（3）模型部分卸载给第二个设备，时延为 L_{PO}。

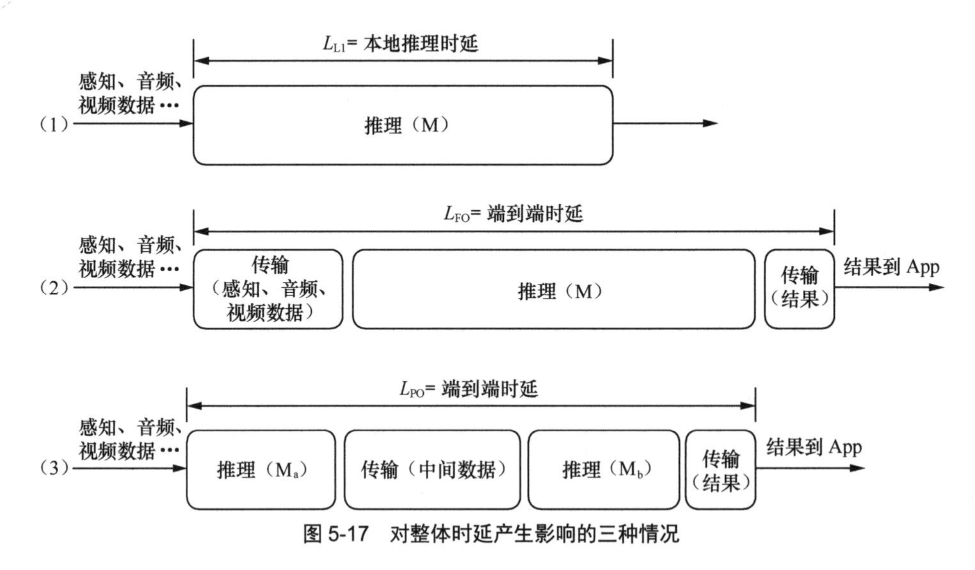

图 5-17　对整体时延产生影响的三种情况

前文所述场景为（3），其中模型 M 分为两个子模型 Ma 和 Mb。如果两个机器人（UE）都具有相似的计算能力，则假定模型 M 推理的时间几乎等于模型 Ma 推理的时间加上模型 Mb 推理的时间。因此，一旦将分割模型部署在两个机器人（UE）上，需要考虑的是如何使 D2D 时延（中间数据和推理结果的传输）最小化，从而尽可能接近未分割情况。此外，在方案（2）中，推断过程全部在第二个设备（UE）上进行，大量的原始数据向辅助机器人传输将会产生较高的传输时延，从而对整个系统的时延产生较大的影响。

基于 AI 模型分割的机器人之间的协作流程如图 5-18 所示。

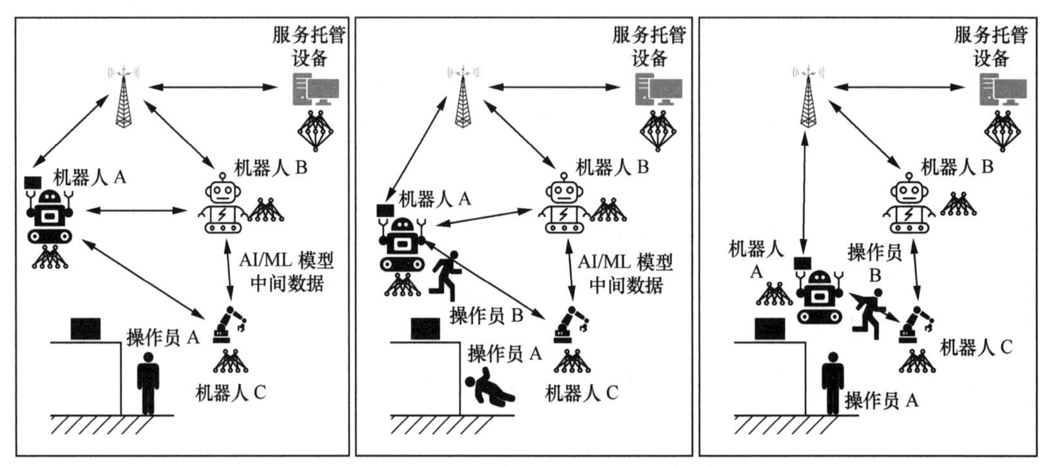

图 5-18　模型分割在机器人之间的协作流程

（1）B_{robot}电池电量很低，但是如果卸载一分模型推理过程，则B_{robot}仍然可以工作一段时间。

（2）B_{robot}广播请求消息以获取帮助，C_{robot}和服务托管设备做出了积极响应。

（3）B_{robot}，C_{robot}和服务托管设备协商卸载策略，在保证推理准确性和时延的基础上，将M1模型在B_{robot}和服务托管设备之间进行分割，将M2模型在B_{robot}和C_{robot}之间进行分割。

（4）B_{robot}，C_{robot}和服务托管设备在M1和M2模型的分割点上达成协议，B_{robot}开始将中间数据发送到C_{robot}和服务托管设备。

（5）C_{robot}和服务托管设备执行完模型推理全过程，并将结果传送回B_{robot}。

（6）同时，A_{robot}正在将一个物品搬运给$A_{operator}$。

（7）$A_{operator}$正在弯腰捡起落在地板上的螺钉。同时，$B_{operator}$在$A_{operator}$和A_{robot}之间走过。因此，A_{robot}无法再看到$A_{operator}$。

（8）B_{robot}可以看到完整的场景，它将此场景作为中间数据报告给C_{robot}和服务托管设备。

（9）C_{robot}和服务托管设备进行推理，判断此场景存在安全问题，发出安全警告，所有机器人将停止工作或者通知A_{robot}改变行动轨迹，从而保证人工操作员的安全。

由上述分析可以看到，基于AI模型分割的机器人之间的协作需要5G系统提供如下增强的功能。

- 5G系统应支持通过D2D通信路径将AI / ML模型的中间数据从UE1传输到UE2。
- 5G系统应维持D2D通信路径的QoS（延迟，可靠性，数据传输速率）。
- 由于分割点的选择是动态的，因此中间数据的数据量会发生变化。为了保持QoS，5G网络需要及时调整传输带宽。
- 在中间数据的数据量会发生变化的情况下，5G系统应具有修改D2D通信的QoS的方法。

5.2 基于5G的AI/ML模型下载、分发与共享

5.2.1 基本特征

对于需要低时延并希望在终端侧保留敏感数据的AI/ML推理任务，需要进行离线AI/ML推断，而不是基于云的推理。然而，在移动设备上运行的离线AI/ML模型必须具有相对较低的计算复杂度和较小的存储容量。在移动设备上应用离线DNN模型的一种方法是压缩模型以减少其资源和计算需求[28-29, 32-33]。然而，DNN压缩会导致推理精度和对各种任务和环境的适应性下降。解决这个问题的方法是从一组训练好的模型中自适应地选择模型进行推理[10]，即根据输入数据和精度要求来进行最优模型的选择[30-31]。多功能移动终端通常需要切换AI/ML模型以适应任务和环境的变化。

可以进行自适应模型选择的前提条件是待选择的模型已经存储在移动设备中。然而，考虑到DNN模型正变得越来越多样化，并且终端用于存储AI/ML模型的存储资源通常是非常有限的，不可能将所有候选AI/ML模型预存到终端内。因此，需要在线地从网络侧获取模型（新模型下载）或通过在线迁移学习（Transfer Learning）将原有模型修改为新的模型。如图5-19所示，当设备需要一个新的AI/ML模型以适应变化的AI/ML任务和工作环境时，可以从网络将模型下载到终端。

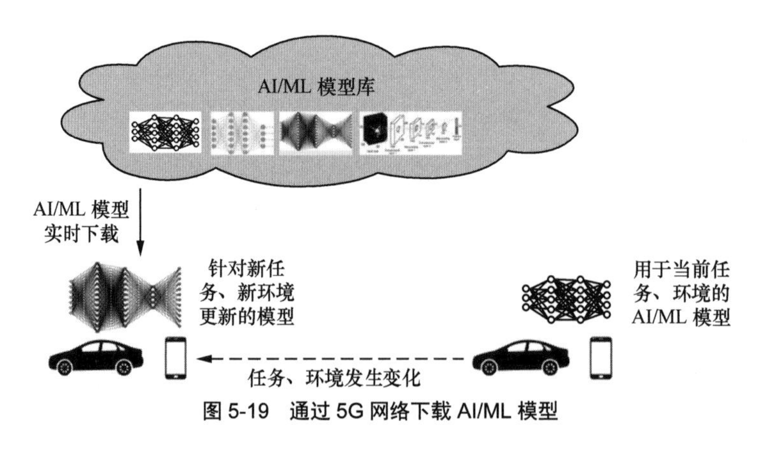

图5-19 通过5G网络下载AI/ML模型

需要下载的模型可以通过两种方式确定：一是由终端请求，二是由网络服务器

控制。第一种机制的条件是，终端对即将到来的 AI/ML 任务、工作环境和网络服务器上的可用模型列表有必要的了解，可以独自做出模型选择 / 重选的决定。如图 5-20 所示，终端上的模型选择器经过训练，可以针对不同的输入数据选择最佳的 DNN。

经过训练的模型选择器，可以利用另一个专门选择模型的 DNN 模型，基于对第一批输入数据的特性分析，选择一个最佳的 DNN 模型用于后续输入数据的处理。

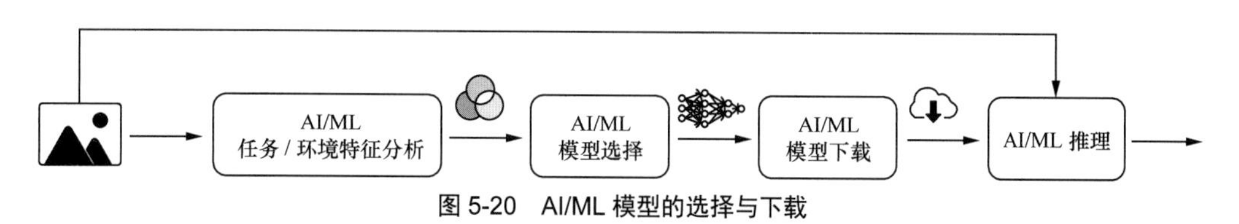

图 5-20　AI/ML 模型的选择与下载

下载模型所需的数据传输速率取决于以下因素。

（1）模型尺寸。

这取决于不同的 AI/ML 应用。随着对 AI/ML 操作性能要求的不断提高，模型的大小也在不断增加，尽管模型压缩技术正在不断改进。

（2）下载所需的时延。

这取决于模型在设备上准备就绪的速度，它取决于能多大程度预测将要到来的 AI/ML 任务和工作环境变化。考虑到用户行为的不可预测性和用户可以忍受的典型等待时间，AI/ML 模型的下载需要在几秒甚至几毫秒内完成。对于传统流媒体业务，可以先缓冲一小部分文件即可开始播放，然后边下载，边播放。但是 DNN 模型只能在整个模型被完全下载之后才能使用，这使模型下载的时延预算更为紧张。

需要注意的是，基于网络的 AI/ML 推理和分割式 AI/ML 推理（如 5.1 节所述）通常需要较高且持续稳定的上行链路数据传输速率，以便不断地将传感数据 / 中间数据上传到云 / 边缘服务器。相反，AI/ML 模型下载要求在突发情况下具有较高的下行数据速率。这使得模型下载更适合于下行链路占主导地位（如采用高 DL-UL 配比）的移动通信系统或覆盖不稳定的系统。当然，基于终端的 AI/ML 推理的条件是移动终端的可用算力能够支持 AI/ML 模型的推理。如果算力要求超出了终端的能力，则必须采用基于网络的推理或分割式推理。

5.2.2 图像识别 AI 模型下载

分割式推理在图像分类领域已经有一系列的经过训练的 AI/ML 模型可用。如前文所述，推理的最佳模型取决于 AI/ML 任务的输入数据、环境和精度要求。终端侧使用的视觉处理模型需要针对不同的视觉对象、背景、用途（如图像恢复还是分类），甚至目标压缩率进行自适应的更新。首先，可以使用不同的模型来识别不同类型的主要对象（如用于人脸识别的 DNN 与用于车牌识别的 DNN 肯定是不同的）。其次，如果输入图像是在良好的光照条件下拍摄的，并且背景简单，那么使用简单的模型就足以识别图像中的物体了。否则，必须采用性能更好但也更复杂一些的模型。

文献 [31] 给出了一个为不同的图像识别任务和环境选择最佳模型的例子。如图 5-21 所示，针对不同的图像识别任务，对 4 种典型的 CNN 模型［MobileNet_v1_025[17]、ResNet_v1_50（ResNet[16]，50 层）、Inception_v2[40] 和 ResNet_v2_152（ResNet 152 层）］进行评估和对比，模型的准确性是采用图像识别指标——“top-1”和“top-5”指标（由 ImageNet Challenge[41] 定义）来评估的。“top-1”是推理输出的最高分的标签与真实答案的符合率；“top-5”是推理输出的最高分的前五个标签与真实答案的符合率。这个示例对图 5-21（a）、（b）、（c）所示的 3 幅图像进行识别，以评价上述 4 种模型。

图 5-21 的结果表明，对于不同的测试图像，最佳模型也是不同的。对于图 5-21（a）中的第一幅测试图像，主目标（兔子）很容易与简单背景区分开来，针对“top-1”和“top-5”，低复杂度 MobileNet_v1_025 都是最佳模型，因为它具有最快的推理时间。图 5-21（b）是一个稍微复杂的对象识别任务，因为主要对象具有与背景相似的特征。对于此图像，MobileNet_v1_025 已经无法给出正确答案，因此需要使用更复杂的模型 inception_v2 模型，尽管推理时间是 MobileNet_v1_025 的 3.24 倍。对于最困难的识别任务［如图 5-21（c）所示］，其主要对象被与背景融合难以区分。采用“top-5”指标时，ResNet_v1_50 是识别这张图片的最佳模型。但采用“top-1”指标时，必须使用 ResNet_v2_152 才能获得正确的识别结果，尽管它的推理时间是 ResNet_v1_50 模型的 2.06 倍，是 MobileNet_v1_025 模型的 6.14 倍。

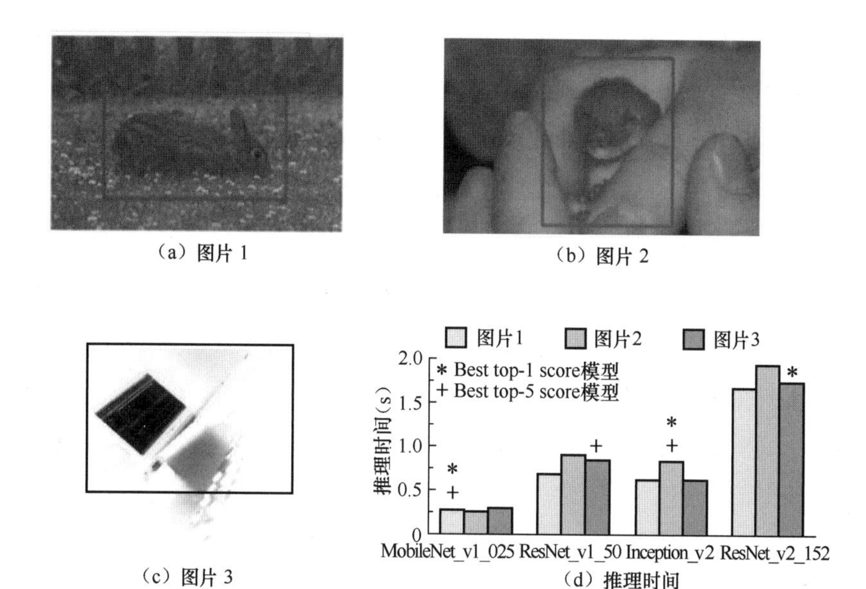

图 5-21　为不同的图像识别任务 / 环境选择最优模型的示例（引自文献 [31]）

这个例子表明，最佳模型取决于输入图像的类型和任务需求。对于一个需要识别不同类型图像并满足不同应用需求的移动终端，需要自适应地切换所使用的模型。文献 [31, 35-36] 中介绍了自适应 AI/ML 模型的选择方法：首先对模型选择器进行离线训练。然后模型选择器就可以通过提取输入图像中的关键特征（如边缘的数量、亮度等），综合考虑目标推理精度和图像特征，预测出用于当前图像识别任务的最佳 DNN 模型。

如果所选择的 DNN 模型已经预先加载到移动终端中，终端就可以立即使用该模型进行推理。如果所选模型尚未加载到设备中，则设备需要先从网络上下载该模型，然后才能开始推理操作。在许多情况下，由于图像 / 视频拍摄的背景、光照条件随着移动终端的使用场景、工作环境而不断变化，很难对最佳模型进行预测并提前下载。而最佳模型的预测仅适用于长期打开的摄像头的终端，如智能汽车或机器人，而智能手机用户通常只在想识别未知物体时才会开启智能手机摄像头。在这种情况下，智能手机没有时间在开始拍摄图像或视频之前对将要使用的最佳模型进行预测和提前下载。因此，在某些情况下，模型选择器需要根据变化的条件动态地选择 / 重选最佳模型。

模型的选择可以由终端或某个网络实体来完成。终端为自己选择最佳模型的情况如图 5-22（a）所示，这种方法的前提是终端能够提取输入图像中的特征，并且对存储在服务器的模型池中的可用 AI/ML 模型列表有完整的了解。在这种情况下，终端可以自主选择模型，并向服务器请求下载所需的模型。从服务器端下载获取该模型后，终端就可以使用该模型进行图像识别推理。

在某些情况下，终端可能并不具备自己提取图像特征的能力，或者对模型池中能提供哪些模型并没有完整的了解。在这种情况下，终端则可以向网络侧的一个模型选择器上报样本图像、自己现存的模型列表和可用于图像识别的算力资源情况，由模型选择器代为选择最佳模型（如图 5-22（b）所示）。模型选择器有可能不是保存模型池的服务器。当模型选择器与保存的模型池不在同一服务器时，模型选择器可以向模型池所在服务器请求下发终端所需的模型，同时通知终端进行下载。随之模型池所在服务器就可以将模型下载到终端上，用于完成所需的图像识别任务。

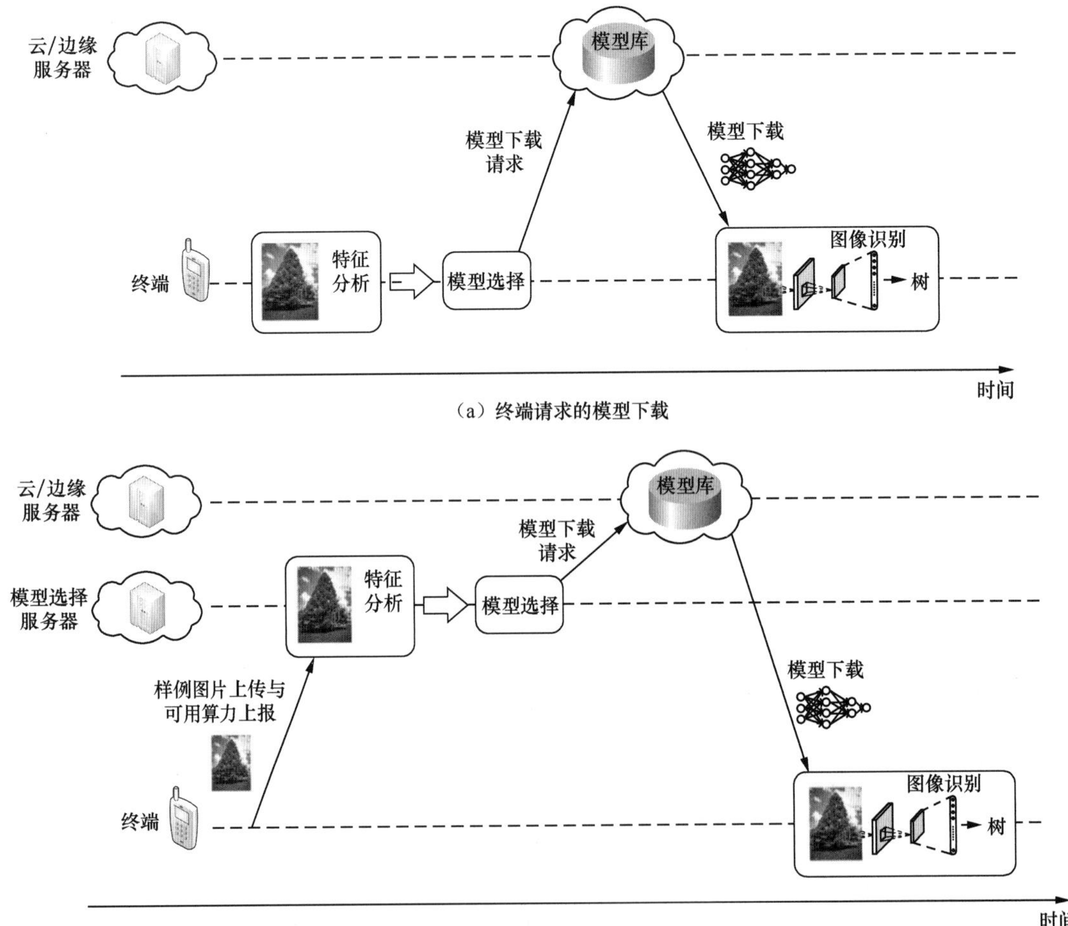

图 5-22　用于图像识别的 AI/ML 模型下载过程

对于某些应用，需要在 1 ～ 2s 完成图像识别任务。模型的选择和下载过程不应给处理时间带来显著的增加，因此应小于 1s。如果特征提取和模型选择是由移动终端自己来完成的，根据文献 [31] 所述，预测时间可限制在 1ms，因此应能够在 1s 内完成表 5-8 中列出的各种常用图像识别模型的下载，相应的模型大小和所需的下行数据传输速率见表中数据。DNN 参数可以用 32bit 量化表示，以获得较高的推理精度。所需的下行数据传输速率为 134.4Mbit/s ～ 1.92Gbit/s。如果将一个参数的量化精度减少到 8 位，则可以压缩模型大小和下载速率，代价是可能会牺牲图像识别精度，这种量化精度所需的下行数据传输速率为 33.6Mbit/s ～ 1.1Gbit/s。在后面的分析中，我们将假设采用 8 位量化精度。

表 5-8　典型图像识别 AI/ML 模型的大小和所需下行数据传输速率 （假设 1s 下载时间）

图像识别DNN模型	参数数量（百万）	32 bit量化		8 bit量化	
		模型大小（MB）	所需下行数据传输速率（Mbit/s）	模型大小（MB）	所需下行数据传输速率（Mbit/s）
AlexNet[13]	60	240	1 920	60	480
VGG16[15]	138	552	4 416	138	1 104
ResNet-152[16]	60	240	1 920	60	480
ResNet-50[16]	25	100	800	25	200
GoogleNet[18]	6.8	27.2	217.6	6.8	54.4
Inception-V3[40]	23	92	736	23	184
1.0 MobileNet-224[17]	4.2	16.8	134.4	4.2	33.6

模型的分发和共享可以通过三种方式进行：单终端下载、多终端分发和终端间共享。如果一个终端需要下载一个 AI/ML 模型，网络可以单独将该模型下载给该终端，如图 5-23（a）所示。当多个设备终端同时下载一个 AI/ML 模型时，网络可以将该模型以多播的方式分发给各个终端，如图 5-23（b）所示。第三种方式是通过网络或终端点对点直通连接从一个终端共享到另一个终端，如图 5-23（c）所示。在多终端分发和终端间共享模式下，表 5-8 中的性能要求则可作为对多播链路和点对点直通链路的要求。

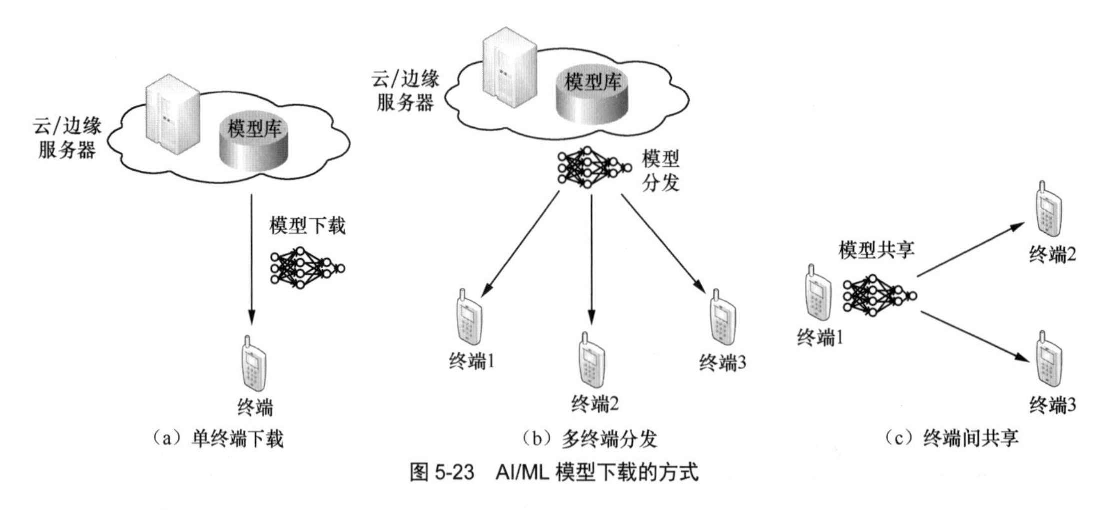

图 5-23 AI/ML 模型下载的方式

在某些场景下，需要并行下载多个 AI/ML 模型。一种场景是在一个小区内多个用户同时下载一个模型，另一种场景是一个用户同时下载多个模型。

- 在某些集体活动场景（如音乐厅、体育赛场等），可能一群用户需要同时下载同一种模型。
- 一个终端在需要对一个新的音乐会场景进行多维度识别的时候，可能需要同时下载视频识别、语音语义识别、人脸识别等多个模型。

1. 模型下载的时延要求

如 5.1.2 节所述，图像识别时延与使用识别结果的具体应用程序有关。根据表 5-3 中列出的示例应用的图像识别时延要求，表 5-9 估计了模型下载的时延要求。终端完成图像识别任务所需的时间预算中，只有一小部分可以用来下载模型。对于智能手机用户的未知物体识别、安防监控系统的身份识别和智能手机图像增强，下载时延应控制在 100ms 级别；对于视频识别，目标应该是在一个帧周期内完成模型的更新（以便下一帧采用新的模型），即模型下载最好在 33ms 内完成；对于 AR 显示 / 游戏、远程驾驶和遥控机器人这三种应用，由于终端的摄像头可以始终处于开启状态，因此可以提前预测到所要使用的模型（如提前 100ms 预测到需要使用的模型），可在 100ms 内下载模型。

表 5-9　各种图像识别应用的 AI/ML 模型下载时延

业务应用	时延需求	
	图像识别时延	模型下载时延
智能手机用户的未知物体识别	约1s	约100ms
安防监控系统的身份识别	约1s	约100ms
智能手机图像增强	约1s	约100ms
视频识别	33ms@30FPS	约30ms
AR显示/游戏	<10ms	约100ms
远程驾驶	<3ms	约100ms
远程机器人控制	<10ms	约100ms

2. 模型下载的数据传输速率要求

如果使用 8bit 参数来量化 DNN 模型，根据表 5-8 中的模型大小，可以计算出所需的下行数据传输速率为 336Mbit/s ～ 11Gbit/s，如表 5-10 所示。需要注意的是，如果可以采用更先进的模型压缩技术，模型的尺寸可能会减小。

表 5-10　各种图像识别应用的 AI/ML 模型下载数据传输速率

业务应用	模型下载时延	模型下载数据传输速率
智能手机用户的未知物体识别	约100ms	336Mbit/s～11Gbit/s
安防监控系统的身份识别	约100ms	336Mbit/s～11Gbit/s
智能手机图像增强	约100ms	336Mbit/s～11Gbit/s
视频识别	约33ms	1.02～33.5Gbit/s
AR显示/游戏	约100ms	336Mbit/s～11Gbit/s
远程驾驶	约100ms	336Mbit/s～11Gbit/s
远程机器人控制	约100ms	336Mbit/s～11Gbit/s

3. 模型选择的时延要求

为了在一帧时间内（最小 33ms）完成模型的下载过程，需要相当高的下行数据传输速率。如果模型选择步骤需要几十毫秒，时延预算将变得更加紧张，进而需要更高的数据传输速率。因此，终端上报样本图像、现存模型列表和可用算力资源等应在尽可能短的时间内（如在 1ms 内）完成，终端发出的模型请求也应在尽可能短的时间内（如在 1ms 内）到达模型选择器，模型选择器在尽可能短的时间内（如在 1ms 内）将模型下载的决定发送到模型服务器。

4. 并行下载需求

以音乐会为例，可采用 3GPP TS 22.261 中的“Broadband Access in a Crowd”（拥塞场景下的宽带接入）场景，总体用户密度为 500 000 UE/km^2（0.5 UE/m^2），活动系数为 30%。假设只有部分用户需要下载 AI/ML 模型，活动因子最终估计为 1%（在同一时间窗口内请求 AI/ML 模型下载的 UE 占总体的百分比）。一个音乐厅的 UE（座位）的典型数量为 1 000 ～ 5 000。

综上所述，图像识别 AI/ML 模型要求的通信 KPI 指标如表 5-11 所示。其中可靠性指标是假设对模型的结构和参数采用统一的可靠性要求。如果可以采用不同的可靠性指标，由于模型的结构对推理精确度具有很大影响，仍需采用 99.999% 可靠性传输，而模型参数由于可以容忍一定误差，则可以放松要求，如采用 99.9% 可靠性传输即可。

表 5-11　AI/ML 模型下载 KPI 指标

业务应用	模型下载时延	模型下载数据传输速率	可靠性
智能手机用户的未知物体识别	约100ms	336Mbit/s～11Gbit/s	99.999 %
安防监控系统的身份识别	约100ms	336Mbit/s～11Gbit/s	99.999 %
智能手机图像增强	约100ms	336Mbit/s～11Gbit/s	99.999 %
视频识别	约33ms	1.02～33.5Gbit/s	99.999 %
AR显示/游戏	约100ms	336Mbit/s～11Gbit/s	99.999 %
远程驾驶	约100ms	336Mbit/s～11Gbit/s	99.999 %
远程机器人控制	约100ms	336Mbit/s～11Gbit/s	99.999 %

终端应在 1ms 内完成样本图像、现存模型列表和可用算力资源等的上报。终端应在 1ms 内将模型请求送达模型选择器，模型选择器在 1ms 内将模型下载的决定发送到模型服务器。

并行下载 AI/ML 模型的 KPI 指标示例如表 5-12 和表 5-13 所示。

表 5-12　同时下载 AI/ML 模型的用户数量

用户数量	模型有效范围	激活用户比例	同时下载模型的用户数
1 000	2 000m^2	1 %	10
5 000	10 000m^2	1 %	50

表 5-13　多用户模型并行下载的数据传输速率需求

用户数量	激活用户比例	同时下载模型的用户数	模型尺寸	时延	下行单用户数据传输速率	下行多用户数据传输速率
1 000	1 %	10	4.2～138MB	<1s	33.6Mbit/s～1.1Gbit/s	336Mbit/s～11Gbit/s
			4.2～138MB	<100ms	336Mbit/s～11Gbit/s	3.4～110Gbit/s
5 000	1 %	50	4.2～138MB	<1s	33.6Mbit/s～1.1Gbit/s	1.68～55Gbit/s
			4.2～138MB	<100ms	336Mbit/s～11Gbit/s	16.8～550Gbit/s

5.2.3　语音识别 AI 模型下载

基于 AI/ML 的语音处理已广泛应用于移动设备（如智能手机、个人助理、语音翻译等），包括自动语音识别（ASR，Automatic Speech Recognition）、语音翻译、语音合成等。用于听写、搜索和语音命令的语音识别已成为智能手机和可穿戴设备的标配功能。

ASR 的业务需求已在文献 [42] 中给出。传统的 ASR 系统基于隐马尔可夫模型（HMM）和高斯混合模型（GMM）。然而，HMM-GMM 系统在噪声环境下，会出现较高的误码率。虽然传统方法也扩展了一些对抗噪声的增强功能，包括“特征增强”（在识别之前尝试从观测值中去除噪声）和“模型自适应”（保持观测值不变，更新识别器的模型参数，以更好代表所拾取的语音）。但传统模型仍很难满足商业应用的要求。基于深度神经网络（DNN）的声学模型具有显著的噪声鲁棒性[7-8]，并被广泛应用于移动设备的 ASR 应用中。

如今，苹果 Siri 和 Amazon Alexa 等智能手机上的大部分 ASR 应用都在云服务器上运行，即终端设备将语音上传到云服务器，然后将解码结果下载回终端。然而，基于云的语音识别可能会带来更高的时延（不仅是 4G/5G 网络时延，还包括互联网时延），并需要考虑网络连接的可靠性和隐私问题。

相对而言，在移动设备上运行的嵌入式语音识别系统更为可靠，并且可实现更低的时延。目前，当移动终端的上行覆盖变弱时（如进入地下室或电梯时），一些 ASR 应用程序会从基于云的模型推理切换到离线模型推理。然而，云服务器的 ASR 模型对于移动设备上的计算和存储资源来说过于复杂。近年来，运行在云服务器上的基于 ML 的 ASR 模型的大小迅速增加，从 1GB 增加到 10GB，这是无法在移动设备上运行的。由于这一限制，智能手机只能实现简单的ASR应用，如唤醒词检测。要实现更复杂的ASR应用，如大词汇量连续语音识别（LVCSR，Large Vocabulary Continuous Speech Recognition），对于离线语音识别器来说仍然是一个具有挑战性的领域。

2019年，一种先进的Android移动终端离线LVCSR识别器发布。这种流式端到端识别器基于递归神经网络传感器（RNN-T）模型[32-33]，通过各种改进和优化，可以大大减少内存占用，加快计算速度。同时对ASR模型进行压缩以适应在移动设备上的应用，但牺牲了对各种背景噪声的鲁棒性。当噪声环境发生变化时，需要重新选择模型，如果模型没有保存在设备中，则需要通过5G网络从AI/ML模型提供商的云/边缘服务器上下载模型。

ASR模型只有在整个模型被完全下载之后才能使用。设备需要采用噪声鲁棒的ASR模型，以适应不断变化的噪声环境。一般情况下，只有在触发语音识别应用程序时，移动终端用户才会打开终端的话筒。终端需要识别噪声环境，并低时延（1s级别）下载相应的ASR模型。表5-14列出了一些典型ASR模型的大小[32, 46]，这些模型尺寸可以用于推导所需的下载数据传输速率。如果能在某些场景下预测所需模型，进行提前下载，相应指标可以放宽。

表5-14　典型语音识别AI/ML模型大小及所需的下载数据传输速率　（按8bit量化计算）

用于语音识别的DNN模型	参数数量（百万）	模型大小（MB）	所需下行数据率（Mbit/s）
RNN-CTC[46]	26.5	26.5	212
ResCNN-LAS[46]	6.6	6.6	52.8
QuartzNet-15×5[46]	19	19	152
Gboard Speech Recognizer[32]	N.A.	80	640

5.2.4　智能汽车AI模型更新

目前，智能汽车的自动驾驶已经普遍采用人工智能算法。智能汽车需要根据交通场景的变化实时下载更新的AI模型，并根据交通场景的变化（如灾害、事故）对原有AI/ML模型进行迁移学习（Transfer Learning），获得更新的AI模型。同时也可以通过自己的本地模型对云端的通用模型的改进做出贡献。智能汽车AI模型更新可分为如下两种场景[1]。

1. 场景 1：智能汽车使用的 AI/ML 模型的训练与更新

由于智能驾驶采用的 ML 模型通常具有较大尺寸，这些 ML 模型需要通过使用大量计算资源，对数百万或数十亿参数进行训练和优化，才能实现较强的场景泛化能力，以针对各种特定的交通场景，实现尽可能高的推理精度。这种通用模型需要经过长时间的复杂训练才能形成，不可能完全依赖智能汽车自己的实时训练形成。但智能汽车可以针对交通条件的变化（通过传感数据），对预装的通用模型进行训练更新。这些经过充分训练的模型可以使用外部提供的 AI/ML 模型数据进行更新［如图 5-24（a）所示］，也可以根据外部传感器数据改进自己的模型［如图 5-24（b）所示］。如果通过下载外部模型对模型进行更新，通常并不需要下载完整的模型，只需要下载针对场景变化的部分模型更新包即可。

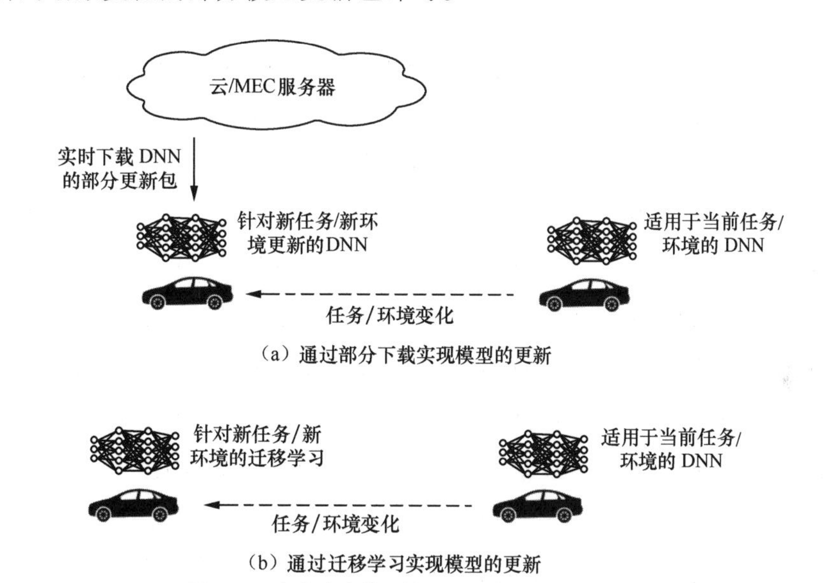

图 5-24　智能汽车使用的 AI/ML 模型的训练与更新

2. 场景 2：智能汽车参与云端 AI/ML 模型的训练

智能汽车除了对自己使用的 ML 模型进行更新，还可以为云端模型的优化做出贡献。一辆智能汽车可以基于其所处的交通环境和传感器数据形成自己的本地 ML 模型，并不断利用本地 ML 模型改进通用 ML 模型。然后通过 5G 网络，智能汽车将 AI/ML 模型的改进数据上传到云端，以提高云端模型针对不同交通场景的推理精度，如图 5-25 所示。

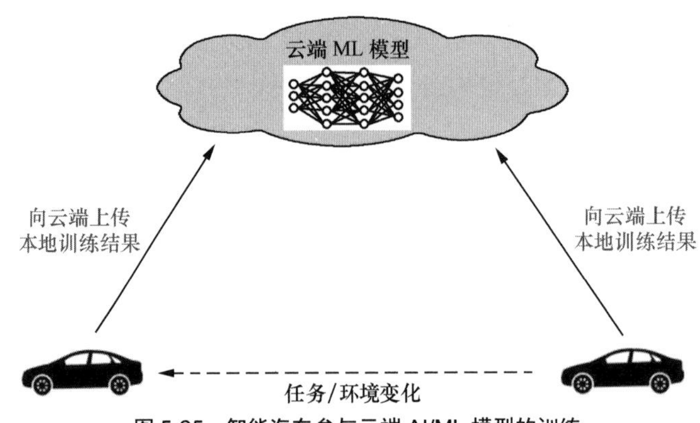

图 5-25 智能汽车参与云端 AI/ML 模型的训练

例如，可以在如下一些情况下应用智能汽车 AI/ML 模型的更新。

（1）车辆故障报警。当智能汽车的车载传感器检测到机械故障、异常减速时，智能汽车可以在自身进行 ML 诊断、处置的同时，将 GPS 坐标和各种技术参数分享给周围车辆，并上传到云端，用于其他车辆的 ML 模型的更新和云端 ML 模型的优化。

（2）交通事故告警。车辆或交通系统的监控摄像头摄取交通事故图像，系统通过 ML 模型推理分析图像资料及传感器数据，并对 ML 模型进行改进，来提升检测和分析事故的能力。同时，处理后的事故信息与模型更新可以上传到云端或 MEC 服务器，用于云端 AI/ML 模型的改进优化，并对更大范围的车辆提供行动建议，如通过 ML 推理来判断隐藏在弯道盲区的事故车辆的潜在危险，并通知当地应急响应单位调度，以便在道路上提前设置警示标志和交通管制设施。改进后的云端和 MEC 模型，可以下载更新数据给监控摄像头，进一步提高 ML 推理精度。

（3）防碰撞预警。现有的自动驾驶技术基于传感信息实现防碰撞。但传感信息的有效范围和精确度都是有限的，更有效的方式是在车和车之间、车和网络之间直接交互 ML 推理信息，其他车辆和网络可以直接将该 ML 推理信息用于自身的 ML 推理。这种基于 ML 信息的告警比基于传感信息的告警更为有效，可以更直接地生成适当的 ML 自动操作，如减速、变换车道以避免碰撞。

一方面，车辆可以与智能城市中心的模型进行交互，即基于碰撞、火灾、温度和电气等传感器信息，不断改进和优化本地 ML 模型。在正常情况下不一定需要上报共享 ML 数据，一旦发生紧急情况，可以将 ML 信息发送到智能城市的云 ML 中心，产生相应的应急响应服务，并触发更多路侧摄像头和道路传感器的信息采集，同时也可以支持云 ML 模型的更新 / 训练。

另一方面，当本车 ML 模型感知到车辆的异常状态，如打滑、异常速度变化和机械断裂等，车辆可以与汽车厂商的模型交互。在正常情况下不一定需要上报共享 ML 数据，一旦发生紧急情况，可以将 ML 信息发送到汽车厂商和维保公司的云 ML 中心，产生相应的应急响应服务，并触发更多车辆摄像头和车辆传感器的信息采集，同时也可以支持云 ML 模型的更新 / 训练。

针对典型智能汽车 AI/ML 模型大小和应用场景，这个业务所需的通信 KPI 指标如表 5-15 和表 5-16 所示。

表 5-15　智能汽车 AI/ML 模型下载数据传输速率需求

DNN模型	32bit参数量化		
	完整模型大小（MB）	交互数据量（MB）完整模型的10%	DL数据传输速率（Mbit/s）
1.0 MobileNet-224[10]	16.8	1.68	13.4
SSD-ResNet34	81	8.1	64.8
SSD-MobileNet-v1	27.3	2.37	21.8
MASK R-CNN	245	24.5	约100
深度学习推荐模型（DLRM）	400	40.0	10

表 5-16　智能汽车 AI/ML 模型下载时延需求

终端应用	时延需求	
	模型更新时延	模型更新所需的数据下载时延
车辆故障紧急停车	100ms	500ms～1s
交通事故告警	100 ms @120FPS	500ms～1s
向汽车厂商上报车辆故障	10分钟	最长可为数分钟

5.2.5　基于覆盖信息的预测性 AI/ML 模型下载

在对 5G 系统的传统需求中，所有 UE 总是希望能获得网络的全覆盖。然而，终端发起的 AI/ML 模型下载可能会在一定程度上放宽对连续网络覆盖的要求。例如，一个带有始终开启的摄像头的终端（如智能汽车或移动机器人）在逐渐进入一个新的环境时，可以观察到周围环境的变化趋势，从而在一定程度上预测未来需要的 AI/ML 模型。如果一个终端具有周边 5G 小区中高数据传输速率区域（如毫米波热点）

的覆盖图，则该终端就可以确定下载所需 AI/ML 模型的适当时机和地理位置。如图 5-26 所示，基于 5G 高数据传输速率区域的覆盖图，终端可以在通过高数据传输速率区域时预测性地下载模型，并在高数据传输速率区域之外使用该模型。这意味着即使在非连续覆盖的 5G 毫米波网络中，也可以进行 AI/ML 模型下载。这为 5G 运营商提供了一种可以更好地利用 FR2 频谱资源的业务。

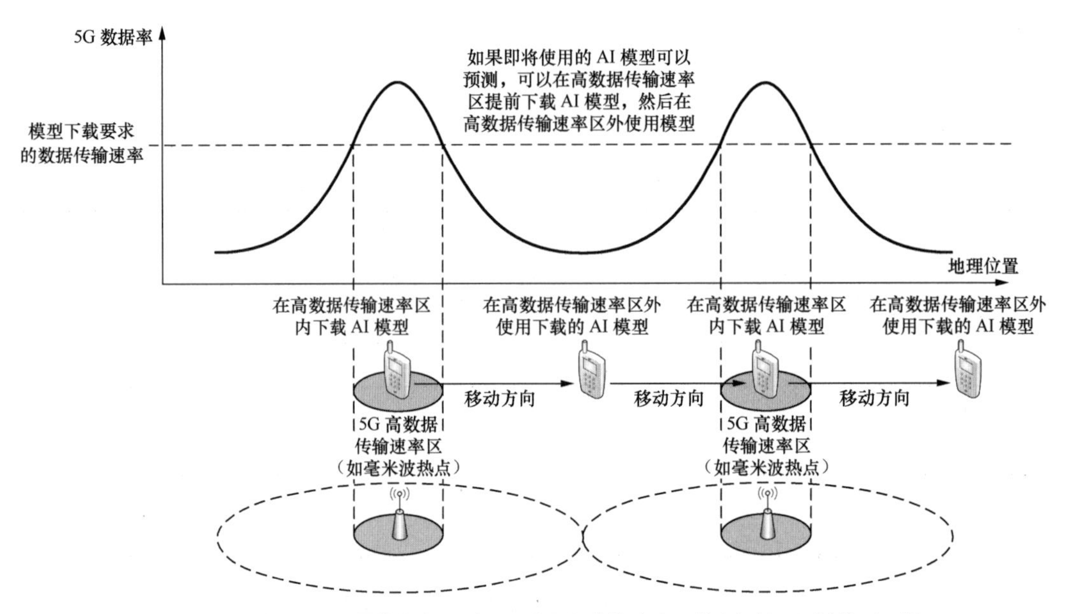

图 5-26　终端机与 5G 覆盖信息，在 5G 高数据传输速率区域发起的预测性模型下载

例如，如果一个设备预测某个模型未来被使用的可能性是 x%，那么覆盖率 / 数据传输速率就成为一个决定性的因素。设备可以结合需要这种模型的可能性和覆盖图来确定下载 AI/ML 模型的优先级和时机。对于一个有很大可能将使用的模型，终端需要尽早开始下载，无论是否处于高数据传输速率区域。对于一个有较低可能将使用的模型，如果将要途径高数据传输速率区域，终端可以考虑推迟下载，直到通过高数据传输速率区域时再下载该模型。同时，当前有限的数据传输速率可以用来下载具有更高优先级的业务。

另一个例子是，如果终端是智能汽车或移动机器人，它可以根据 5G 覆盖地图选择最优行驶路线。如图 5-27 所示，如果汽车 / 机器人预测需要下载某个 AI/ML 模型，汽车 / 机器人将选择途经存在 5G 热点高数据传输速率覆盖区域的路线 2，尽管与路线 1 相比，这条路线更长。如果汽车 / 机器人并不准备下载 AI/ML 模型，它将选择路线 1，尽管路线 1 不途径有 5G 高数据传输速率覆盖区域。

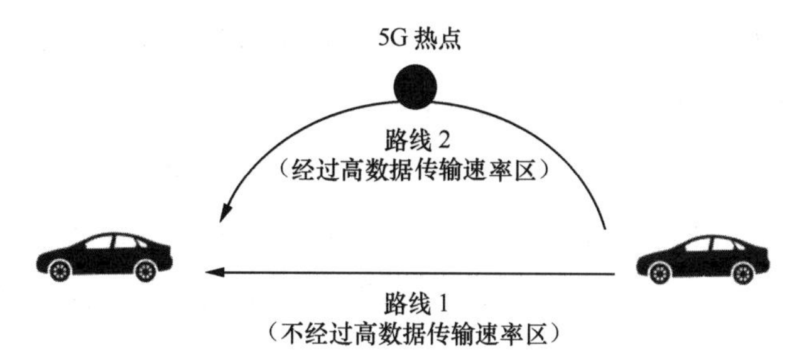

图 5-27　基于 5G 覆盖信息的针对 AI/ML 模型下载的路径规划

需要注意的是，3GPP eNA 项目（可参考第 4 章）所研究的网络侧 UE 行为可预测性，有助于优化网络发起的 AI/ML 模型分发（网络将模型推送到终端上），如图 5-28(a) 所示。但是，对于终端发起的 AI/ML 模型下载（终端从网络上下载模型），则 5G 网络应向终端提供 5G 覆盖信息，如周边小区高数据传输速率区域的覆盖图，如图 5-28(b) 所示。

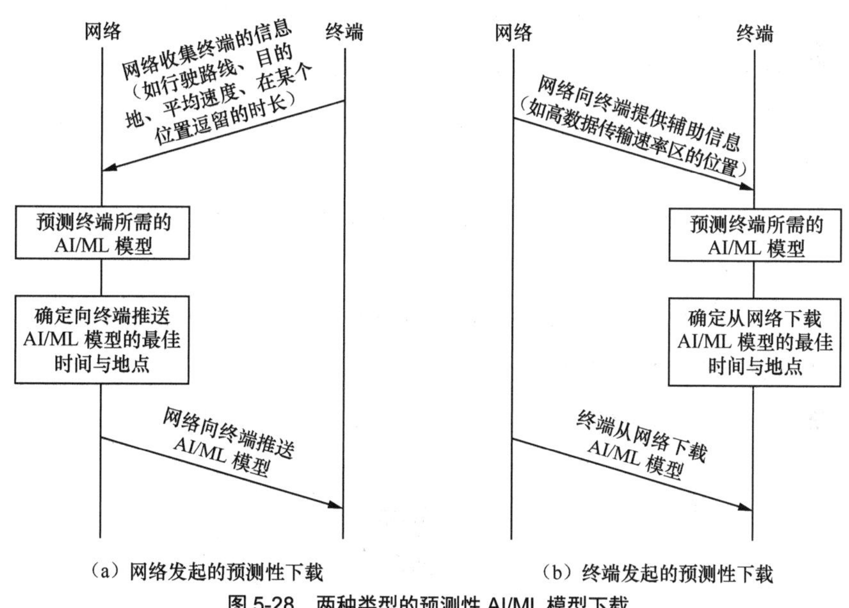

图 5-28　两种类型的预测性 AI/ML 模型下载

5.2.6　终端 AI 模型性能监测

基于在无线环境中获取的数据集的训练，可以获得图像识别、语音识别、业务预测等多种 AI/ML 模型，如优化切换性能（参见 3GPP TR 28.809）或调整核心网络辅助参数（参见 3GPP TS 23.501 第 5.4.6.2 节）。网络可以利用移动用户采集的数据集，训练获得通用 AI/ML 模型，然后再将模型分享给移动用户使用[1]。模型的提供者（称为“共享 AI/ML 模型提供者”），共享 AI/ML 模型的用户可以是移动终端，也可以是 5G 核心网或 AI 服务提供商。

在是否需要为移动终端更新共享 AI/ML 模型的问题上，可以采用模型监控技术。由于 AI 应用场景的变化，移动终端原来使用的 AI/ML 模型的性能可能变差。在这种情况下，共享 AI/ML 模型提供者应该及时监测，如发现性能下降应及时做出反应，以避免 AI 服务的性能下降或中断。因此，共享 AI/ML 模型提供者就需要跟踪模型性能（例如，基于来自 AI/ML 模型用户的推理性能的反馈），以检测可能的性能退化。

模型监测的流程（如图 5-29 所示）如下。

- 共享 AI/ML 模型提供者希望通过对终端使用共享 AI/ML 模型的性能的监测，来优化 AI 业务的性能（如优化 UE 的切换性能，即使用历史切换数据对 UE 的切换模型进行迁移学习，优化用于切换判决的 AI/ML 模型）。
- 共享 AI/ML 模型提供者通过 5G 网络，向 UE 下发共享 AI/ML 模型。
- UE 接收模型，并使用该模型进行本地 AI 推理或训练，并对推理和训练的性能（如切换性能）进行评估、预测。
- UE 将 AI 推理性能预测结果上报给共享 AI/ML 模型提供者，由后者监测各个 UE 的 AI 模型运行性能。
- 如果检测 AI 模型性能下降（如由于应用场景变化导致性能下降），为终端下发重新训练的 AI/ML 模型的更新版本。
- UE 继续运行更新的模型，保持 AI 业务性能不下降。

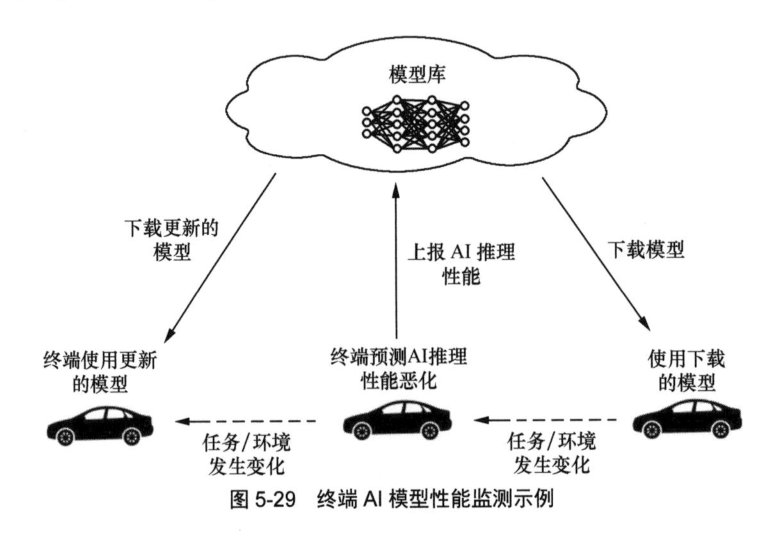

图 5-29　终端 AI 模型性能监测示例

终端 AI 模型监测所需的通信网络功能如下。

- 根据运营商政策和用户授权，5G 系统可以支持共享 AI/ML 模型提供商对使用其模型的移动终端的 AI/ML 模型性能进行监测。
- 根据运营商政策和用户授权，当检测到 AI/ML 模型性能下降时，共享 AI/ML 模型提供商应能够启动模型的优化训练，并请求相关移动终端上报相关训练数据。
- 根据运营商政策和用户授权，移动终端可以监测 AI/ML 模型的性能下降情况，并将情况反馈给 AI/ML 模型提供商。
- 针对 AI/ML 模型的性能下降，共享 AI/ML 提供商可以向移动终端下发优化的 AI/ML 模型或备份 AI/ML 模型。

5.3 基于5G的联邦学习与分布式学习

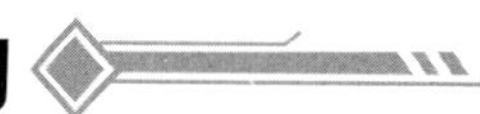

5.3.1 基本特征

随着移动终端上的摄像头和传感器性能的不断提升，越来越多的终端可以收集对 AI/ML 模型训练必不可少的有价值的训练数据。对于许多 AI/ML 任务，移动终端收集的小样本数据对于训练全局模型具有重要的意义。传统的对这些移动数据进行训练的方法，是将移动终端采集的训练数据集中到互联网数据中心（IDC）进行集中训练。AI/ML 模型训练通常需要大量的数据集和海量的算力资源，训练阶段的资源消耗明显超过推理阶段，因此大多数 AI/ML 模型的训练任务都是在 IDC 完成的。即使是这样，在许多情况下，DNN 模型的训练仍至少需要几个小时到几天。但是，基于云的训练意味着大量的训练数据需要从终端上报到云端，这将带来很大的通信开销，并增大网络侧的数据隐私保护压力[10]。与 5.1 节中介绍的分割 AI/ML 推理类似，AI/ML 模型训练任务也可以以“端—云”协调的方式来完成，分布式学习和联邦学习就是这种方式的例子。

在分布式学习模式下，如图 5-30 所示，每个计算节点可以利用本地数据对自己的 DNN 模型进行局部训练，并将私有信息保存在本地。而后，网络中的各个节点可以通过通信链路交换各自训练的局部模型或更新的训练结果，从而达到通过共享局部训练结果来改进全局模型的效果。在这种模式下，可以在不需要 IDC 干预的情况下对全局 DNN 模型进行分布式训练[10]。

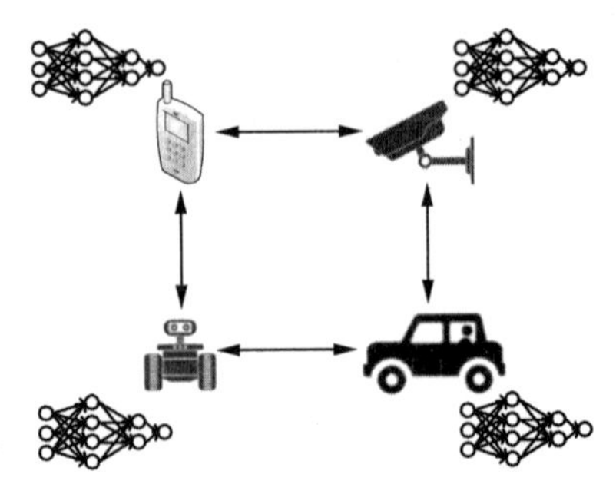

图 5-30 分布式学习

在联邦学习（FL）模式下，FL 服务器通过聚合各个终端上报的局部训练结果来完成全局模型的训练。当前普遍使用的一种联邦学习算法是基于迭代模型平均的算法[24]。基于 5G 网络的联邦学习如图 5-31 所示，在每次训练迭代中，终端可以使用本地的训练数据，对从 FL 服务器下载的全局模型执行训练，然后通过 5G 上行信道向 FL 服务器上报中间训练结果（如 DNN 的梯度）。FL 服务器对从联邦终端收集的梯度进行聚合，形成更新的全局模型。然后，FL 服务器通过 5G 下行信道将更新后的全局模型分发给联邦终端，终端再针对这一更新模型进行下一次的迭代训练。

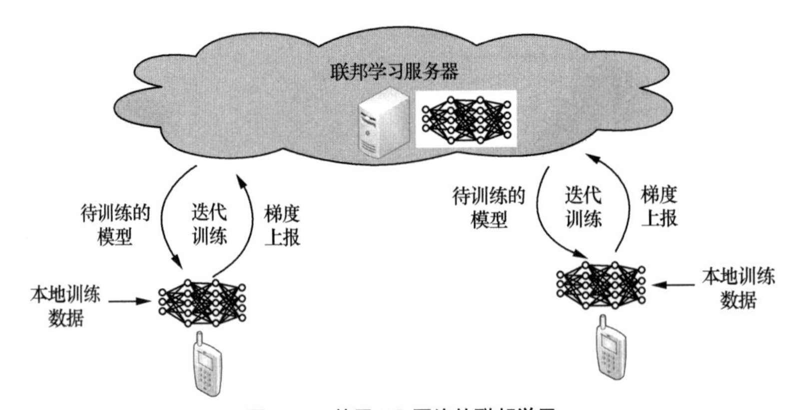

图 5-31 基于 5G 网络的联邦学习

与在互联网数据中心（IDC）中进行的分布式训练不同，在 5G 移动通信系统中实现联邦学习需要适应无线信道条件的变化、移动终端上不稳定的训练算力资源，以及联邦终端之间的差异[10, 25-27]。典型的无线通信系统中的联邦学习协议如图 5-32[10, 25-26] 所示。

在每次迭代中，FL 服务器首先可以对联邦终端进行选择。候选终端可以向 FL 服务器上报可用于训练任务的算力资源。FL 服务器可以根据来自终端的上报和其他条件（如终端的无线信道条件）来选择联邦终端。选择好联邦终端后，FL 服务器将训练配置与全局模型一起发送到选定的联邦终端。联邦终端根据接收到的全局模型和训练配置开始训练。当完成迭代的本地训练后，联邦终端向 FL 服务器上传其训练结果（如 DNN 的梯度）。在图 5-32 中，在每次迭代开始时执行联邦终端选择并将训练配置发送到联邦终端。如果条件（如终端的算力资源、无线信道条件）不改变，则不需要重新选择联邦终端或重新配置联邦终端，即同一组联邦终端可以以相同的配置参加多次迭代训练。

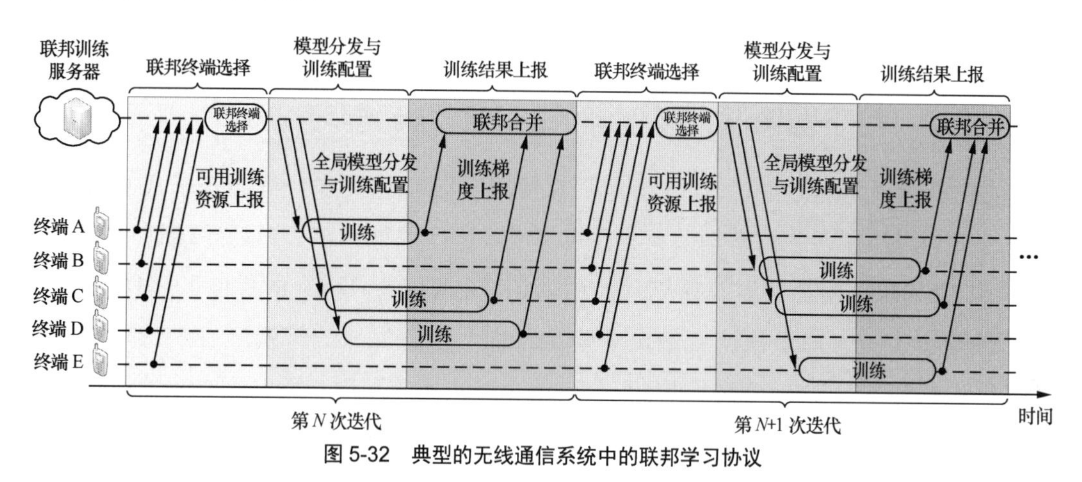

图 5-32　典型的无线通信系统中的联邦学习协议

在 5G 联邦学习中，异步联邦学习每次迭代中需要选择参与本次迭代的移动终端。由于 5G 网络中可以参与联邦学习的移动终端数量巨大，因此需要制定一个合理的学习成员选择策略，并考虑其中存在的问题。

由于不同终端所处环境及自身运算能力等条件各不相同，选择联邦学习成员时应关注由此产生的终端选择公平性问题。联邦学习中，选择学习成员策略普遍会考虑到移动端的网络覆盖条件和算力资源情况，例如选择具有较好网络覆盖和高计算能力的终端。但是，仅通过网络覆盖和算力资源准则，很难保证选取成员的公平性，会产生高性能终端相对于低性能终端更多地参与到联邦学习迭代中的现象。

此时带来的问题是高性能终端会付出更多的通信和算力资源消耗（如流量和电量）参与迭代。为了解决这一问题，制定成员选择策略时可以统计不同终端参与迭代的次数和吞吐量，根据终端的参与程度、算力资源和网络覆盖条件进行综合的选择。这也意味着，选择策略不仅仅依靠算力资源和网络覆盖状况，也需要考虑参与终端付出的通信和计算的代价。

当前普遍使用的一种联邦学习算法是基于迭代的平均模型算法，在迭代的过程中，单纯的最小化网络中的总损失函数训练得到的网络可能会不成比例地对某些成员更有利或不利，即模型的平均精度很高，但是在个别个体上表现很差。最终这会导致有小部分学习成员的模型劣化，即使参与了学习但是并没有获得相应的优化。为解决这一问题，在训练过程中可以通过设定相对独立的联邦学习模型来训练这部分成员，或者通过应用更好的训练、迭代算法，对不同终端上的模型进行相应的优化，使模型对于不同成员上都达到较好的效果。

5.3.2 用于图像识别模型训练的实时联邦学习

实时联邦学习过程如图 5-33 所示。在第 *N* 次训练迭代中，终端基于从 FL 服务器下载的全局模型，使用本地收集的图像 / 视频进行局部训练。然后终端通过 5G 上行信道向 FL 服务器上报第 *N* 次迭代的中间训练结果（如 DNN 的梯度）。与此同时，FL 服务器将第（*N*+1）次交互的全局模型和训练配置发送给终端。当 FL 服务器对第 *N* 次迭代中收集的梯度进行聚集（Aggregation）的同时，终端可执行第（*N*+1）次迭代的训练。联邦聚合（Federated Aggregation）输出用于下一次迭代训练的更新的全局模型，并将该模型与更新的训练配置一起分发到终端。

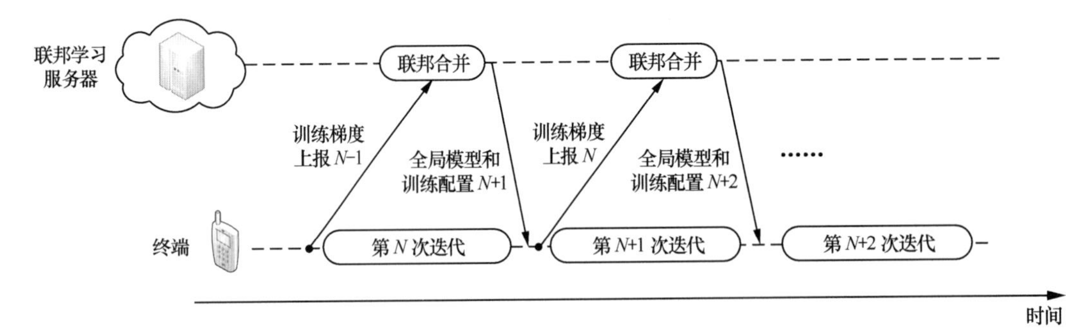

图 5-33　实时联邦学习过程

为了充分利用终端上的训练资源，最大限度地减少训练时延，图 5-33 所示的训练时序需要在 UE 第 *N* 次迭代的训练过程中完成第（*N*–1）次迭代的训练结果上报和第（*N*+1）次迭代的全局模型分发和训练参数配置。当然在实际训练过程中，也可以考虑采用放松的时序，代价是牺牲训练的收敛速度，即进行非实时的联邦学习。

1. 梯度上传和全局模型分发的时延分析

基于联邦学习的 AI/ML 模型训练 [4-5] 对终端是一种新的业务。模型训练和推理过程通常是分开的，参与训练任务的终端不一定是使用模型进行推理的终端。即使参与训练的终端正好也是使用这个模型推理的终端，训练过程也通常在推理过程之前完成，因此模型训练时延和推理时延是无关的。为了使训练时延最小化，应充分利用模型训练的算力资源，使 5G 传输的速度能够与训练计算的速度适配。

例如，假如使用 224×224×3 的图片作为训练数据，使用联邦学习方法训练一个 7 位 CNN 模型 VGG16_BN。在每个 FL 迭代中，终端的 GPU 计算包括对一组（Mini-batch）图像的前向传播和向后传播过程。5G 传输的目标是在这个 Mini-batch 训练过程中将上一个 Mini-batch 训练形成梯度上报到 FL 服务器。对于每一次迭代，Mini-batch 越大，训练需要的计算量越大，Mini-batch 越小，训练的计算量也较小。因此当对较大的 Mini-batch 进行训练时，可供上传梯度和下载全局模型的时间也相对宽裕，而当对较小的 Mini-batch 进行训练时，上传梯度和下载全局模型也必须在更短时间内完成，如图 5-33 所示。

针对不同 Mini-batch 大小，表 5-17 给出了需要达到的梯度上传时延和全局模型分发时延之和不应大于终端上一次迭代的 GPU 计算时间。为了简单起见，假设梯度上传时延和全局模型分发时延小于 GPU 计算时间的一半。对于不同大小的 Mini-batch，每个迭代的梯度上传和全局模型分发分别需要在 52 ～ 162ms 完成。

表 5-17　各种 Mini-batch 下的 GPU 计算时间和联邦学习传输时延要求

Mini-batch大小（幅）	GPU计算时间（ms）	训练梯度上传时延（ms）	全局模型分发时延（ms）
64	325	<162	<162
32	191	<95	<95
16	131	<65	<65
8	111	<55	<55
4	105	<52	<52

对于同步联邦学习来说，更重要的是所有联邦终端都能在预定时间内完成梯度上传。也就是说，所有的联邦终端都需要在表 5-17 中的时延指标内完成梯度上传，包括一个小区中有多个联邦终端的情况。

2. 梯度上传和全局模型分发的数据传输速率分析

对于 8 位的 VGG16_BN 模型，训练梯度和全球模型的大小为 132MB。因此，为了在表 5-17 所列的时间内完成梯度上传和全局模型下载，所需的上行和下行数据传输速率如表 5-18 所示。上传经过训练的梯度所需的上行数据传输速率为 6.5Gbit/s ～

20.3Gbit/s。全局模型分发所需的下行数据传输速率同样也为6.5Gbit/s～20.3Gbit/s。需要注意的是，这里的数据传输速率是用户体验数据传输速率，明显高于文献[4]中的性能指标。需要注意的是，132MB是没有压缩的大小。如果可以采用先进的模型/梯度压缩技术，可以减小模型的尺寸。

表5-18　各种Mini-batch下的传输数据传输速率要求

Mini-batch大小（幅）	训练梯度上传所需上行数据传输速率（Gbit/s）	全局模型分发所需下行数据传输速率（Gbit/s）
64	6.5	6.5
32	11.1	11.1
16	16.2	16.2
8	19.2	19.2
4	20.3	20.3

如果梯度上传和全局模型分发不能在终端的训练时间内完成，则终端的GPU将暂停训练，等待完成数据传输，这将导致算力资源的浪费，并延长训练时间。由于移动终端只能在一个环境中停留较短的时间，所以训练时间应该最小化。此外，考虑到终端的存储空间有限，要求联邦终端在离开训练环境之后存储大量训练数据继续训练，可能是不现实的。

FL全局模型的分发可以采用点对多点的多播方式实现。但与传统的针对多媒体广播多播业务（Multimedia Broadcast Multicast Service，MBMS）不同，AI/ML模型的分发可能会对传输的时延、可靠性提出一些要求。

3. 联邦终端选择和训练配置时延分析

如表5-18所示，为了在终端的训练期间完成下一个迭代的梯度上传和全局模型分发，上下行都需要相当高的数据传输速率。如果联邦终端的选择和训练配置过程需要几十毫秒，那么时延预算将变得更加紧张，甚至需要更高的数据传输速率。因此，终端可用算力资源的上报、联邦终端的选择决定、训练配置的分发都应尽可能在较短的时延内（如在1ms内）完成，这些信息具有较小的载荷，可以在较短时延内完成传输。

4. 联邦学习对网络覆盖的放松要求

在5G系统的传统需求中，所有UE总是希望获得网络全覆盖。然而，AI/ML模型训练任务可能会在一定程度上放松对连续网络覆盖的要求。如图5-34所示，当FL服务器为联邦学习任务选择训练终端时，如果候选终端比较均匀地分布在5G网络中，且它们能够收集到所需的训练数据，则可以尝试仅选取 5G 覆盖较优的 UE。这意味着，即使在 5G 毫米波的非连续覆盖下，联邦学习任务也可以有效地执行。这也为高频频谱资源的利用提供了更广阔的场景。

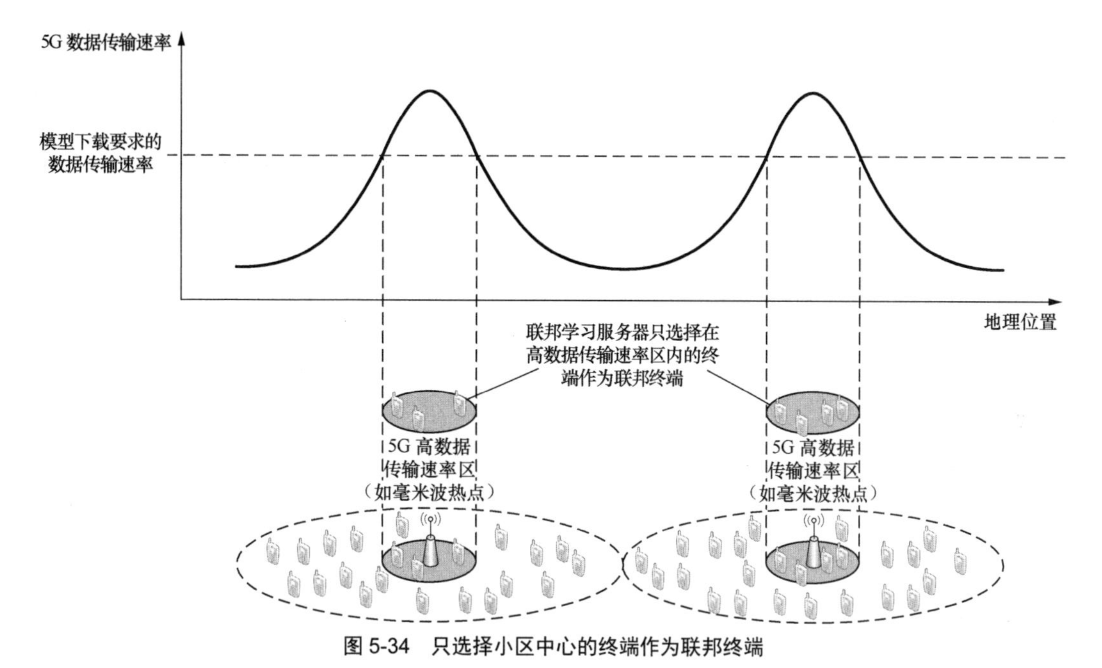

图 5-34　只选择小区中心的终端作为联邦终端

用于图像识别模型的实时联邦学习所要求的 KPI 性能如表 5-19 所示。如果采用模型压缩技术，假设分发的模型和上报的梯度均可以以 1/13 的压缩比率进行压缩，则所需的数据传输速率可降低到表 5-20 所示的数值。在能力交互方面，终端应在 1ms 内完成可用算力资源、训练数据情况等的上报。联邦终端的选择决定、训练配置应在 1ms 内送达终端。

表 5-19　用于图像识别模型的联邦学习 KPI 性能

Mini-batch大小（幅）	训练梯度上传			全局模型分发		
	时延	数据传输速率（Gbit/s）	可靠性	时延	数据传输速率（Gbit/s）	可靠性
64	<162ms	6.5	99.9%	<162ms	6.5	99.999%
32	<95ms	11.1	99.9%	<95ms	11.1	99.999%
16	<65ms	16.2	99.9%	<65ms	16.2	99.999%
8	<55ms	19.2	99.9%	<55ms	19.2	99.999%
4	<52ms	20.3	99.9%	<52ms	20.3	99.999%

表 5-20 采用模型压缩的联邦学习 KPI 性能

Mini-batch大小（幅）	训练梯度上传数据传输速率（Gbit/s）	全局模型分发数据传输速率（Gbit/s）
64	0.50	0.50
32	0.86	0.86
16	1.25	1.25
8	1.48	1.48
4	1.56	1.56

5.4 小结

5G 时代的万物互联已经实现了包括人与人、物与物、人与物的广泛连接，5G 增强技术将给人类和社会带来的新价值和变革，将是连接智能。实现智能体之间的互联、构建所有智能体（包括人与智能机器）共享的通信网络，是 5G-Advanced 乃至 6G 的一个核心愿景。正如人和人之间的交流并不局限于交互纯粹的数据，而是完成更高层面的知识、技能、经验的传递，在智能机器之间传递的智能也比纯粹的原始数据的传递更高效，更合理。3GPP 等标准组织已开展针对在 5G 系统上传输 AI 模型的研究，智能流的传输将成为未来移动通信系统的一种新业务类型。

第 6 章　5G 与 AI 赋能垂直行业

科技改变生活，5G与AI融合演进，构建未来信息化社会

5G设计的目标不仅要服务传统的移动增强业务，还要服务千行百业。为此，5G网络在关键指标上，对时延、可靠性、接入终端数量等方面都进行了专门的强化设计。对于不同业态的不同需求，5G采用了服务化架构，支持基于网络切片和边缘计算为代表技术的灵活网络部署方式。随着5G的广泛部署，5G网络也在不断地演进，不仅对已有特性进行增强，还引入了一些新的功能。比较有代表意义的如，支持在非授权频段部署、5G与Wi-Fi网络联合部署、车联网、5G与TSN联合部署。

利用人工智能技术加强和扩展对垂直行业的支持也是5G重要的演进方向。垂直行业面临更加多样化的需求与部署场景，这需要5G网络有足够的灵活性和产品形态来满足这些需求。在多样化的场景下，支持的业务类型也将呈现多样化，如视频、控制、音频、AR/VR等类型的业务往往呈现混合的形式在网络内同时并发传输。不同形态的业务对于数据安全性也有不同的要求，这对网络架构也提出了更高要求。为应对各种复杂的场景需求和多变的业务，利用人工智能技术可以有效提升5G应对各种复杂场景的能力。

5G网络服务垂直行业时也承载各种基于人工智能技术的应用。如第5章所述，受数据安全性、算力分布等影响，基于联邦学习的各种算法和应用成为未来发展的重要趋势。为了更好地适应各种人工智能的算法和应用，5G网络也会扩展各种网络架构，开发相应的功能，更好地扩展人工智能算法和技术的应用范围，从而进一步支持相关产业的发展。

本章将从5G与AI赋能垂直行业的整体分析入手，给出5G与AI服务垂直行业的一些典型业务及应用场景。针对这些典型应用和场景，对5G持续智能化演进及可能的解决方案进行相应的分析。

6.1 5G与AI融合推动产业数字化转型

5G设计的核心应用场景之一就是推动以工业互联网为基础的制造业升级。5G

与 AI 技术的深度融合无疑将大大加快这一进程。5G 网络将提供广泛的连接，各种设备的连接将推动更多类型的数据及控制信息的传递。针对这些数据传递，5G 网络也可以差异化地提供各种吞吐量、时延及可靠性保障。这些为制造业数字化升级提供了基础的保障。

大量连接带来的数据也为 AI 技术的使用提供了更广阔的空间。利用 AI 技术对海量数据的处理是提升数据使用效率，使能更多基础应用，提升已有生产环节效率的重要手段。AI 技术在机器视觉、自然语言处理、机器人控制、自动程序设计等诸多领域已经取得了长足发展。这些已有的研究成果，可以很好地应用在各种实际的使用场景中，衍生出各种基于 AI 的应用。同时，以机器学习为代表的处理技术也可以应用于各种复杂问题的求解，解决生产与制造环节中的各种实际问题。

6.1.1　智能车联网

车联网是 5G 低时延、高可靠等技术最为典型的应用。5G 的 V2X 技术致力于为车联网提供车与网络及车与车之间高速、低时延和高可靠性的连接，从而使能车辆编队行驶、高级驾驶、外延传感和远程驾驶等系列业务。随着 5G 与 AI 技术的不断融合，利用 5G 和 AI 技术可以实现自主环境感知、网联信息服务相结合的主动安全驾驶，将有效缓解城市道路拥堵现象，提升交通资源调配效率，提高车辆安全出行率，实现城市智慧交通。近年来，北京、上海、杭州、重庆、深圳和厦门等多地积极规划部署智能网联汽车示范区，开展 C-V2X（Vehicle to Everything）的应用示范并逐步推广商用，我国 C-V2X 正式进入产业化阶段。

智能车联网涵盖智能交通控制、车辆控制和检测、自动 / 远程驾驶、车载智能信息 / 娱乐空间构建等多种综合应用场景，图 6-1 给出智能车联网示意图。为满足各种实际场景的应用，需要结合多种技术。智能车联网的关键技术挑战来自于多个方面：车辆（包括各种车载传感器），基础设施（网络、路边设备），行人设备的实时数据采集，低时延、高精度的数据分析和推理，以及高带宽、低时延、高可靠的信息交互。

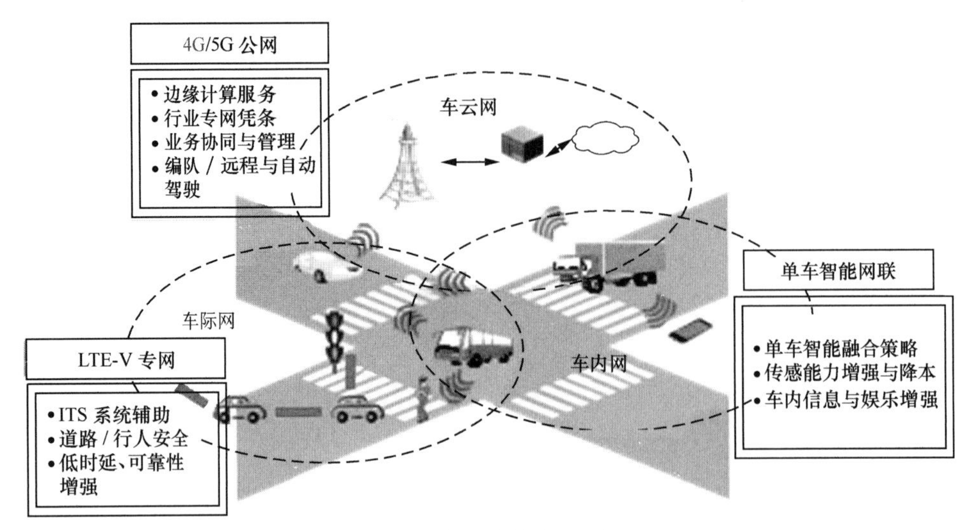

图 6-1　智能车联网示意图

3GPP 继 LTE V2X 完成标准化之后，也进行了基于 5G NR 的 V2X 业务类型和应用场景的研究，并在 R16 阶段完成了相应的国际标准化工作。5G NR V2X 的业务主要归纳为四大类业务类型。

- 车辆编队：辅助车辆自动编队行驶。编队中的车辆为了执行编队动作，需要从引领车辆接收周期性数据，这些数据可以帮助车队内的车辆间保持非常小（如果以时间计的话，百毫秒级）的安全距离，为车队内的非引领车辆的自动驾驶提供辅助。
- 高级驾驶：辅助半自动或全自动驾驶。车辆之间的距离相对较大，每辆车或路侧单元（Road Side Unit，RSU）利用各自的传感器收集数据，并与附近的车辆或 RSU 分享收集到的数据，从而使得附近区域的车辆间能够根据周边的信息协调好各自的行进路线和驾驶行为。这种应用可以有效避免碰撞，提高道路安全和道路通行效率。
- 外延传感器：辅助车辆，RSU，行人设备和 V2X 应用服务器间交互本地传感器或实时视频的原始或处理后的数据，从而帮助车辆获得仅依赖于其自身传感器所无法获得的更全面的周边状态信息，提高车辆对周围环境的认知。
- 远程驾驶：辅助远程操控驾驶员无法自行操控的车辆，或一些需要进入危险环境的无人驾驶车辆。典型的，如基于云计算的公共交通这种运营环境相对稳定，相对可预测的应用。另外，基于云的后端业务平台的访问，也一并归为此类应用。

NR V2X 的四大业务类型对 NR V2X 的设计也提出了多方面的要求。除速率要求外，对时延及可靠性方面也有比较高的要求，如车辆编队、高级驾驶等对时延和可靠性要求均非常高。在实际部署中需要考虑不同的 5G NR 网络覆盖情况，根据相互通信的 V2X UE 所处的实际网络覆盖情况，存在三种不同的场景：有网络覆盖、没有网络覆盖、部分网络覆盖。NR V2X 的整体设计思路与 LTE V2X 类似，采用 NR Sidelink（直连通信）为主，5G NR 网络的基础空口传输能力做对应延伸。在具体设计中，NR V2X 中也采用了以 NR 上行链路为基础的直连通信的设计。

基于 LTE 和 NR 的 5G V2X 技术将持续服务于未来的智能车联网，提供更加高效可靠的通信连接。在实现人、车、网互联互通的基础上，AI 技术也将发挥更大的价值。利用分布在终端、网络边缘和云端的设备，可以支持各种基于 AI 的算法，完成对所需业务及功能的支持。网络中实际使用的各种 AI 模型及模型训练所需数据的传递依然需要根据实际的使用进行不断的优化，从而不断提升车联网系统的智能化水平及各项服务的用户体验。

在未来的 5G 车联网演进过程中，也需要考虑更多地与 AI 技术相结合。对于无线设计，在第 3 章所述基于 AI 无线增强设计的基础上，可以结合现有的 V2X 设计，在资源分配、传输模式选择等多个环节考虑引入基于 AI 的算法，提升系统决策效率和资源使用效率。对于网络及应用层设计，需要考虑将车联网与各种业务相结合，利用 AI 技术为所需业务进行更好的保障。

6.1.2　工业互联网

工业互联网（Industrial Internet）是新一代信息通信技术与工业经济深度融合的新型基础设施、应用模式和工业生态，通过对人、机、物、系统等的全面连接，构建起覆盖全产业链、全价值链的全新制造和服务体系，为工业乃至产业数字化、网络化、智能化发展提供了实现途径，是第四次工业革命的重要基石。工业互联网为满足工业智能化发展需求，具有低时延、高可靠、广覆盖特点的关键网络基础设施，是新一代信息通信技术与先进制造业深度融合所形成的新兴业态与应用模式。作为新一代信息通信技术的代表，5G 是支撑工业互联网的重要基础性技术。5G 与 AI 技术融合服务于工业互联网将是工业互联网充分释放赋能价值的关键要素。工业互联网与5G及AI融合示意图如图6-2所示。

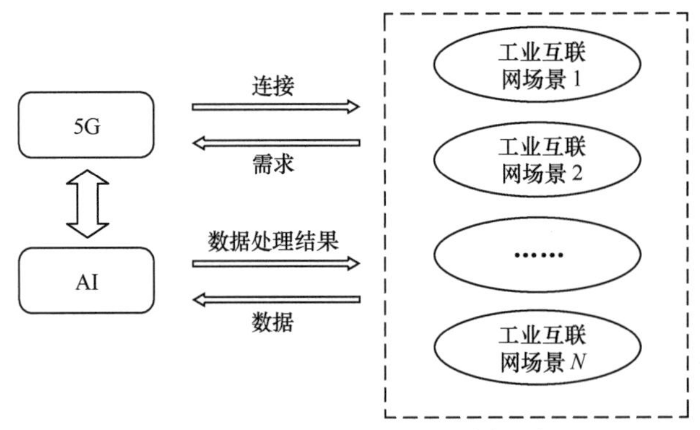

图6-2 工业互联网与5G及AI融合示意图

5G是工业互联网发展的关键使能技术。5G设计之初提出了三大应用场景：增强移动宽带（eMBB，速率是4G的10倍）、低时延高可靠（URLLC，时延是4G的十分之一）、海量机器类通信（mMTC，连接密度是4G的50倍）。其中URLLC和mMTC场景的设计主要针对工业及实体经济多个垂直行业的需求。5G在多个版本演进中不断提升连接能力、传输能力、可靠性，并持续降低时延，力争不断解决实际工业场景的各种问题。针对有线技术固有的一些问题，如移动性差、组网不灵活、部分环境铺设困难等，提供低时延高可靠、高连接密度、高传输能力的方案，有效满足不同工业场景的数据采集、感知、远程控制等实际生产需要，不断提升工业互联网网络基础能力，拓展工业互联网融合创新业态，成为工业互联网纵深发展的强大动能。

5G和AI技术融合将为工业互联网提供更好的服务。5G网络通过智能化手段深度理解业务特征，并基于业务特征提供高质量的业务体验。例如，5G网络可以通过AI学习工业生产线的作息规律（生产线开工，停工作息等）、在网用户数规律、业务类型和业务热点分布规律。基于所学习的规律，5G网络可以进行网络资源的智能化调整以及业务QoS参数差异化配置，为生产业务提供高质量的QoS保障，同时有效避免了网络带宽资源和网络能耗的浪费。再如，5G网络可以通过AI学习园区智能AGV（Automated Guided Vehicle）小车的运动轨迹。基于AI学习的AGV小车运动轨迹，5G网络可以对其执行智能切换、智能寻呼等功能，为AGV小车提供高质量的业务连续性保障。5G 网络还可以通过 AI 学习园区内物联设备的行为规律，用于识别异常行为的终端，进一步判断其异常类型、异常程度，异常趋势和恢复时间等。这对于园区物联设备的故障识别、入网监测起到了指导作用，有助于维持网络正常状态，保证业务顺利执行。更进一步的，基于网络智能的数字孪生功能允许 5G 网络在虚拟环境中快速模拟网络特性，迭代网络模型，在此基础上调试网络策略，规避 AI 不可解释性可能带来的性能负向增益的风险，实现优化现实物理网络的功能，从而极大地缩短了网络部署周期。通过数字孪生技术实现“虚拟产线网络资源的智能化调整”，以及“虚拟 AGV 小车智能切换、智能寻呼”能够更高效、更高质量地推进业务智能化。

工业互联网为 5G 和 AI 技术提供了广阔的发展空间。5G 与 AI 技术能够支撑制造业的高质量发展，需要与各种应用融合进行应用创新。工业场景多元、市场纵深广阔，尤其是大量传统产业企业在不断数字化、网络化、智能化改造过程中，将为 5G 与 AI 应用提供极为丰富的应用场景，开辟极为广阔的发展空间，这些场景也不断推动 5G 和 AI 技术的发展。更多的应用场景和应用类型会为 5G 网络的优化提供持续不断的演进方向，这些演进在时延、速率和可靠性等方面，以及在持续稳定的上行速率保障，确定的时延抖动，授时精度等多个方面对 5G 网络提出了要求。此外，各类工业应用与 AI 技术深度融合，也将产生更多的新型应用。新的应用又对 AI 模型的部署更新等方面提出了新的需求，这些需求也不断地促进了 5G 网络的持续演进。可以预见，在 5G 未来的演进版本中，除了基础的特性，将出现基于 AI 的以 URLLC 等技术为代表的更多特性。

6.1.3　智慧港口

港口作为交通运输的枢纽，在促进国际贸易和地区发展中起着举足轻重的作用。全球贸易中约 90% 的贸易由海运业承载，作业效率对于港口至关重要。港口也在进行数字化、全自动的转型升级，集装箱码头越来越多地使用更高水平的自动化来提高生产率和效率并确保竞争优势。目前全球自动化集装箱码头已有数十个，随着航运吞吐量的逐年上升，全球各大港口正积极进行自动化改造，转型升级进入蓬勃发展阶段。

智慧港口存在多个应用场景，如图 6-3 所示。港口智能化的典型应用场景主要包括：视频识别和数据融合，打造智能闸口；深度学习和智能优化，优化货物的配积载；龙门吊及桥吊远程控制；自动化智能设备调度；调度算法优化，提升船舶调度管理能力；AGV 集卡、跨运车控制；视频监控；基于 AI 智能识别等。智慧港口的众多场景对通信连接有低时延、大带宽、高可靠性的严苛要求，尤其自动化码头的大型特种作业设备的通信系统要满足控制信息、多路视频信息等高效可靠传输。5G 与 AI 的持续演进需要更加关注不同业务的智能识别，根据不同业务特征，提供高效的业务连接，实现信息系统指令与码头机械设备控制功能的无缝衔接，使各种运输资源根据不同的作业条件和操作环境得以最有效、最合理的分配和调度。同时，5G 与 AI 的结合使各种作业的流程得到优化和标准化，减少人工参与直至无人化，提高作业效率和准确率，保证生产过程的连续、协调、均衡和经济运行平稳，以求实现生产效益的最大化。

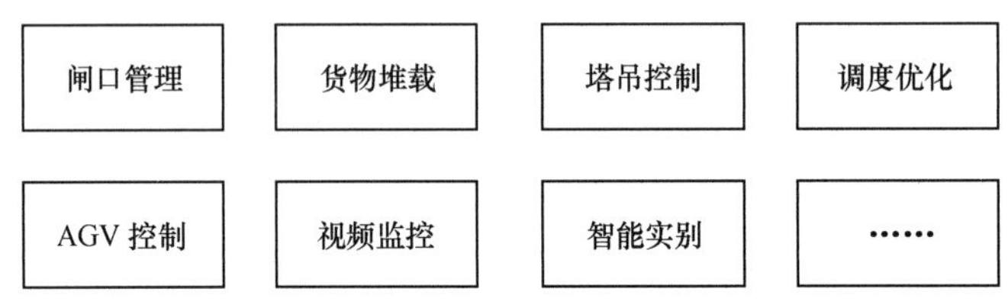

图 6-3　智慧港口主要应用场景

6.1.4　智能电网

智能电网也是 5G 服务的重要目标行业。智能电网由很多部分组成：智能变电站、智能配电网、智能电表、智能交互终端、智能调度系统、智能家电、智能用电楼宇、智能城市用电网、智能发电系统、新型储能系统等。对于智能电网各个部分多样化的需求，需要结合传感测量技术、通信技术、信息技术、计算机技术和控制技术来整体考虑。

5G 技术可以为智能电网的各种信息传输提供基础保障。对电表相关的小数据周期类业务可以使用基于 5G 物联网类的终端；对于发电配电相关的对时延、抖动及可靠性有较高要求的业务，可以借助 5G 网络对超低时延、高可靠业务的支持能力。人工智能与 5G 技术结合也将为电网多领域的业务应用提供基础资源、算法及服务能力的有效支撑，最大限度地提高电网精益化运行水平，全力支撑泛在电力物联网建设。基于数据驱动的电力人工智能技术将发挥越来越重要的作用，为泛在电力物联网建设提供重要的技术支撑。人工智能平台可以成为泛在电力物联网的“智能中枢”，结合 5G 网络为电力业务应用提供图像识别、语音识别、人脸识别、光学字符识别（Optical Character Recognition，OCR）、知识图谱等能力。

6.2　5G与AI融合推动社会生活智能化

5G 与 AI 的融合将使我们的生活更加智能。在日常生活的各个环节中，基于 AI 的各种技术越来越多，使我们的生活越来越智能化。5G 网络的广泛应用加速了相关进程，并使 AI 技术的应用更加广泛，在智慧医疗、智慧环保、智能家居、智慧城市等多个领域带来了深刻变革。一方面，基于 AI 的 5G 网络演进可以针对不同的场景进行与业务匹配的参数配置与调度，在时延、速率、连接质量等多个层面提升网络性能，更好地为我们的生活提供各种服务。另一方面，基于 AI 的数字处理系统也广泛地应用于不同的领域，5G 网络也会更好地支撑各种平台的建设与部署，拓展各种 AI 应用，服务于我们的生活。

6.2.1　智慧医疗

智慧医疗（Wise Information Technology of MED，WIT-MED）是指在诊断、治疗、康复、支付、卫生管理等各医疗环节，基于人工智能、大数据、互联网等信息技术构建智慧的医疗信息网络平台体系，实现患者与医务人员、医疗机构、医疗设备之间的互动，达到智能信息化。图 6-4 给出了智慧医疗系统示意图。

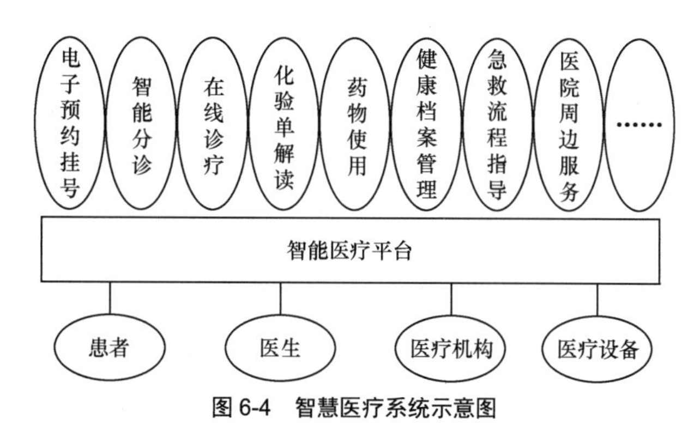

图 6-4　智慧医疗系统示意图

智慧医疗基础设施平台包括医疗终端设备和医疗传输网络。加载了 5G 芯片的医疗终端设备，通过基于5G技术的医疗传输网络，可以实现大带宽、高可靠、低时延的诊疗数据传输。与此同时，利用人工智能技术对诊疗数据进行智能分析与决策。在影像分析等细分领域，人工智能技术已经可以达到专家水平。利用人工智能技术辅助实际的诊断及治疗方案制定，能够显著提升诊疗效率和水平。

在紧急医疗救援、远程智慧医疗、病患看护等多个场景下，5G与AI技术也可以发挥巨大作用。5G技术大大扩展了医疗服务的物理范围，使医疗服务更加精确且及时。同时基于更广泛的连接，更多的监测信息可以及时得到收集并处理，这使得更多类型的医疗服务变为可能。在传统的病人发现问题进行挂号服务外，可以产生更多的基于AI的医疗预警服务。例如，基于对各种指标的监测发现的问题，通过AI技术，更加及时有效地触发预警或者医疗服务。针对医疗场景及各种应用，5G网络演进可以通过基础的基于AI的功能演进和对医疗场景的综合业务演进进行持续增强。尤其对于多种业务类型的混合应用，5G网络可以采用基于AI的算法进行识别和资源分配，保障重点业务的开展。5G+AI技术为智慧医疗行业带来更加丰富的应用场景，使医疗技术和服务走向真正意义上的智能化，开启智慧医疗新篇章。

6.2.2 智慧环保

生态环境时刻影响着人类的健康和经济的发展，提高环境检测能力和治理能力成为现阶段亟待解决的问题之一。随着新一代信息技术的发展，智慧环保的发展趋势越发地增强。智慧环保主要借助5G网络、云计算、大数据、人工智能等信息技术，形成全面检测监控、实时数据采集、智能预警预测、及时分析管控的一体化、智能化、长效的监控、检测和管理体系。

基于5G与AI的智慧环保可以为生态环境的维护治理提供一个高效、精准、多维度的监、管、控平台，为政府、企业、社会提供智能化、产业化、社会化的环境保护方式，如图6-5所示。传感器和相关设备可以嵌入各种生态环境中，实时检测空气质量、水质量、噪声、辐射、废气，污水指标等，以打破人力检测的时间、地域限制，实现全方位、全覆盖、高密度、智能的监管。环境中的传感器和相关设备实时将各种检测数据通过物联网技术（如NB-IoT、Zigbee、LoRa）低功耗、高可靠回传到中心或边缘智能云平台，形成“集中”和“分布”并存的数据存储管理中心，实现环保数据的产业化，为风险预测、精准制策提供数据基础。利用AI模型和大数据等技术，如环境污染风险预测、污染源扩散预警等，精准评估环境现状、预判各种风险，提前预判污染等问题的发生，提早解除风险。同时，利用 AI 模型和大数据等技术动态地对环境进行污染物溯源、污染风险工厂的厂址选定、维护和治理手段评估、治理策略制定等，从根源、维护、治理各个阶段进行智能化管理，制定切实高效的举措，保护生态环境。服务于环保的 5G 网络一方面需要根据相应要求，利用 AI 算法对各种连接进行智能化管理，通过控制连接设备的基础参数来降低终端能耗，提升网络覆盖能力；另一方面在各种与 AI 相关的信息传递上，需要考虑与中央控制结合的信息传输需求，提升整个系统的运行效率。

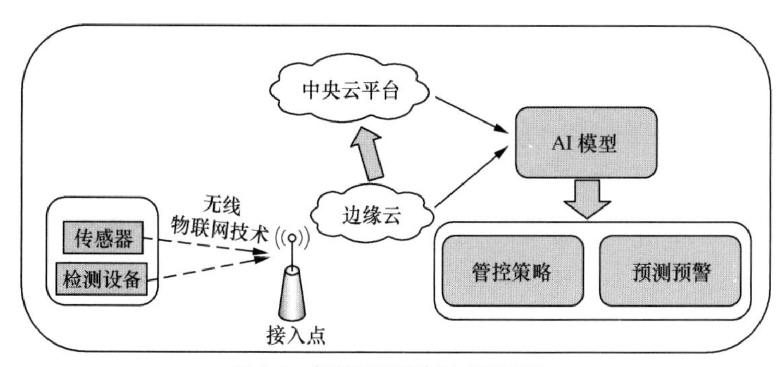

图 6-5　智慧环保信息技术示意图

6.2.3　智能家居

在智能家居领域，5G 网络极大地方便了信息的监测和管理。一方面，5G 网络提供的泛在连接能力，不仅实现了设备的互联，还实现了生活的互联和场景的互联，实现了更加广域的互联，围绕用户的生活场景，构建对应的智能生态圈。例如，根据用户的饮食场景展开，将家庭内多个家电，如冰箱、洗碗机、电饭煲等互联，实现智慧烹饪、智慧清洁等，对外更可以连接农场、超市，物流公司等资源方，与用户需求进行精准匹配。基于 5G 技术，智能家居各部件之间的“感知”更加精准和迅速，进一步地提高了智慧化程度。例如，在室内，智能家居能够有效感知，如及时开启和断开设备，既能无形中满足用户需求，又能防止资源的浪费。另一方面，5G 也为各种移动业务提供了更好的服务体验，为各种移动终端更好地支持各种业务提供更好保障。

人工智能在智能家居场景的应用进一步推动了家居生活产品的智能化，包括照明系统、影音系统、能源管理系统、安防系统等，实现家居产品从感知到认知到决策的发展。其中人工智能的视觉分支——图像识别技术，是智能家居系统的重要辅助工具。例如，搭载了图像识别技术的智能摄像头可以通过图像识别技术识别出图像的内容，从而做出不同的响应。有些家用摄像头的机器学习技术利用与大脑中的神经元网络相似的方式来适应新的信息，可以识别出在门廊处是否有狗、猫，或者是快递包裹。有些家用监控设备会自动分析录制的视频，只显示几分钟内容或是几张截图就能让用户了解所需的信息，而不是回顾一整天的内容。有些家用监控设备可以辨识家人与入侵者之间的差异，而不是引发虚假警报，甚至还能在装修时监控装修工人的一举一动，一旦发现违规，会第一时间通知用户。人工智能的另一个分支——语音交互技术实现了人与机器的智能交互。例如，搭载了语音交互技术的智能音箱，可以对人类输出的自然语言进行处理，对语言中的字，词进行分析识别，理解用户的意图，然后发出相应的控制指令或者给出语音反馈。5G 网络为智能家居提供了连接，交互，控制的基础保障，其连接的广度，响应的速度和所提供的基础服务能力，如感知，定位等为智能家居的进一步智能化提供了坚实的基础。 人工智能的应用使家用电器有了“温度”，能够理解人类情感，可以实现无人为干预的自学习、自决策、自演进，让机器真正地为人类服务。5G 网络的未来演进也需要融合家居体验进行升级，尤其对于各种连接的管理上，需要考虑基于 AI 算法对不同连接进行综合评估，提升连接效率，降低能耗。

4G 商用为移动互联网提供了巨大的数据管道，基于智能手机的视频类节目也发生了巨大的变化。首先，大量的直播类节目迅速走红，从最初的网红直播开始，头部主播可以轻易地聚集百万以上的在线观众。2018 年，在线观众数突破了千万，首先是 NBA 西区决赛出现了约 4 000 万的在线观众，接着世界杯开幕战出现了约 8 000 万的在线观众。2019 年，千万级在线观众的场景从体育赛事扩展到了直播带货和综艺节目。2020 年，疫情改变了生活，头部主播从网红延伸到了普通人甚至政府官员，带货也成了新经济形态，在线教育等新媒体业务都实现了流量突破。其次，随着智能手机显示能力的不断突破，视频分辨率全面进入 720P 和 1 080P，头部 OTT（Over The Top）服务提供商甚至开始在移动端尝试 HDR 和 4K 以适配 XR 等新型终端。综合这两个趋势，移动端的高分辨率直播业务成为新媒体的趋势。

目前，OTT 服务提供商通常采用 IP 多播的形式，每个在线用户（IP）在传输侧和无线分发侧都是一个单播用户，传输侧需要为每个用户（IP）单独提供一个流，无线侧每个接入都是单播接入，这为传输和无线分发都带来了巨大的成本和不确定性。首先在传输侧需要巨大的 CDN（Content Delivery Network，内容分发网络）分发资源。IP 多播以 720P 为例，当在线观众数达到 1 000 万时，1 小时 CDN 大约是 54PB 的数据，按目前的主流 CDN 收费标准计算，OTT 服务提供商需要支付超过 100 万元人民币。同时，在无线侧，目前主流的商业模式是 OTT 服务提供商购买运营商单播流量包，为订阅用户免流。720P 的节目每小时需要大约 5GB 的流量，一个主流的流量包大约是 30GB，只够 6 小时的直播节目，还不够两场 NBA 常规赛。可见，目前采用单播分发直播节目的传输方式已经让 OTT 服务提供商和用户“不堪重负”了。

如何能智能地为 OTT 服务提供商提供低成本的直播分发方案是急需解决的问题。5G 广播将广播和单播智能地融合，为 OTT 服务提供商直播提供了一种可能。5G 广播利用高功率大塔提供大范围（单站半径超过 10km）的直播业务分发，可以大幅降低无线分发和 CDN 传输的成本；同时，5G 和 LTE 等单播可以为室内等覆盖较差的区域提供覆盖。通过应用层的单播、广播聚合，融合方案可以为终端提供连续、无中断的用户体验。未来，融合的广播方案可以为物联网、车联网等业务提供低成本的数据分发方案。5G 演进中根据不同的用户需求，在广播及多播相关的业务里也需要逐步考虑基于 AI 的解决方案，如第 4 章所述，结合选网策略和各种业务的分析，能够更好地为用户提供稳定高效，经济实惠的解决方案。

6.2.4　智慧城市

在智慧城市领域，5G 网络与人工智能的融合将重构城市的智能体系，实现末端感知智能、边缘计算智能和中枢决策智能。一方面，智慧城市的末端感知节点，例如摄像头，智能灯杆以及各类环境监测设备等，将助力全域数据采集。5G 网络能够满足海量设备的泛在连接，建立起互联互通，实时共享的城市“神经末梢”系统，带来海量数据。另一方面，5G 与边缘计算的融合可以以本地服务为立足点，让云端的人工智能处理能力下沉，形成构建边缘智能的基础设置。例如，将设备采集到的数据集中在边缘侧实时处理，可以有效地节省网络资源，提升响应速度。

依靠人工智能可以建立智慧城市的智能运营管理平台，构建智慧城市的控制中枢。智能应用管理平台具备数据采集、存储、计算、挖掘等数据运营能力。通过5G网络，智能运营管理平台一方面可以连接基础的物联网采集设备和边缘侧的处理节点，另一方面可以承接开发的能力和应用，为海量的物联网设备赋能。

在5G与人工智能技术构建的新型能力基础上，使能和增强更多的智慧城市应用。根据各个城市的实际需要，可以针对不同的场景和应用进行平台搭建、数据采集与决策处理。在政务、民生与城市产业服务等不同层面持续地拓展，逐步实现城市的“数字孪生”，把物理世界通过数字化的方式进行呈现。以此为基础，可以实现各种流程及决策的优化，针对社交、购物、交通、农业、公共安全、城市服务、工商业活动各领域的需求做出智能的响应，构建智慧社区、智慧园区与智慧空间，为人类创造更美好的城市生活。5G网络的智能化演进也会不断体现智慧城市的相关需求。一方面基于各种场景，对终端设备进行智能化的管理，在能耗、连接与覆盖等多个层面提升性能；另一方面也会考虑网络侧的演进需求，利用AI算法加强对各种应用的管理，更好地实现应用层和网络层的端到端融合管理。

6.2.5 智能安防

根据Gartner公司2019年发布的预估，户外监控摄像头将是未来三年全球5G物联网（IoT）解决方案的最大市场。用于室外监控摄像头的5G物联网终端在2020年达到250万个，在2021年达到620万个，在2022年达到1 120万个。

传统式的视频监控系统，只能在事件被记录和查看后，相关人员才能采取行动。新一代智能安防摄像头具有主动性和预防性，可实时监控并于异常时可即时触发警报，有效降低了事件造成的危害，减少可能的损失。在5G的基站架构中，MEC技术使得算力和网络更紧密融合。在安防领域中，5G网络除了用于视频数据的传输，更可在边缘节点中做智能的分析，减少后端云平台的带宽需求与算力负载。在软件可定义的智能摄像头和终端服务器对视频资料进行初步筛检，将较可疑的视频片段送往MEC进行进一步分析，发现有问题可实时回传到现场进行示警，并将相关数据传送到云端平台，作为中控管理和数据分析使用。通过智能终端的筛选，系统资源可以实现有效化的运用。

从传统模式识别提升到基于深度学习的算法可以更准确地对影像进行检测并甄别出目标行为。与5G结合的AI算法将大大扩展典型应用的场景，提升对人员、车辆、物品识别与智能行为的分析能力，从而建构出更多安防应用场景，如人流计算，禁区闯入警示，无人行李警示，滋事行为警示与通报等。

平台方面，运营商和云端服务商基于 MEC 平台和后端的云平台，提供各种服务和容器化部署，实现系统资源的动态配置，在不同的应用场景还可以在平台上共享算力和带宽的资源，让基础建设的效用最大化。5G 网络的演进要结合算力和资源情况，基于 AI 算法，对各项需求进行整合。对于视频类的业务，上行带宽的需求大，可以考虑以 AI 算法为核心进行智能的调度，从而提升系统服务的用户数与服务的质量。

6.3 小结

5G 强大的信息传输能力与 AI 强大的信息处理能力相结合将服务千行百业，带来各个行业与我们生活方式的深刻变革。对于工业互联网、车联网、电网、港口等制造行业，多个场景引入 5G 与 AI 技术，将大大提高生产效率，降低生产成本，改善工作环境。在衣食住行等消费领域，5G 与 AI 技术的融合将给我们的生活带来更加便利的服务，并有效提升日常居住体验。在环保、安保、城市管理等领域引入 5G 与 AI 技术，将使我们生活的环境更加安全、舒适与美好。

第 7 章　6G 与 AI 融合展望

唯有凌云多壮志，敢叫日月换新颜

在5G的逐步演进中，如前面各章所述，无线网、核心网都在进行持续性的增强，扩展5G的智能维。同时，针对不同的AI相关应用，5G网络也在进行相应的增强性支持。5G的初始设计并未把AI技术作为基础技术纳入系统的设计中，5G智能维扩展主要注重增强性设计。

增强性设计需要兼顾已有体系的设计，保持系统演进的前向兼容性。这种兼容性设计使得5G扩展智能维本身也受到一定限制，这些限制体现在以下几个方面。

第一，为了使用AI技术，需要有相应的算力资源作为保障。在5G设计之初，终端、基站、核心网未进行算力的规划。没有一定的算力作为保证，AI模型的训练与推理均受到各种限制，尤其对于复杂的模型训练很难在基站与终端侧进行。如果复杂模型的训练必须在云端进行，那么模型部署和更新的时效性往往很难得到保证。同时，效果好的AI模型尺寸往往也比较大，对应的模型存储、传输和运算也都需要相应的资源。这些因素都限制了AI技术在5G网络中的应用。

第二，AI技术的运用离不开大量的数据。5G的增强设计需要在原有的信号传输体系下额外加入AI相关的数据采集、处理与收集，这些额外的数据收集与传输会给已有的设备带来额外的处理复杂度与传输需求。尤其对于海量数据，如果不能对数据进行快速处理，相应的数据传输与存储将耗费大量资源，相比得到的增益，有可能得不偿失。因此，未优化的数据收集和传输也限制了AI技术的应用。

第三，基于AI的解决经典通信问题的模型有待开发。利用AI模型解决经典通信问题的研究热潮随2016年以后AI的跨越式发展才逐步兴起，目前还处于典型用例探索阶段。受制于数据集、开发工具、仿真方法、验证工具等的限制，解决通信问题的典型模型相对缺乏。

第四，基于AI技术提升5G现有技术性能空间相对受限。目前5G的设计基于经典的模块化设计，AI技术对于现有技术提升以补充为主，多个模块的替换难度大。在对现有模块进行增强时，还需要考虑不同的算法的适用场景和模式切换问题。此外，受5G版本演进时间和周期的限制，只有部分代表性用例可以得到充分研究和标准化，大量的用例很难得到充分的评估和验证。这些因素综合起来限制了AI技术的发挥空间。

综合来看，5G与AI的融合设计处于持续的演进过程中。在这个过程中，一方面会逐渐地提升5G网络性能，另一方面也会为未来6G的设计积累宝贵经验。可以预见，在未来 6G 的设计中，AI 将成为基础的维度。

7.1　AI成为未来6G设计的核心基础维度

7.1.1　6G 智能维

根据移动通信产业发展的规律，每一代国际标准间隔是在 10 年左右，如图 7-1 所示。6G 作为下一代移动通信标准，将在现有 5G 基础上进行进一步的革命性演进。6G 预计在 2030 年左右商用，ITU 已经开始 6G 相关的需求研究工作，未来 3GPP 也将根据 ITU 确定的时间规划和需求开始 6G 的标准化工作。在 6G 的设计中，移动通信技术与 AI 技术的进一步融合将成为最重要的方向。为支撑 6G 的各种需求，构建 6G 智能维也成为 6G 设计的最核心工作。相对于 5G 智能维构建以增强性设计为主，6G 智能维可以开展更加基础性的研究，从数据产生、传输与处理等多个维度进行全方位的新设计。可以预见，未来的 6G 网络将是全新的“智慧内生”的网络。

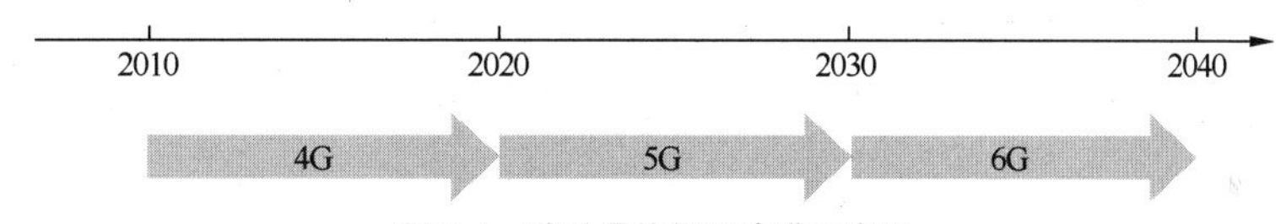

图 7-1　移动通信代际演进示意图

5G 智能维的不断扩展与 AI 技术的不断发展为打造 6G 的智能维奠定了很好的基础。6G 智能维的基本元素依然是数据、算力与模型。相对 5G，6G 设备将拥有更强的算力与数据处理能力，这也为 6G 智能维的拓展奠定了硬件基础。5G 积累的经典模型、算法与实际运行经验也将对 6G 智能维的设计起到非常关键的参考作用。同时，对于各种模型训练相关的数据集的建立、更新与维护，也可以以 5G 中的相关设计为出发点。

6G 的智能维相对于 5G 智能维将在多个层面实现增强与突破。相对于 5G，6G 将制定更宏大的愿景，在基础的频谱利用率、峰值速率、时延、可靠性、连接数量、能耗等维度将提供更高的性能指标，同时也将提出新的能力指标来满足层出不穷的新业务需求。作为满足 6G 愿景的基础性设计，6G 智能维的发挥空间更广，起的作用也更加显性化。在基础的无线传输层面，基于AI的设计无疑将发挥更大的作用，更多的模块与基础流程将基于AI模型进行设计，从而进一步提升频谱效率和系统效能。在网络架构上，数据传输流程将得到精简，更多的控制将由基于AI的算法完成，打破了传统的层间限制，实现了端到端的一体化设计。AI相关的数据流传递在6G系统中也将得到更加系统化的支持，6G网络内部及6G支持的各种业务相关的数据收集、模型训练与模型传递会得到持续的优化。通过全方位、多角度的设计支持，6G智能维不仅可以全面提升6G网络的各项基本指标性能，还可以通过不断地演进，更好地支持各种业务需要。

7.1.2 6G智能维基础设计

当AI成为未来6G网络的设计核心维度时，需要从多个层面进行全面的考虑，最大程度发挥AI的作用。这些层面涉及算力分布、数据流转及数据集建立、AI算法及模型积累和整体架构设计。6G智能维发挥作用的场景也不限于提升频谱效率、业务感知与管理、能耗管理、网络规划与运维，更多的基础技术将与AI技术结合，成为6G的基础能力，衍生出更多的应用。

从算力分布上来看，不同的网元需要考虑具有AI模型的不同的运行与训练能力。合理的AI算力分布是充分利用AI技术提升6G性能的基础。极端情况下，所有AI模型的训练均放在云端，这无疑将加大数据与模型传输负荷，增加传输带来的时延，使AI技术使用场景大大受限。在核心网与无线网的双层架构下，在核心网侧和无线网侧，均具有一定的AI模型训练能力是基础。在5G阶段对AI的计算能力没有直接的衡量标准。在6G设计中，设备的AI计算能力需要纳入显性的指标考虑，在一定的算力假设下，进行更加精细化的设计。

未来的6G系统设计将更加注重数据在系统中的流转。在5G系统设计中数据传输以控制信息、数据信息和测量信息几大类为基础，在6G设计中将系统性增加支持AI相关的信息设计。这些信息需要完成模型训练所需的数据集构建，模型推理信息的传送，模型本身的传送等一系列功能。同时，考虑到数据的隐私性等方面的限制，还需要考虑模型训练中一些中间信息的传送。对AI相关的信息传送与其他信息的传送也需要进行联合的设计，减少信息传送带来的负担与能耗。

随着AI技术的快速发展和对5G与AI技术研究的不断深入，可用于未来6G网络中的 AI 算法及模型也将快速增加。以深度学习为基础的各种人工智能算法将更多地用于解决各类移动通信网络中的基本问题。无论是最具有挑战的无线基础算法，还是网络侧的各种应用优化类算法，都将有大量空间使用基于 AI 的模型与算法。考虑到基于 AI 的模型与算法对数据的高度敏感性，在实际的部署中需要考虑模型的训练与更新。未来的 6G 网络面临更多的部署场景和更复杂的需要解决的问题，解决这些问题也将对模型提出不同的要求。这些要求既包括模型基本的推理准确率、误检率、精确率、召回率等基础指标，还要考虑模型的大小、泛化能力、模型训练复杂度、模型更新的时效性等一系列因素。在标准化过程中，对 AI 模型本身的标准化的可能性较低，但是基于一些经典模型的评估，从而为具体设计提供基线是十分必要的。

对数据的采集与算力分布进行最优设计后，从系统的架构上，基于 AI 的模型与算法可以在更多环节上替代已有的确定性算法。从理论上说，在通信的收发端，均存在采用 AI 算法替代已有的确定性算法的可能性。但是面对复杂的无线环境，综合考虑通信业务确定性和稳定性要求与 AI 算法与模型输出的不可预测性及输出不稳定性之间存在一定的理论冲突，基于 AI 的设计完全替代传统通信的确定性算法存在较大困难。因此，采用通信模块与 AI 模块的联合设计更具可实施性，两者存在互补和互相增强的过程。在具体的设计过程中，相较于目前 5G 的设计，由于引入 AI 的维度，6G 的设计架构也将更加灵活与开放。为确保各种算法的灵活切换，保证系统性能最优，还需要在进行信号设计与参数配置时充分考虑整体系统需求，进行兼容性设计。

7.2　6G智能维度开发是长期持续的过程

对于移动通信系统，国际标准的制定采用持续演进的方式进行。5G 国际标准在 R15 第一个版本完成以后，也在不断地持续演进，对已有技术进行持续增强的同时，不断引入新的技术与设计。6G 的设计与 5G 的设计思路类似，在完成第一个版本的设计后，也会不断地完善和丰富，不断满足各方面的需求。AI 作为 6G 最核心的方向会随 6G 的发展持续不断地进行演进。

图 7-2 给出了 6G 智能维度演进的示意图。在第一个 6G 版本中，将确定基于 AI 的核心功能和基本架构。对于无线物理层，基于 AI 的信道信息反馈、基于 AI 的参

考信号设计与解调、基于AI的定位技术等在5G中已经进行充分研究和实现的一些技术将在6G的架构中占有重要位置。在5G对相关用例支持的基础上，6G设计如何进一步增强，并对是否可以采用AI的设计完全替代确定性算法持续进行研究。对于高层的设计，在现有5G已经完成的智能化单元设计的基础上，将支持更多的基于AI的基础设计和更多的功能。此外，考虑到端到端的整体设计需求，AI算法将在跨无线网和核心网的设计上发挥更大的作用，形成端到端的管理和调度功能。为支持各层的基础算法和跨层的联合计算，在基础的架构设计上要考虑数据收集、算力分布、模型训练、控制信息、传输指标、设备能力等一系列设计。

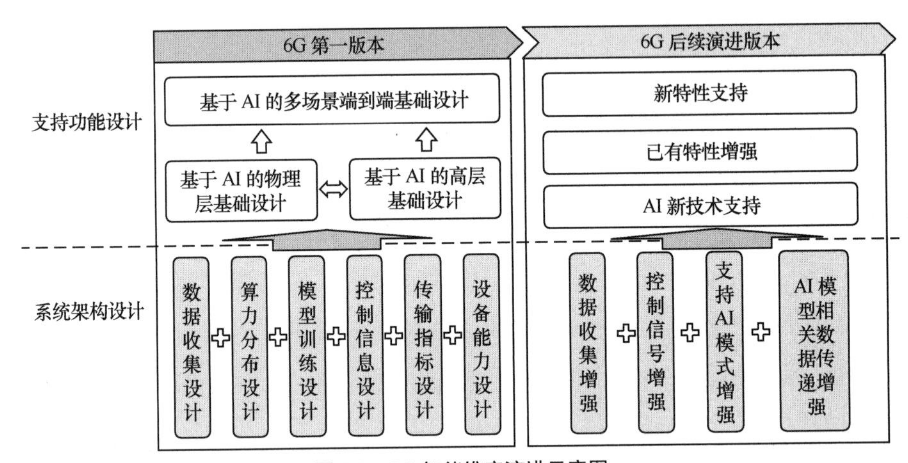

图7-2　6G智能维度演进示意图

6G后续的版本将在第一版的框架下，在多个层面上针对智能维度进行不断的扩展与增强。这些持续增强的需求来自多个层面。首先，AI技术本身处于不断的快速发展中，新的模型、架构与工具层出不穷，这些新工具与新方法可以用来不断地增强6G性能；其次，随着更多AI技术被应用到实际的网络中，也会出现新的问题，需要不断地改进与增强；最后，随着新功能的引入，基于AI技术的解决方案也将是重要组成部分，需要同步进行研究与标准化。对智能维度扩展与增强，会根据实际的需求，综合考虑已有系统的设计，在数据收集、控制信号传递、支持AI模式和AI模型相关数据传递等方面进行持续升级。

在进行6G智能维度的持续演进时，需要在第一版本的框架下进行，这就为6G第一版本中对AI的框架设计提出了很高的要求。在初始设计时要前瞻性地综合考虑各种学习方法及实现方式，支持的用例及对应的数据与算力需求。在3G到5G的演进过程中，后向兼容性的设计理念贯穿了每个版本的设计。到了 5G 阶段，系统设计的灵活性和兼容性达到了非常高的程度。不仅支持了传统的 eMBB 业务，也支持了以车联网、卫星通信、URLLC 等业务为代表的垂直行业应用。在 6G 的智能维度设计上，也需要借鉴 5G 设计的成功经验，以第一个版本中对重点场景的重点用例支持作为设计出发点，充分保证整体设计的灵活性、开放性与可扩展性，然后进行各个维度的扩展。

相对于已有的移动通信领域中的确定性设计，基于 AI 的可扩展性设计更容易实现。基于 AI 的设计围绕数据收集和 AI 模型的训练与部署展开，面对不同的问题所需模型虽然不同，但是基础的模型训练和模型推理可以基于通用的算力。在相同架构下，可以支持多种用例的多种算法及模型实现。对于不同用例所使用的算法与模型，需要根据面对的场景和数据集的变化而进行迭代更新，这使得对模型本身的标准化很难进行，在标准层面进行设计时要支持模型的动态更新和灵活部署。支持动态的模型更新使得在一定数据收集模式和算力分布下的 AI 技术可以快速使用，而不局限于整体版本的演进。在版本演进时可以更加关注算力和数据的合理规划。

7.3 小结

AI 作为未来 6G 核心基础维度的趋势已经基本明确，但是在理论和基础的设计层面还存在比较多的挑战和不确定性。这些挑战既来自于基础的理论层面，又来自于实际的数据集建立与 AI 模型训练和使用层面。移动通信技术的演进，需要支持各种业务类型，对于实时性和可靠性的要求越来越高，很多业务需要 99.9999% 以上的可靠性和 0.5ms 以下的超低时延。基于 AI 的各种学习方法性能近年来得到飞速提升，但是模型的性能受数据集构建、问题的类型等因素影响，输出结果的确定性依然受限。为了保证通信的超低时延和超高可靠性要求，利用完全的基于 AI 的算法替代确定性算法的挑战依然巨大。如何持续探索解决模型推理确定性和模型更新的时效性是 6G 系统基于 AI 技术的持续探索方向。

6G 中把 AI 作为基础维度设计本身相对 5G 及以前的通信系统是一次多领域融合的突破性设计。基于 AI 的设计相对传统的经典设计，有潜力在更小开销和更低能耗的前提下，实现更优化的系统设计。在支持功能、实现框架、数据传递等各个维度上都有机会进行全新的设计，从而系统性地实现新突破。尤其在无线侧，如果可以采用基于 AI 的系列设计取代部分传统的确定性设计，意义更加重大。在 5G 新空口（NR）设计中，采用新的编码方式被认为是 5G 区别于 4G 的重要标志。如果 6G 能够利用 AI 技术进行重要通信模块的替代，实现更加高效而且性能更优的设计，将具有里程碑式的意义。为实现相关突破，不仅需要在特定数据集下做出一定的性能增益验证，还需要进行大量实际的性能测试验证，系统性解决一系列工程实现问题。这些问题的解决是个渐进的过程，不可能一蹴而就，需要产、学、研、用各方力量的持续、积极投入。

参考文献

第 2 章

[1] N. Kato, ZM Fadlullah，B Mao et al. The deep learning vision for heterogeneous network traffic control: proposal, challenges, and future perspective[J].IEEE Wireless Communications, 2017, 24(3):146-153.

[2] X. Wang, L. Wang, Q. Long, et al. Artificial intelligence application in network optimization[J]. Telecom Eng Techn Stand, 2018, 31(7): 81-86.

[3] J. Zhang, S. Jin, C. Wen, et al. An overview of wireless transmission technology utilizing artificial intelligence[J]. Telecommunications Science, 2018.

[4] J. Zhang. The interdisciplinary research of big data and wireless channel: a cluster-nuclei based channel model[J]. China Communications, 2016, 13(2).

[5] Mcmahan H B, Moore E, Ramage D, et al. Communication-efficient learning of deep networks from decentralized data[J]. 2016.

[6] 杨强, 刘洋, 程勇, 等 . 联邦学习[M]. 北京 : 电子工业出版社 , 2020.

[7] Q. Mao, F. Hu，Q. Hao. Deep learning for intelligent wireless networks: a comprehensive survey[J]. IEEE Communications Surveys & Tutorials, 2018, 20(4): 2595-2621.

[8] C. Zhang, P. Patras, H. Haddadi. Deep learning in mobile and wireless networking: a survey[J]. IEEE Communications Surveys & Tutorials, 2019, 21(3): 2224-2287.

[9] M. Chen, U. Challita, W. Saad, et al. Artificial neural networks-based machine learning for wireless networks: a tutorial[J]. IEEE Communications Surveys & Tutorials, 2017.

[10] W. Tong, A. Hussain, XB Wang, et al. Artificial intelligence for vehicle-to-everything: a survey[J]. IEEE Access, 2019(7): 10823-10843.

[11] X. You, C. Zhang, S. Jin, et al. AI for 5G: research directions and paradigms[J]. SCIENCE CHINA Information Sciences, 2018.

[12] C. Chun, J. Kang, I. Kim. Deep learning based channel estimation for massive MIMO systems[J]. IEEE Wireless Communications Letters, 2019.

[13] J. Wu, J. Liu, Z. Huang, et al. Dynamic fuzzy Q-learning for handover parameters optimization in 5G multi-tier networks[C]//Proceedings of Wireless Communications. & Signal Processing (WCSP). Piscataway: IEEE Press, 2015 : 1-5.

[14] Wen C K, Shih W T, Jin S. Deep learning for massive MIMO CSI feedback[J]. IEEE Wireless Communications Letters, 2017: 1.

[15] Yang Y, Gao F, Li G Y, et al. Deep learning based downlink channel prediction for FDD massive MIMO system[J]. IEEE Communications Letters, 2019, 23(11): 1994-1998.

[16] Al-Tam F, N Correia, Rodriguez J. Learn to schedule (LEASCH): a deep reinforcement learning approach for radio resource scheduling in the 5G MAC layer[J]. IEEE Access, 2020(99): 1.

[17] Bast S D, Guevara A P, Pollin S. CSI-based positioning in massive MIMO systems using convolutional neural networks[J]. arXiv preprint, arXiv:1911.11523, 2019.

第 3 章

[1] 3GPP. Physical channels and modulation: TS 38.211[S].

[2] 3GPP. Physical layer procedures for data: TS 38.214[S].

[3] Thakkar K, Goyal A, Bhattacharyya B. Deep learning and channel estimation[C]//Proceedings of 2020 6th International Conference on Advanced Computing and Communication Systems (ICACCS).[S.l.:sn.], 2020.

[4] Liao Y, Hua Y, Cai Y . Deep learning based channel estimation algorithm for fast time-varying MIMO-OFDM systems[J]. IEEE Communications Letters, 2019 (99):1.

[5] Soltani M, Pourahmadi V, Mirzaei A, et al. Deep learning-based channel estimation[J]. IEEE Communications Letters, 2019(99):1.

[6] H. Kwon. Bundle-based channel estimation for 5G NR with supervised learning[C]//Proceedings of 2020 IEEE Global Communications Conference. Piscataway: IEEE Press, 2020: 1-6.

[7] Huang H, Yang J, Song Y, et al. Deep learning for super-resolution channel estimation and DOA estimation based massive MIMO system[J]. IEEE Transactions on Vehicular Technology, 2018: 1.

[8] Qian C, Zhang S, Xu S, et al. Efficient MIMO detection with imperfect channel knowledge - a deep learning approach[J]. IEEE, 2019.

[9] Hua H, Wang X, Xu Y. Signal detection in uplink pilot-assisted multi-user MIMO systems with deep learning[C]//Proceedings of 2019 Computing, Communications and IoT Applications (ComComAp). Piscataway: IEEE Press, 2019.

[10] Ha C B, Song H K. Signal detection scheme based on adaptive ensemble eeep learning model[J].

IEEE Access, 2018:1.

[11] Yi X, Zhong C. Deep learning for joint channel estimation and signal detection in OFDM systems[J]. IEEE Communications Letters, 2020(99): 1.

[12] Ye H, Li G Y, Juang B. Power of deep learning for channel estimation and signal detection in OFDM systems[J]. IEEE Wireless Communication Letters, 2017(99): 114−117.

[13] Shao X, Chen X, Ng D, et al. Deep learning-based joint activity detection and channel estimation for massive access: when more antennas meet fewer pilots[C]//Proceedings of 2020 International Conference on Wireless Communications and Signal Processing (WCSP). Piscataway: IEEE Press, 2020.

[14] Gao X, Jin S, Wen C K,et al. ComNet: combination of deep learning and expert knowledge in OFDM receivers[J]. Communications Letters, 2018, 22(12): 2627−2630.

[15] 3GPP. Channel model:TR 38.901[S].

[16] Wen C K, Shih W T, Jin S. Deep learning for massive MIMO CSI feedback[J]. IEEE Wireless Communications Letters, 2017: 1.

[17] Zimaglia E, Riviello D G, Garello R,et al. A novel deep learning approach to CSI feedback reporting for NR 5G cellular systems[C]//Proceedings of 2020 IEEE Microwave Theory and Techniques in Wireless Communications (MTTW). Piscataway: IEEE Press, 2020.

[18] Tianqi, Wang, Chao-Kai, et al. Deep learning-based CSI feedback approach for time-varying massive MIMO channels[J]. Communications Letters IEEE, 2018.

[19] Guo J, Wen C K, Jin S. Deep learning-based CSI feedback for beamforming in single-and multi-cell massive MIMO systems[J]. arXiv Preprint, arXiv: 2011.06099, 2020.

[20] Tolba B, Elsabrouty M, Abdu-Aguye M G, et al. Massive MIMO CSI feedback based on generative adversarial network[J]. IEEE Communications Letters, 2020 (99): 1.

[21] Wei J, Schotten H D. A deep learning method to predict fading channel in multi-antenna systems[C]//Proceedings of 2020 IEEE 91st Vehicular Technology Conference (VTC2020-Spring). Piscataway: IEEE Press, 2020.

[22] Luo C, Ji J, Wang Q, et al. Channel state information prediction for 5G wireless communications: a deep learning approach[J]. IEEE transactions on network science and engineering, 2018: 1.

[23] Wei J, Schotten H D. Deep learning for fading channel prediction[J]. IEEE Open Journal of the Communications Society, 2020(1): 320−332.

[24] Yang Y, Gao F, Li G Y, et al. Deep learning based downlink channel prediction for FDD massive MIMO system[J]. IEEE Communications Letters, 2019, 23(11): 1994-1998.

[25] Wang J, Xu C, Huangfu Y, et al. Deep reinforcement learning for scheduling in cellular networks[J]. arXiv Preprint, arXiv: 1905.05914, 2019.

[26] Al-Tam F, N Correia, Rodriguez J. Learn to schedule (LEASCH): a deep reinforcement learning approach for radio resource scheduling in the 5G MAC layer[J]. IEEE Access, 2020(99): 1.

[27] Tseng S C, Liu Z W, Chou Y C, et al. Radio resource scheduling for 5G NR via deep deterministic policy gradient[C]//Proceedings of 2019 IEEE International Conference on Communications Workshops (ICC Workshops). Piscataway: IEEE Press, 2019.

[28] Abdelsadek M Y, Gadallah Y, Ahmed M H. Resource allocation of URLLC and eMBB mixed traffic in 5G networks: a deep learning approach[C]//Proceedings of 2020 IEEE Global Communications Conference. Piscataway: IEEE Press, 2020.

[29] Braga I M, Cavalcante E, Fodor G, et al. User scheduling based on multi-agent deep Q-learning for robust beamforming in multicell MISO systems[J]. IEEE Communications Letters, 2020(99): 1.

[30] Wang Q, Feng K, Li X, et al. PrecoderNet: hybrid beamforming for millimeter wave systems with deep reinforcement learning[J]. IEEE Wireless Communication Letters, 2020(99): 1.

[31] Huang H, Y Song, Y Jie, et al. Deep-learning-based millimeter-wave massive MIMO for hybrid precoding[J]. IEEE Transactions on Vehicular Technology, 2019(99): 1.

[32] Zhu X, Zhang X, Zeng W, et al. Deep learning based precoder design in MIMO systems with finite-alphabet inputs[J]. IEEE Communications Letters, 2020(99): 1.

[33] Bast S D, Guevara A P, Pollin S. CSI-based positioning in massive MIMO systems using convolutional neural networks[J]. arXiv Preprint, arXiv: 1911.11523, 2019.

[34] Arnold M, Hoydis J, Brink S T. Novel massive MIMO channel sounding data applied to deep learning-based indoor positioning[C]//Proceedings of SCC 2019 12th International ITG Conference on Systems, Communications and Coding. Piscataway: IEEE Press, 2019.

[35] Studer C, Medjkouh S, Gonultas E, et al. Channel charting: locating users within the radio environment using channel state information[J]. IEEE Access, 2018: 1.

[36] Ferrand P, Decurninge A, Guillaud M. DNN-based localization from channel estimates: feature design and experimental results[J]. arXiv Preprint, arXiv: 2004.00363, 2020.

[37] H Xiao, Z Wang, W Tian, et al. AI enlightens wireless comminication analysis solutions and opportunities on CSI feedback[J]. China communications, 2021, 18(11): 104-116.

[38] 3GPP. Physical layer measurements: TS 38.215[S].

[39] Z Zhao, M Karimzadeh, L Pacheco, et al. Mobility management with transferable reinforcement learning trajectory prediction[J]. IEEE Transactions on Network and Service Management, 2020, 17(4): 2102-2116.

[40] Altche F, Fortelle A. An LSTM network for highway trajectory prediction[C]//Proceedings of 2017 IEEE 20th International Conference on Intelligent Transportation Systems (ITSC). Piscataway: IEEE Press, 2017.

[41] Wang Z, Long C, Cong G. Trajectory simplification with reinforcement learning[C]//Proceedings of 2021 IEEE 37th International Conference on Data Engineering (ICDE). Piscataway: IEEE Press, 2021.

[42] Giordani M, Polese M, Roy A, et al. A tutorial on beam management for 3GPP NR at mmWave frequencies[J]. IEEE Communications Surveys & Tutorials, 2018.

[43] Kaya A O, Viswanathan H. Deep learning-based predictive beam management for 5G mmWave systems[C]//Proceedings of 2021 IEEE Wireless Communications and Networking Conference (WCNC). piscatauay:IEEE Press, 2021.

[44] Pei, Zhou, Xuming, et al. Deep learning-based beam management and interference coordination in dense mmWave networks[J]. IEEE Transactions on Vehicular Technology, 2018.

[45] Liu Y, Wang X, Boudreau G, et al. Deep learning based hotspot prediction and beam management for adaptive virtual small cell in 5G networks[J]. IEEE Transactions on Emerging Topics in Computational Intelligence, 2020, 4(1): 83-94.

第 4 章

[1] 3GPP. Study of enablers for network automation for 5G: TS 23.791[S].

[2] 3GPP. Study on enablers for network automation for 5G - phase 2 [R/OL]: SP-190451[S].

[3] 3GPP. Architecture enhancements for 5G system (5GS) to support network data analytics services: TS 23.288[S].

[4] 3GPP. System architecture for the 5G system: TS 23.501[S].

[5] 3GPP. Procedures for the 5G system (5GS): TS 23.502[S].

[6] 3GPP. Policy and charging control framework for the 5G system (5GS): TS 23.503[S].

[7] 3GPP. Architecture enhancements for 5G system (5GS) to support vehicle-to-everything (V2X) services: TS 23.287[S].

第 5 章

[1] 3GPP. Study on traffic characteristics and performance requirements for AI/ML model transfer in 5GS (Release 18): TR 22.874[S].

[2] 3GPP. Feasibility study on new services and markets technology enablers: TR 22.891[S].

[3] 3GPP. Feasibility study on new services and markets technology enablers for enhanced mobile broadband: TR 22.863[S].

[4] 3GPP. Service requirements for the 5G system: TS 22.261[S].

[5] 3GPP. Service requirements for cyber-physical control applications in vertical domains: TS 22.104[S].

[6] 3GPP. Study on self evaluation towards IMT-2020 submission (Release 16): TR 37.910[S].

[7] Vivienne Sze, Yu-Hsin Chen, Tien-Ju Yang, et al. Efficient processing of deep neural networks: a tutorial and survey[J]. Proceeding of the IEEE, 2017, 105(12).

[8] Y. LeCun, Y. Bengio, G. Hinton. Deep learning[J]. Nature, 2015, 521(7553): 436-444.

[9] P. A. Merolla. A million spikingneuron integrated circuit with a scalable communication network and interface[J]. Science, 2014, 345(6197): 668-673.

[10] Zhi Zhou, Xu Chen, En Li, et al. Edge intelligence: paving the last mile of artificial intelligence with edge computing[J]. Proceeding of the IEEE, 2019, 107(8).

[11] Jiasi Chen, Xukan Ran. Deep learning with edge computing: a review[J]. Proceeding of the IEEE, 2019, 107(8).

[12] R. Collobert, J. Weston, L. Bottou, et al. Natural language processing (almost) from scratch[J]. J. Mach. Learn. Res., 2011(12): 2493-2537.

[13] A. Krizhevsky, I. Sutskever, G. E. Hinton. ImageNet classification with deep convolutional neural networks[J]. Proc. NIPS, 2012: 1097-1105.

[14] T. N. Sainath, A.-R. Mohamed, B. Kingsbury, et al. Deep convolutionalneural networks for

LVCSR[J]. Proc. ICASSP, 2013: 8614-8618.

[15] K. Simonyan, A. Zisserman. Very deep convolutional networks for large-scale image recognition[Z]. 2014.

[16] K. He, X. Zhang, S. Ren, et al. Deep residual learning for image recognition[J]. Proc. IEEE CVPR, 2016: 770-778.

[17] A. G. Howard, M. Zhu, B. Chen, et al. MobileNets: efficient convolutional neural networks for mobile vision applications[J]. arXiv Preprint, arXiv:1704.04861, 2017.

[18] C. Szegedy, W. liu, Y. Q. Jia, et al. Going deeper with convolutions[J]. Proc. CVPR, 2015: 1-9.

[19] Cisco .Complete Visual Networking Index (VNI) Forecast[Z]. 2016.

[20] L. P. Kaelbling, M. L. Littman, A. W. Moore. Reinforcement learning: A survey[J]. J. Artif. Intell. Res., 1996, 4(1): 237-285.

[21] 3 AI Trends for Enterprise Computing[Z].

[22] Cisco Global Cloud Index: Forecast and Methodology, 2016–2021, White Paper.

[23] I. Stoica, D. Song, R. A. Popa, et al. A Berkeley view of systems challenges for AI[Z]. 2017.

[24] H. B. McMahan, E. Moore, D. Ramage, et al. Communication-efficient learning of deep networks from decentralized data[C]//Proceedings of the International Conference on Artificial Intelligence and Statistics. 2017.

[25] T. Nishio, R. Yonetani. Client selection for federated learning with heterogeneous resources in mobile edge[Z]. 2018.

[26] Federated Learning[Z].

[27] Nguyen H. Tran, Wei Bao, Albert Zomaya, et al. Federated learning over wireless networks: optimization model design and analysis[C]//IEEE INFOCOM 2019-IEEE Conference on Computer Communications. Piscataway: IEEE Press, 2019.

[28] Shiming Ge, Zhao Luo, Shengwei Zhao, et al. Compressing deep neural networks for efficient visual inference[C]//2017 IEEE International Conference on Multimedia and Expo (ICME). Piscataway: IEEE Press, 2017.

[29] Song Han, Xingyu Liu, Huizi Mao, et al. EIE: efficient inference engine on compressed deep neural network[C]//43rd International Symposium on Computer Architecture. Piscataway: IEEE Press, 2016: 243-254.

[30] E. Park, D. Kim, S. Kim, et al. Big/little deep neural network for ultra low power inference[C]// Proceedings of 10th Int. Conf. Hardw./Softw. Codesign Syst. Synth. Piscataway: IEEE Press, 2015: 124−132.

[31] B. Taylor, V. S.Marco, W. Wolff, et al. Adaptive deep learning model selection on embedded systems[C]//Proceedings of ACM LCTES. New York: ACM Press, 2018: 31−43.

[32] Johan Schalkwyk. An all-neural on-device speech recognizer[Z]. 2019.

[33] Y. He, T. N. Sainath, R. Prabhavalkar, et al. Streaming end-to-end speech recognition for mobile devices[C]//2019 IEEE International Conference on Acoustics, Speech and Signal Processing (ICASSP 2019). Piscataway: IEEE Press, 2019.

[34] Focus group on machine learning for future networks including 5G (FG-ML5G). [FG-ML5G-ARC5G] Unified architecture for machine learning in 5G and future networks[S].2019.

[35] G. Shu, W. Liu, X. Zheng, et al. IF-CNN: image-aware inference framework for CNN with the collaboration of mobile devices and cloud[J]. IEEE Access, 2018(6): 621−633.

[36] D. Stamoulis, T. Chin, A.K.Prakash, et al. Designing adaptive neural networks for energy-constrained image classification[C]//Proceedings of ACM ICCAD. New York: ACM Press, 2018.

[37] Y. Kang, J.Hauswald, G.Cao, et al. Neurosurgeon: collaborative intelligence between the cloud and mobile edge[J]. ACM SIGPLAN Notices, 2017, 52(4):615−629.

[38] E. Li, Z. Zhou, X. Chen. Edge intelligence: on-demand deep learning model co-inference with device-edge synergy[C]//Proceedings of Workshop Mobile Edge Commun. (MECOMM).New York: ACM Press, 2018: 31−36.

[39] David Lo, Liqun Cheng, Rama Govindaraju, et al. Towards energy proportionality for large-scale latency-critical workloads[J]. ACM SIGARCH Computer Architecture News, 2014(42): 301−312.

[40] Sergey Ioffe, Christian Szegedy. Batch normalization: accelerating deep network training by reducing internal covariate shift[C]//Proceedings of ICML. 2015.

[41] C.Jean, Wu, David, et al. Machine learning at facebook: understanding inference at the edge[C]// Proceedings of IEEE Int. Symp. High Perform. Comput. Archit (HPCA). Piscataway: IEEE Press, 2019: 331−344.

[42] 3GPP. Speech recognition framework for automated voice services; Stage 1: TS 22.243[S].

[43] B. Kehoe, S. Patil, P. Abbeel, et al. A survey of research on cloud robotics and automation[J]. IEEE

Transactions on automation science and engineering, 2015, 12(2): 398-409.

[44] Huaijiang Zhu, Manali Sharma, Kai Pfeiffer, et al. Enabling remote whole-body control with 5G edge computing[J]. arXiv Preprint, arXiv: 2008. 08243, 2020.

[45] B. Kehoe, S. Patil, P. Abbeel, et al. A survey of research on cloud robotics and automation[J]. IEEE Transactions on automation science and engineering, 2015, 12(2): 398-409.

[46] Jocelyn Huang, Yang Zhang, Boris Ginsburg, et al. Develop smaller speech recognition models with NVIDIA's NeMo framework[Z]. 2019.